21 世纪高等院校电气工程与自动化规划教材

21 century institutions of higher learning materials of Electrical Engineering and Automation Planning

Technology and Application of Monitor Configuration

监控组态技术及应用

范国伟 主编

王伟 任小平 副主编

U0196218

人民邮电出版社

北京

图书在版编目（CIP）数据

监控组态技术及应用 / 范国伟主编. -- 北京：人
民邮电出版社，2015.8
21世纪高等院校电气工程与自动化规划教材
ISBN 978-7-115-39483-5

Ⅰ. ①监… Ⅱ. ①范… Ⅲ. ①监控系统－电子组态－
高等学校－教材 Ⅳ. ①TP277

中国版本图书馆CIP数据核字(2015)第141220号

内 容 提 要

计算机的组态技术可帮助技术人员比较快捷地实现自动控制，是当前自动控制工程中普遍采用的技术之一。本书主要介绍组态技术的设计和制作方法，突出这项技术的工程性和应用性。全书共分 15 章，内容包括组态软件概述，初识工控组态软件，组态的变量，实时数据库系统，动画制作，脚本系统，分析曲线、趋势、报表、报警组态画面的生成，I/O 设备通信，后台组件的操作，运行系统及安全管理，控件及复合组件对象，外部接口及通信，力控组态软件的应用和实训组态项目，力求使读者一学就懂、一学就会。

本书实用性强，可作为本科院校和职业院校电气自动化、机电一体化等专业的教材，也可供工矿企业、设计和科研单位的工程技术人员参考，还可作为相关专业人员的培训教材。

◆ 主　　编　范国伟

副 主 编　王　伟　任小平

责任编辑　邹文波

执行编辑　税梦玲

责任印制　沈　蓉　彭志环

◆ 人民邮电出版社出版发行　北京市丰台区成寿寺路 11 号

邮编　100164　电子邮件　315@ptpress.com.cn

网址　http://www.ptpress.com.cn

北京九州迅驰传媒文化有限公司印刷

◆ 开本：787×1092　1/16

印张：18.75　　　　　2015 年 8 月第 1 版

字数：491 千字　　　 2025 年 1 月北京第 8 次印刷

定价：48.00 元

读者服务热线：(010)81055256　印装质量热线：(010)81055316

反盗版热线：(010)81055315

　　监控组态技术是适合我国工业结构转型所需的自动化技术之一，其发展与自动化控制技术和计算机网络技术的发展密不可分。具有远程监控、数据采集、数据分析、过程控制等强大功能的组态软件，在自动化系统中占据了主力军的位置。

　　本书依据行业实践所涉及的技术标准和规范，在安徽工业大学自动化专业、电气工程及其自动化专业、测控技术与仪器专业学生的实训和课程设计的教学基础上编写而成。书中介绍了组态技术的设计和制作方法，以具体的"案例"为基础，对理论知识做"淡化"处理，对实际技能做"强化"处理，突出了这项技术的工程性和应用性，旨在使读者迅速掌握并灵活运用这一技术。

　　本书取材新颖，实用性较强，较紧密地结合了工程实际应用，同时运用了先进的计算机组态控制技术，将理论知识与技能训练有机地结合起来，让读者"在做中学，在学中做，做学结合，以做为主"。

　　本书由安徽工业大学工商学院范国伟任主编、安徽工业大学电气信息学院王伟和马鞍山市当涂职业技术中心任小平任副主编，安徽工业大学工商学院硕士豆勤勤和史彦参加了编写工作。本书的编写得到了北京三维力控科技有限公司的授权，三维南京办事处的马春晖工程师为本书提供了很多案例，同时，安徽职业技术学院程周教授审阅了全部书稿并提出了很多宝贵意见，在此一并表示感谢。

　　由于作者水平有限，书中不当之处，恳请各位读者批评指正。

编　者
2015 年 2 月

目 录

第 **1** 章　组态软件概述

【本章学习目标】

（1）了解工控组态软件的基本概念。

（2）了解工控组态软件的发展情况。

（3）了解工控组态软件的组成和互相联系。

（4）了解力控组态软件的简要情况。

【教学目标】

（1）知识目标：了解工控组态软件的基本概念、力控组态软件的简要情况，以及工控组态软件的发展情况和互相联系。

（2）能力目标：通过力控组态软件的演示，初步形成对组态软件的感性认识，培养学习兴趣。

【教学重点】

工控组态软件的基本概念。

【教学难点】

工控组态软件的作用。

【教学方法】

参观法、实验法、演示法、讨论法。

1.1　工控组态软件

随着我国工农业生产结构的转型，科学技术需要不断发展和创新，计算机知识已渗透于众多专业与领域，成为了工程技术人员一项必须掌握的技能。计算机控制技术是各专业教学的重要环节，科学地进行实训过程是工程技术人员必备的技术素质。为突破传统的学科教育对学生技能培养的局限，本书从提高学生的全面素质出发，重在培养学生的应用能力和增强学生在实践中分析与解决问题的能力。

什么是组态？简单地讲，组态就是用计算机应用软件中提供的工具、方法来组建各种控制画面和静、动态控制状态，完成工程中某一具体任务的过程。简单地理解，就是不再需要学习计算机语言编程设计，只要学会运用某些组态软件的应用，便能进行各种控制过程的监控设计。

1.1.1　工控组态软件的现状

组态软件大约在 20 世纪 80 年代在国外出现，在国内的发展也仅有十几年的时间。监控组态软件是伴随着计算机技术的突飞猛进发展起来的。60 年代，虽然计算机开始涉足工业过程控制，但计算机技术人员缺乏工厂仪表和工业过程的知识，导致计算机工业过程系统在各行业的推广速度比较缓慢。70 年代初期，微处理器的出现促进了计算机控制技术走向成熟。微处理器在提高计算能力的基础上，大大降低了计算机的硬件成本，缩小了计算机体积，很多从事控制仪表和原来一直就从事工业控制计算机的公司先后推出了新型控制系统，这一历史时期较有代表性的就是 1975 年美国霍尼韦尔公司推出的世界上第一套 DCS TDC-2000。而随后的 20 年间，集散型控制系统（Distributed Control System，DCS）及其计算机控制技术日趋成熟，得到了广泛应用，此时的 DCS 已具有较丰富的软件，包括计算机系统软件（操作系统）、组态软件、控制软件、操作站软件、其他辅助软件（如通信软件）等。而"组态"的概念是随着 DCS 的出现才逐渐被广大的生产过程自动化技术人员熟知的，因此需从 DCS 的发展中去了解组态的发展，下面进行简单介绍。

控制系统使用的各种仪表中，早期的控制仪表是气动 PID 调节器，后来发展为气动单元组合仪表，50 年代后出现电动单元组合仪表，70 年代中期随着微处理器的出现诞生了第一代 DCS。在这一阶段，虽然 DCS 技术和市场发展迅速，但 DCS 软件仍是专用和封闭的，除了在功能上不断加强外，软件成本一直居高不下，造成 DCS 在中小型项目上的单位成本过高，使一些中小型应用项目不得不放弃使用 DCS。80 年代中后期，随着个人计算机的普及和开放系统（Open System）概念的推广，基于个人计算机的监控系统开始进入市场，并发展壮大。组态软件作为个人计算机监控系统的重要组成部分，比 PC 监控的硬件系统具有更为广阔的发展空间，这是因为：

（1）很多 DCS 和 PLC 厂家主动公开通信协议，加入"PC 监控"的阵营，目前几乎所有的 PLC 和一半以上的 DCS 都使用 PC 作为操作站；

（2）由于 PC 监控大大降低了系统成本，使得市场空间得到扩大，从无人值守的远程监视（如防盗报警、江河汛情监视、环境监控、电信线路监控、交通管制与监控、矿井报警等）、数据采集与计量（如居民水电气表的自动抄表、铁道信号采集与记录等）、数据分析（如汽车/机车自动测试、机组/设备参数测试、医疗化验仪器设备实时数据采集、虚拟仪器、生产线产品质量抽检等）到过程控制，几乎无处不用；

（3）各类智能仪表、调节器和 PC-based 设备可与组态软件构筑完整的低成本自动化系统，具有广阔的市场空间；

（4）各类嵌入式系统和现场总线的异军突起，把组态软件推到了自动化系统主力军的位置，组态软件逐渐成为工业自动化系统中的灵魂。

组态软件之所以同时得到用户和 DCS 厂商的认可有以下 2 点原因。

（1）个人计算机操作系统日趋稳定可靠，实时处理能力增强且价格便宜。

（2）个人计算机的软件及开发工具丰富，使组态软件的功能强大，开发周期相应缩短，软件升级和维护也较方便。

组态软件的开发工具以 C++为主，也有少数开发商使用 Delphi 或 C++Builder。一般来讲，使用 C++开发的产品运行效率更高，程序代码较短且运行速度更快，但开发周期要长一些，其他开发工具则相反。

2011 年自动化行业最具影响力品牌评选报告的组态软件排名如表 1-1 所示。

表 1-1　　　　　　　　　　组态软件排行榜

序号	国内品牌	国外品牌
1	亚控科技（组态王）	GE（IFIX）
2	三维力控（力控组态）	WONDERWARE（INTOUCH）
3	九思易（易控组态）	西门子（WINCC）

1.1.2　用户对组态软件的需求

随着工业自动化水平的迅速提高，以及计算机在工业领域的广泛应用，人们对工业自动化的要求越来越高，且种类繁多的控制设备和过程监控装置在工业领域的应用，也使得传统的工业控制软件已无法满足用户的各种需求：在开发传统的工业控制软件时，工业被控对象一旦有变动就必须修改其控制系统的源程序，致使其开发周期变长；已开发成功的工控软件由于每个控制项目的不同而导致重复使用率很低，因此它的价格非常昂贵；在修改工控软件的源程序时，倘若原来的编程人员因工作变动而离去时，则必须由其他人员进行源程序的修改，更是增加了困难。工业自动化组态软件的出现为解决上述实际工程问题提供了一种崭新的方法，因为它能够很好地解决传统工业控制软件存在的种种问题，使用户能根据自己的控制对象和控制目的任意组态，完成最终的自动化控制工程。

中国的现代化建设正处于上升期，新项目的启动、基础设施的改造都可能需要组态软件，另一方面，传统产业的改造、原有系统的升级和扩容也需要组态软件的支撑。在有些应用领域，自动监控的目标及其特性比较单一（或可枚举，或可通过某种模板自主定义、添加、删除和编辑）且数量较多，用户希望自动生成大部分自动监控系统，例如在电梯自动监控、动力设备监控、铁路信号监控等应用系统。这种应用系统具有一些"傻瓜"型软件的特征，用户只需用组态软件做一些系统硬件及其参数的配置，就可以自动生成某种特定模式的自动监控系统，如果用户对自动生成的监控系统的图形界面不满意，还可以进行任意修改和编辑，这样既满足了用户对简便性的要求，又配备了比较完善的编辑工具。

因此，组态软件一方面为最终用户节省了系统投资，另一方面也为用户解决了实际问题。

但是，组态软件的灵活程度和使用效率是互相矛盾的，虽然组态软件提供了很多灵活的技术手段，但是在多数情况下，用户只使用其中的一小部分，而使用方法的复杂化又给用户熟悉和掌握软件带来很多不必要的麻烦，这也是现在仍然有很多用户还在自己用 VB 编写自动化监控系统的主要原因。

目前，组态软件多用于过程工业自动化，因此很多功能没有考虑其他应用领域的需求，例如：化验分析（色谱仪、红外仪等，包括在线分析）、虚拟仪器、测试（如测井、机械性能试验、碰撞试验等的数据记录与回放等）、信号处理（如记录和显示轮船的航行数据，如雷达信号、GPS 数据、舵角、风速）等。这些领域大量地使用实时数据处理软件，而且需要人机界面，而现有组态软件目前不能充分满足这些系统的要求，因此在这些领域中仍然是专用软件占统治地位。随着计算机技术的飞速发展，组态软件应该更多地总结这些领域的需求，设计出符合应用要求的开发工具，可进一步减少这些行业在自动测试、数据分析方面的软件成本，提高系统的开放性能。

1.2　组态软件功能的发展

组态软件功能的发展由单一的人机界面朝数据处理机方向发展，管理的数据量越来越大。最早的组态软件用来支撑自动化系统的硬件，那时候，硬件系统如果没有组态软件的支撑就很难发挥作用，甚至不能正常工作。现在的情况有了很大改观，软件部分地与硬件发生分离，大部分自动化系统的硬件和软件现在不是由同一个厂商提供，这样就为自动化软件的发展提供了可以充分发挥作用的舞台。

组态软件功能的发展随着实时数据库的不断发展将进一步加强。实时数据库存储和检索的是连续变化的过程数据，它的发展离不开高性能计算机和大容量硬盘，现在越来越多的用户通过实时数据库来分析生产情况、汇总和统计生产数据，作为指挥、决策的依据。

组态软件发展到现在功能已经非常完善，其所具功能主要有以下几个方面。

（1）组态软件完善，功能多样。组态软件提供工业标准数学模型库和控制功能库，组态模式灵活，能满足用户所需的测控要求。组态软件对测控信息的历史记录进行存储、显示、计算、分析、打印，界面操作灵活方便，具有双重安全体系，数据处理安全可靠。

（2）丰富的画面显示组态功能。组态软件提供给用户丰富方便的常用编辑工具和作图工具，提供大量的工业设备图符、仪表图符，还提供趋势图、历史曲线、组数据分析图等；提供十分友好的图形化用户界面（Graphics User Interface，GUI），包括一整套 Windows 风格的窗口、弹出菜单、按钮、消息区、工具栏、滚动条、监控画面等。因此，组态软件为设备的正常运行、操作人员的集中监控提供了极大的方便。

（3）强大的通信功能和良好的开放性。组态软件向下可以通过 Winteligent LINK、OPC（Object Linking and Embedding for Process Control，过程控制用 OLE）等与数据采集硬件通信，向上通过 TCP/IP、以太网与高层管理网互联。对于动态数据交换机制（Dynamic Data Exchange，DDE）或 OPC 数据源，"标记/数值"对的列表会被传给 DDE 或 OPC 服务器和客户机（server/client），在服务器里写操作可能会组合在信息包里（取决于服务器的执行）。在数据库编辑器里添加了 Browse OPC Server Space OPC 地址浏览器，方便与 OPC 数据源的连接。

（4）多任务的软件运行环境、数据库管理及资源共享。组态软件基于 Windows NT、WindowsXP 和 Windows 2000，充分利用面向对象的技术和 ActiveX 动态连接库技术，极大地丰富了控制系统的显示画面和编程环境，从而方便灵活地实现了多任务操作。ActiveX 对象是一个由第三方供应商开发的、可以直接使用的软件组件。RSView32 可以通过它的属性、事件和方法来使用它所提供的功能。嵌入一个 ActiveX 对象，然后设定其属性或指定对象事件，该对象就可以与 RSView32 交互作用了。信息通过 RSView32 标记（Tags）在 ActiveX 对象和 RSView32 之间传递。

1.2.1 监控组态软件的发展趋势

1. 组态软件作为单独行业的出现是历史的必然

市场竞争的加剧使行业分工越来越细，"大而全"的企业将越来越少（企业集团除外），每个 DCS 厂商必须把主要精力用于他们本身所擅长的技术领域，巩固已有优势，如果还是软硬件一起做，就很难在竞争中取胜。今后社会分工会更加细化，表面上看来功能较单一的组态软件，其市场才刚被挖掘出一点点，今后的成长空间还相当广阔。

组态软件的发展与成长和网络技术的发展与普及密不可分。曾有一段时期，各 DCS 厂商的底层网络都是专用的，现在则使用国际标准协议，这在很大程度上促进了组态软件的应用。例如，在大庆油田，各种油气处理装置都分布在总面积约 3000km² 的油田现场，要想把这些装置的实时数据进行联网共享，在几年前是不可想象的，而目前通过公众电话网，用调制解调器或 ISDN 将各 DCS 装置连起来，通过 TCP/IP 协议完成实时数据采集和远程监控就是一种可行方案。力控组态软件已经在该项目中成功投用，成为国内规模最大的 HMI/SCADA 应用范例。

2. 现场总线技术的成熟更加促进了组态软件的应用

应该说现场总线是一种特殊的网络技术，其核心内容一是工业应用，二是完成从模拟方式到数字方式的转变，使信息和供电同在一根双线电缆上传输，还要满足许多技术指标。同其他网络一样，现场总线的网络系统也具备 OSI 的 7 层协议，在这个意义上讲，现场总线与普通的网络系统具有相同的属性，但现场总线设备的种类多，同类总线的产品也分现场设备、耦合器等多种类型。在未来几年，现场总线设备将大量替代现有现场设备，给组态软件带来更多机遇。

3. 能够同时兼容多种操作系统平台是组态软件的发展方向之一

可以预言，微软公司在操作系统市场上的垄断迟早要被打破，未来的组态软件也要求跨操作系统平台，至少要同时兼容 Win NT 和 Linux/UNIX。

很多新的技术将不断地被应用到组态软件当中，组态软件装机总量的提高会促进在某些专业领域专用版软件的诞生，市场被自动细分了。为此，一种称为"软总线"的技术将被广泛采用。在这种体系结构下，应用软件以中间件或插件的方式被"安装"在总线上，并支持热插拔和即插即用。这样做的优点是：所有插件遵从统一标准，每个插件开发人员之间不需要协调；插件的专用性强，一个插件出现故障不会影响其他插件的运行。XML 技术将被组态软件厂商善加利用，来改变现有的体系结构，它的推广也将改变现有组态软件的某些使用模式，满足更为灵活的应用需求。

运行时组态是组态软件新近提出的概念。运行时组态是在运行环境下对已有工程进行修改，添加新的功能。它不同于在线组态，在线组态是在工程运行的同时，进入组态环境，在组态环境中对工程进行修改，而运行时组态是在运行环境中直接修改工程。运行时组态改变了以往必须进入复杂的组态环境修改工程应用的历史，给组态软件带来了新的活力，并预示着组态软件新的发展方向。

组态工程师可以在构建工程后，有预见地设计出该工程的扩展工具。扩展工具用来生成扩展工程时所需的画面、画面中的构件、连接的硬件设备、新的测点等。扩展工具完全是跟该工程或该应用领域相关的，工具一般只包含针对该应用的有限的几种部件，但是却能够满足该工程以后的扩展。因为让技术人员（非组态工程师）掌握这些工具比掌握包罗万象的开发环境要容易得多，因此用户自己稍加指导就很容易完成工程的后期维护工作了。另外，由于扩展工具只提供有限的功能，这样用户犯错误的机会也就小多了。

1.2.2 国际化及入世的影响

长期以来，中国的组态软件市场都是由国外的产品唱主角，中国本土的组态软件进入国际市场还有很长的路要走，需要具有综合优势。中国的工程公司、自动化设备生产商在国际市场取得优势对组态软件进入国际市场也具有一定的推动作用。相信民族组态软件的崛起是迟早的事情。

随着祖国社会进步和信息化速度的加快，组态软件将赢得巨大的市场空间，这将极大地促进国产优秀组态软件的应用，为国产优秀组态软件创造良好的成长环境，促进国有软件品牌的成长和参与国际竞争。

组态软件事业的发展也加剧了对从事组态软件开发与研制的人才的需求。国内的组态软件经历了从无到有的曲折过程，目前则面临着如何在未来的竞争中取胜、如何制定未来的发展战略、如何开拓国际市场等一系列新的问题。组态软件涉及自动控制理论及技术、计算机理论及技术、通信及网络技术、人机界面技术（即所谓的 CRT 技术）等多个学科，对开发人员的软件设计、理论及实践经验都有很高的要求，广大的在校相关专业大学生、研究生面临着从事该项事业的难得机遇。

组态软件和 IT 类软件不同，它有自己的特殊性，具有系统的概念，使用范围也不是很广，面临的国际竞争没有其他类似办公软件或操作系统那样激烈，因此中国的本土软件很容易崛起。但毕竟我们是跟在国外产品的后面发展起来的，要想超过国外的竞争对手，就必须坚持走好自己的道路，尽量减少效仿，突出特色，以客户需求为中心，积极创新。

1.3 工控组态软件的组成及特点

1.3.1 工控组态软件的组成

组态软件最突出的特点是实时多任务。例如，数据采集与输出、数据处理与算法实现、图形显示及人机对话、实时数据的存储、检索管理、实时通信等多个任务要在同一台计算机上同时运行。

组态软件的使用者是自动化工程设计人员，组态软件的主要目的是使用户在生成适合自己需要的应用系统时不需要修改软件程序的源代码，因此在设计组态软件时应充分了解自动化工程设计人员的基本需求，并加以总结提炼，重点、集中解决共性问题。下面是组态软件主要解决的问题。

（1）如何与采集、控制设备间进行数据交换。

（2）使来自设备的数据与计算机图形画面上的各元素关联起来。

（3）处理数据报警及系统报警。

（4）存储历史数据并支持历史数据的查询。

（5）各类报表的生成和打印输出。

（6）为使用者提供灵活、多变的组态工具，可以适应不同应用领域的需求。

（7）最终生成的应用系统运行稳定可靠。

（8）具有与第三方程序的接口，方便数据共享。

自动化工程设计技术人员在组态软件中只需填写一些事先设计的表格，再利用图形功能把被控对象（如反应罐、温度计、锅炉、趋势曲线、报表等）形象地画出来，并通过内部数据连接把被控对象的属性与 I/O 设备的实时数据进行逻辑连接。当由组态软件生成的应用系统投入运行后，与被控对象相连的 I/O 设备数据发生变化后直接会带动被控对象的属性发生变化。若要对应用系统进行修改，也十分方便，这就是组态软件的方便性。

从以上可以看出，组态软件具有实时多任务、接口开放、使用灵活、功能多样、运行可靠的特点。

无论是美国 Wonderware 公司推出的世界上第一个工控组态软件 Intouch 还是现在的各类组态软件，从总体结构上看一般都是由系统开发环境（或称组态环境）与系统运行环境两大部分组成。系统开发环境是自动化工程设计师为实施其控制方案，在组态软件的支持下进行应用程序的系统生成工作所必须依赖的工作环境，通过建立一系列用户数据文件，生成最终的图形目标应用系统，供系统运行环境运行时使用。系统运行环境是将目标应用程序装入计算机内存并投入实时运行时使用的，是直接针对现场操作使用的。系统组态环境和系统运行环境之间的联系纽带是实时数据库，它们三者之间的关系如图 1-1 所示。

图 1-1 系统组态环境、系统运行环境和数据库关系图

组态软件由"组态环境"和"运行环境"两个系统组成。两部分互相独立，又紧密相关。其具体功能和相互联系如图 1-2 所示。

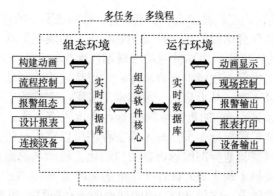

图 1-2 系统组态环境和系统运行环境之间的联系

1.3.2 工控组态软件的特点

在不同的工业控制系统中，工控软件虽然完成的功能不同，但就其结构来说，一般具有如下特点。

（1）实时性。工业控制系统中有些事件的发生具有随机性，要求工控软件能够及时地处理随机事件。

（2）周期性。工控软件在完成系统的初始化工作后，随之进入主程序循环。在执行主程序过程中，如有中断申请，则在执行完相应的中断服务程序后，继续主程序循环。

（3）相关性。工控软件由多个任务模块组成，各模块配合工作，相互关联，相互依存。

（4）人为性。工控软件允许操作人员干预系统的运行，调整系统的工作参数。在理想情况下，工控软件可以正常执行。

1.3.3 组态软件的设计思想

在单任务操作系统环境下（例如 MS-DOS），要想让组态软件具有很强的实时性，就必须利用中断技术，这种环境下的开发工具较简单，软件编制难度大，目前运行于 MS-DOS 环境下的组态软件基本上已退出市场。

在多任务环境下，由于操作系统直接支持多任务，组态软件的性能得到了全面加强。因此组态软件一般都由若干组件构成，而且组件的数量在不断增长，功能不断加强。各组态软件普遍使用了"面向对象"（Object Oriental）的编程和设计方法，使软件更加易于学习和掌握，功能也更强大。

一般的组态软件都由下列组件组成：图形界面系统、实时数据库系统、第三方程序接口组件、控制功能组件。下面将分别讨论每一类组件的设计思想。

（1）在图形画面生成方面，构成现场各过程图形的画面被划分成 3 类简单的对象：线、填充形状和文本。每个简单的对象均有影响其外观的属性。对象的基本属性包括：线的颜色、填充颜色、高度、宽度、取向、位置移动等。这些属性可以是静态的，也可以是动态的。静态属性在系统投入运行后保持不变，与原来组态时一致。而动态属性则与表达式的值有关，表达式可以是来自 I/O 设备的变量，也可以是由变量和运算符组成的数学表达式。这种对象的动态属性随表达式值的变化而实时改变。例如，用一个矩形填充体模拟现场的液位，在组态这个矩形的填充属性时，指定代表液位的工位号名称、液位的上下限及对应的填充高度，就完成了液位的图形组态，这个组态过程通常叫作动画连接。

（2）在图形界面上还具备报警通知及确认、报表组态及打印、历史数据查询与显示等功能。各种报警、报表、趋势都是动画连接的对象，其数据源都可以通过组态来指定，这样每个画面的内容就可以根据实际情况由工程技术人员灵活设计，每幅画面中的对象数量均不受限制。在图形界面中，各类组态软件普遍提供了一种类 Basic 语言的编程工具——脚本语言来扩充其功能。用脚本语言编写的程序段可由事件驱动或周期性地执行，是与对象密切相关的。例如，当按下某个按钮时可指定执行一段脚本语言程序，完成特定的控制功能，也可以指定当某一变量的值变化到关键值以下时，马上启动一段脚本语言程序完成特定的控制功能。

（3）控制功能组件以基于 PC 的策略编辑/生成组件（也有人称之为软逻辑或软 PLC）为代表，是组态软件的主要组成部分。虽然脚本语言程序可以完成一些控制功能，但还是不很直观，对于用惯了梯形图或其他标准编程语言的自动化工程师来说简直是太不方便了，因此目前的多数组态软件都提供了基于 IEC1131-3 标准的策略编辑/生成控制组件，它也是面向对象的，但不唯一地由事件触发，它像 PLC 中的梯形图一样按照顺序周期地执行。策略编辑/生成组件在基于 PC 和现场总线的控制系统中是大有可为的，可以大幅度地降低成本。

（4）实时数据库是更为重要的一个组件，因为 PC 的处理能力太强了，因此实数据库更加充分地表现出了组态软件的长处。实时数据库可以存储每个工艺点的多年数据，用户既可浏览工厂当前的生产情况，也可回顾过去的生产情况，可以说，实时数据库对于工厂来说就如同飞机上的"黑匣子"。工厂的历史数据是很有价值的，实时数据库具备数据档案管理功能，工厂的实践告诉我们：现在很难知道将来进行分析时哪些数据是必须的，因此，保存所有的数据是防止丢失信息的最好的方法。

（5）通信及第三方程序接口组件是开放系统的标志，是组态软件与第三方程序交互及实现远程数据访问的重要手段之一，它有下面几个主要作用。

① 用于双机冗余系统中，主机与从机间的通信。

② 用于构建分布式 HMI/SCADA 应用时多机间的通信。

③ 在基于 Internet 或 Browser/Server(B/S)应用中实现通信功能。

通信组件中有的功能是一个独立的程序，可单独使用；有的则被"绑定"在其他程序当中，不被"显式"地使用。

1.4 对组态软件的要求

1.4.1 实时多任务

实时性是指工业控制计算机系统应该具有的、能够在限定的时间内对外来事件做出反应的特性。这里所说的"在限定的时间内"，具体地讲是指限定在多长的时间以内呢？在确定限定时间长度时，主要考虑两个要素：其一，根据工业生产过程出现的事件能够保持的时间长度；其二，该事件要求计算机在多长的时间以内必须做出反应，否则将对生产过程造成影响甚至造成损害。工业控制计算机及监控组态软件具有时间驱动能力和事件驱动能力，即在按一定的周期时间对所有事件进行巡检扫描的同时，可以随时响应事件的中断请求。

实时性一般都要求计算机具有多任务处理能力，以便将测控任务分解成若干并行执行的任务，加速程序执行速度。

可以把那些变化并不显著、即使不立即做出反应也不至于造成影响或损害的事件，作为顺序执行的任务，按照一定的巡检周期有规律地执行，而把那些保持时间很短且需要计算机立即做出反应的事件，作为中断请求源或事件触发信号，为其专门编写程序，以便在该类事件出现时计算机能够立即响应。如果由于测控范围庞大、变量繁多，这样分配仍然不能保证所要求的实时性时，则表明计算机的资源已经不够使用，只得对结构进行重新设计，或者提高计算机的档次。

现在举一个实例，以便能够对实时性有具体而形象的了解。在铁路车站信号计算机控制系统（在铁路技术部门，通常称作铁路车站信号微机联锁控制系统）中，利用轨道电路检测该段轨道区段内是否有列车运行或者停留有车辆。轨道电路是利用两条钢轨作为导体，在轨道电路区段的两端与相邻轨道电路区段相连接的轨缝处装设绝缘，然后利用本区段的钢轨构成闭合电路。装设轨道电路后，通过检测两条钢轨的轨面之间是否存在电压而检知该轨道电路区段是否有列车运行或停留有车辆。在实际运用中，最短的轨道电路长度为25m，而最短的列车为单个机车，它的长度为20m（确切地讲，这是机车的两个最外方的轮对之间的距离）。当机车分别按照准高速（160km/h）运行和高速（250km/h）运行时，通过最短的轨道电路区段所需的时间分别计算如下

$$t_1=(25+20)/(160\times1000)\times3600=1.01s$$
$$t_2=(25+20)/(250\times1000)\times3600=0.648s$$

如果计算机控制系统使用周期巡检的方法读取轨道电路的状态信息，则上面计算出的两个时间值就是巡检周期 T 的限制值。如果巡检周期大于这两个时间值而又不采取其他措施，则有可能遗漏掉机车以允许的最高速度通过最短的轨道区段这个事件，从而造成在计算机系统看来，好像机车跳过了该段短轨道电路区段的情况发生。

1.4.2 高可靠性

在计算机、数据采集控制设备正常工作的情况下，如果供电系统正常，当监控组态软件的目标应用系统所占的系统资源不超负荷时，则要求软件系统的平均无故障时间（Mean Time Between Failures，MTB）大于1年。

如果对系统的可靠性要求更高，就要利用冗余技术构成双机乃至多机备用系统。冗余技术是利用冗余资源来克服故障影响从而增加系统可靠性的技术，冗余资源是指在系统完成正常工作所需资源以外的附加资源。说得通俗和直接一些，冗余技术就是用更多的经济投入和技术投入来获取系统可能具有的、更高的可靠性指标。

以力控软件运行系统的双机热备功能为例，可以指定一台机器为主机，另一台作为从机，从机内容与主机内容实时同步，主、从机可在同时操作。从机实时监视主机状态，一旦发现主机停止响应，便接管控制，从而提高系统的可靠性。

实现双机冗余可以根据具体设备情况选择如下几种形式。

（1）如果采集、控制设备与操作站间使用总线型通信介质如RS485、以太网、CAN总线等，两台互为冗余设备的操作站均需单独配备I/O适配器，直接连入设备网即可。

① 开始运行时从机首先向主机数据库注册，向主机发送同步请求。

② 当主机正常工作时，从机不断向主机发送请求。

③ 当主机正常工作时，从机不进行任何运算，I/O SERVER不启动，但是可以接受用户操作，操作结果直接送往主机。

④ 当主机在一定时间内（超时时间）不响应从机的同步请求时，从机便接管控制，停止向主机发送同步请求，启动I/O SERVER 。这时从机将变为主机。

⑤ 当故障主机重新启动后，发现从机已经转为主机，将自行转为从机，并以从机方式工作，也可以手工切换回主机方式。

（2）如果采集、控制设备与操作站间通信使用非总线型通信介质如RS232，在这种情况下，一方面可以用RS232/RS485转换器使设备网变成总线型网，前提是设备的通信协议与设备的地址、型号有关，否则当向一台设备发出数据请求时会引起多台设备同时响应，容易引起混乱。在这种情况下软件结构依旧使用上面的方式。另一方面，也可以在I/O设备中编制控制程序，如果发现主机通信出现故障，马上将通信线路切换到从机。

1.4.3 标准化

尽管目前尚没有一个明确的国际、国内标准来规范组态软件，但国际电工委员会 IEC 1131-3 开放型国际编程标准在组态软件中起着越来越重要的作用。IEC 1131-3 用于规范 DCS 和 PLC 中提供的控制用编程语言，它规定了四种编程语言标准（梯形图、结构化高级语言、方框图、指令助记符）。此外，OLE（目标的连接与嵌入）、OPC（过程控制用 OLE）是微软公司的编程技术标准，目前也被广泛地使用。TCP/IP 是网络通信的标准协议，被广泛地应用于现场测控设备之间及测控设备与操作站之间的通信。每种操作系统的图形界面都有其标准，例如 UNIX 和微软的 Windows 都有本身的图形标准。

组态软件本身的标准尚难统一，这是由于其本身就是创新的产物，仍处于不断的发展变化之中。由于使用习惯的原因，早一些进入市场的软件在用户意识中已形成一些不成文的标准，成为某些用户判断另一种产品的"标准"。

1.4.4 组态软件的数据流

组态软件通过 I/O 驱动程序从现场 I/O 设备获得实时数据，对数据进行必要的加工后，一方面以图形方式直观地显示在计算机屏幕上；另一方面按照组态要求和操作人员的指令将控制数据送给 I/O 设备，对执行机构实施控制或调整控制参数。

组态软件对历史数据检索请求都会给予响应。当发生报警时及时将报警以声音、图像的方式通知给操作人员，并记录报警的历史信息，以备检索。

实时数据库是组态软件的核心和引擎，历史数据的存储与检索、报警处理与存储、数据的运算处理、数据库冗余控制、I/O 数据连接都是由实时数据库系统完成的。图形界面系统、I/O 驱动程序等组件以实时数据库为核心，通过高效的内部协议相互通信，共享数据。

1.5 力控组态软件

本书作者得到北京三维力控科技有限公司的授权，采用力控组态软件为例，介绍组态软件的具体使用。下面简要介绍一下力控组态软件。

1.5.1 力控组态软件的发展

力控 ForceControl V7.0 监控组态软件是北京三维力控科技根据当前的自动化技术发展趋势，总结多年的开发、实践经验和大量的用户需求而设计开发的高端产品，V7.0 在秉承 V6.1 成熟技术的基础上，对历史数据库、人机界面、I/O 驱动调度等核心部分进行了大幅提升与改进，重新设计了其中的核心构件。力控 7.0 开发过程采用了先进软件工程方法——"测试驱动开发"，使产品的品质得到了充分的保证。与力控早期产品相比，V7.0 在数据处理性能、容错能力、界面容器、报表等方面产生了巨大飞跃。

从 1993 年至今，力控监控组态软件为国家经济建设做出了应有贡献，在石油、石化、化工、国防、铁路（含城铁或地铁）、冶金、煤矿、配电、发电、制药、热网、电信、能源管理、水利、公路交通（含隧道）、机电制造、楼宇等行业均有力控软件的成功应用。在国外，力控的多国语言版组态软件在荷兰、苏丹、埃及、印度尼西亚、马来西亚、孟加拉国、缅甸、中国台湾和香港地区也都有应用实例，力控监控组态软件已经成为民族工业软件的一棵璀璨明星。

如今，企业管理者已经不再满足于在办公室内直接监控工业现场，基于网络浏览器的 Web 方式正在成为远程监控的主流，作为民族软件中国内最大规模 SCADA 系统的 WWW 网络应用软件，力控监控组态软件的分布式的结构保证了发挥系统最大的效率。如图 1-3 所示，组态软件为满足企业的管控一体化需求提供了完整、可靠的解决方案。

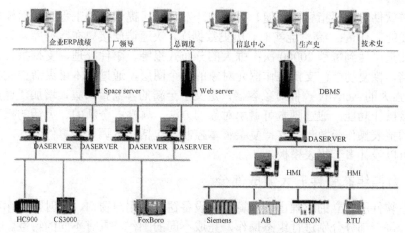

图1-3 组态软件为企业的管控一体化提供解决方案

经过多年的实践与开发，力控科技为企业在生产监控、生产数据联网、企业生产调度等多个方面提供了系列软件产品，可以为企业提供"管控一体化"的整体解决方案，为企业MES提供核心历史数据"引擎"。力控产品包括企业级实时历史数据库pSpace、工业自动化组态软件ForceControl、电力自动化软件pNetPower、"软"控制策略软件pStrategy和通信网关服务器。具体解决方案如图1-4所示。

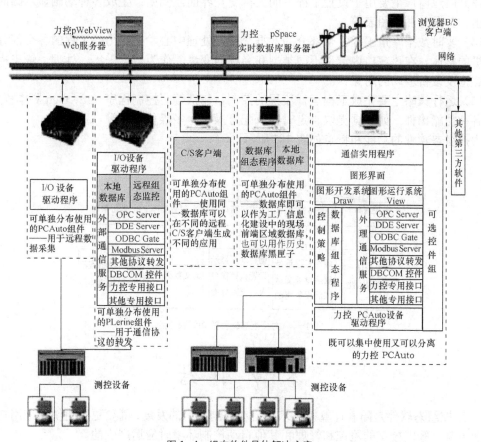

图1-4 组态软件具体解决方案

力控组态软件的主要指标：方便、灵活的开发环境，提供各种工程、画面模板，大大降低了组态开发的工作量； 高性能实时、历史数据库，快速访问接口在数据库 4 万点数据负荷时，访问吞吐量可达到每秒 20000 次；强大的分布式报警、事件处理，支持报警、事件网络数据断线存储、恢复功能；支持操作图元对象的多个图层，通过脚本可灵活控制各图层的显示与隐藏； 强大的 Activex 控件对象容器，定义了全新的容器接口集，增加了通过脚本对容器对象的直接操作功能，通过脚本可调用对象的方法、属性；全新的、灵活的报表设计工具提供了丰富的报表操作函数集、支持复杂脚本控制，包括脚本调用和事件脚本，可以提供报表设计器，可以设计多套报表模板。

1.5.2 力控组态软件五大组成部分

力控组态软件所建立的工程由主控窗口、设备窗口、用户窗口、实时数据库和运行策略五部分构成，每一部分分别进行组态操作，完成不同的工作，具有不同的特性。

（1）主控窗口是工程的主窗口或主框架。在主控窗口中可以放置一个设备窗口和多个用户窗口，负责调度和管理这些窗口的打开或关闭。主要的组态操作包括：定义工程的名称，编制工程菜单，设计封面图形，确定自动启动的窗口，设定动画刷新周期，指定数据库存盘文件名称及存盘时间等。

（2）设备窗口是连接和驱动外部设备的工作环境。在本窗口内配置数据采集与控制输出设备，注册设备驱动程序，定义连接与驱动设备用的数据变量。

（3）用户窗口主要用于设置工程中的人机交互界面。例如：生成各种动画显示画面、报警输出、数据与曲线图表等。

（4）实时数据库是工程各个部分的数据交换与处理中心。它将力控工程的各个部分连接成有机的整体。在该窗口内定义不同类型和名称的变量，作为数据采集、处理、输出控制、动画连接及设备驱动的对象。

（5）运行策略主要完成工程运行流程的控制。包括编写控制程序（if...then 脚本程序），选用各种功能构件，如数据提取、定时器、配方操作、多媒体输出等。

力控组态软件的功能和特点如图 1-5 所示。

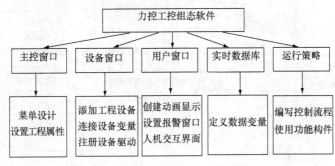

图 1-5 力控组态软件的功能和特点

本 章 小 结

1. 工控组态软件是随着计算机技术和自动控制技术的发展，需要更多更快地应用在不同的工业控制、智能楼宇的监控和管理和其他自动控制环境时应运产生的。

2. 简单地学习组态软件并将其应用于各种自动控制和监控系统，帮助克服先学习解决计算机编程的瓶颈问题的困难，使用户能够较容易地实现自动控制工程的开发。

3. 未来的传感器、数据采集装置、控制器的智能化程度越来越高，实时数据浏览和管理的需求也越来越多，跟着本书由浅入深地学习，能够更快地用好组态技术。

4. 工控组态软件也在不断发展，运行时组态是组态软件新近提出的概念。运行时组态是在运行环境下对已有工程进行修改，添加新的功能。

5. 运用组态软件具有方便、灵活的开发环境，提供各种工程、画面模板，大大降低了组态开发的工作量，使得具备不多理论的技术职业人员也能开发应用各种自动控制系统，有利于职业学校的学生掌握就业的实践技能。

思 考 题

1. 什么叫组态？组态具有哪些功能？
2. 工控组态软件有哪些特点？
3. 为什么要采用工控组态软件设计控制画面？
4. 运行时组态具有那些新的概念？
5. 力控组态软件由哪五部分组成？主要技术指标有哪些？

第2章 初识工控组态软件

【本章学习目标】

1．学习力控组态软件的安装方法。

2．了解力控组态软件的具体使用。

3．跟着力控组态软件进入开发环境，操作具体实例。

4．了解创建组态、定义 I/O、创建数据库、制作动画连接等操作。

5．掌握力控组态软件的初步操作流程。

【教学目标】

1．知识目标：掌握力控组态软件的安装方法，了解力控组态软件怎样进入开发环境，以及初步了解组态的步骤。

2．能力目标：通过演示与讲解，初步形成对力控组态软件的感性认识，跟着介绍的例子进行储存罐输入输出阀门的自动控制，培养学习兴趣。

【教学重点】

熟悉力控组态软件的开发环境。

【教学难点】

熟悉力控组态软件的开发步骤。

【教学方法】

演示法、操作法、讨论法、互动法。

2.1 力控组态软件的安装

2.1.1 安装要求

（1）软件环境要求。安装在 Windows XP SP3/Windows Server 2008/Windows 7 简体中文版操作系统下，可以兼容模式运行在 64 位操作系统下。

（2）最低硬件环境要求。PIII 500 以上的微型机及其兼容机；至少 64MB 内存；至少 1GB 的硬盘剩余空间；VGA、SVGA 及支持 Windows 256 色以上的图形显示卡。

（3）推荐硬件环境要求。Pentium 4 2.0 以上 512MB 内存；至少 1GB 的硬盘剩余空间；VGA、SVGA 及支持 Windows 256 色以上的图形显示卡。

2.1.2 安装内容

在安装过程中首先将出现图 2-1 所示的安装界面，说明如下。

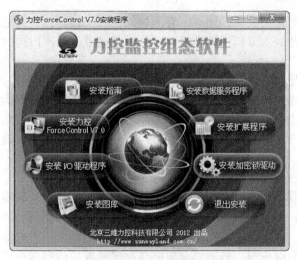

图 2-1　力控软件安装界面

（1）安装指南。帮助您安装和使用力控组态软件。

（2）安装力控 ForceControl V7.0。进行力控组态软件的安装，包括 B/S 和 C/S 网络功能，具体由硬件加密锁来区分。需要先安装此安装包才能继续安装其他安装包。

（3）安装 I/O 驱动程序。力控 I/O 驱动的选择性的安装。

（4）安装图库。安装力控标准图库的扩展安装包。

（5）安装数据服务程序。安装力控数据转发程序。

（6）安装扩展程序。进行力控组态软件中的 ODBCRouter、CommBridge、CommServer、OPCServer、DBCOM 等功能组件的安装。

（7）安装加密锁驱动。在使用 USB 加密锁时需要安装此驱动。

2.1.3　安装使用注意事项

安装时需注意以下事项。

（1）安装、运行力控 ForceControl V7.0 时请以管理员权限登录操作系统。

（2）Web 客户端浏览 ForceControl V7.0 工程时请以管理员身份运行 IE。

（3）安装力控 ForceControl V7.0 的操作系统须安装.NET Framework 4.0 以上版本。

（4）运行力控 ForceControl V7.0 制作的工程时，须防止操作系统进入待机或者休眠状态，该状态下会发生"无法识别加密锁"错误。

（5）力控 ForceControl V7.0 的组件、控件进行了重新设计，与以前版本的组件、控件不同，工程升级的具体问题请详细咨询客服人员。

（6）使用力控的 Flash 组件及 Flash 图库时，请先安装 Flash 插件。

通过上述的安装过程，电子手册自动安装完成，需要通过安装 Acrobat Reader 软件来阅读。如果在安装或使用过程中遇到问题，可随时拨打北京三维力控技术支持电话，或通过北京三维力控的网站进行联系，网站链接为 www.sunwayland.com.cn。

2.2　进入工程开发环境

2.2.1　创建一个新的应用

下面以存储罐的液体控制项目为例，介绍用力控组态新工程的基本步骤。

该项目是化工厂的化工液体存储罐,有入口阀门、出口阀门、管道、电控柜等。控制任务是存储罐空时自动开启入口阀门输灌液体,当存储罐液体灌满时排放液体,反复循环。

1. 控制现场及工艺

控制现场及工艺是在开发工业控制项目和学习组态软件使用时应首要掌握的内容。需要控制的现场是多种多样的,例如工业生产线、楼宇小区、大型油田和大型仓库,它们的控制内容、控制方式各不相同,工艺要求各异,控制对象不一样,精度要求也不同。例如:在存储罐的液体控制项目中,控制现场为存储罐、入口阀门、出口阀门、罐中经调配后的化工液体、管道、电控柜等。

2. 执行部件及控制点数

将开发的工业控制项目中所有控制点的参数收集齐全,并填写表格,以备在监控组态软件和设备组态时使用。每一个点要认真研究,怎么控制、什么类型、执行部件是什么?特别是执行部件有很多种:电动机类有交流电动机、直流电动机、步进电动机和伺服电动机;控制阀有电磁阀、气阀和液压阀;传感器有数字传感器和模拟传感器;还有各种开关仪表。这里给出两个参考格式(分别对应模拟量和开关量信号),如表 2-1 和表 2-2 所示。

表 2-1   模拟量 I/O 点的参数表

I/O 位号名称	说明	工程单位	信号类型	量程上限	量程下限	报警上限	报警下限	是否做量程变换	裸数据上限	变化率报警	偏差报警	正常值	I/O 类型
TI1201	存储罐液位	mm	液位传感器	1500	0	1200	600	是	4095	2℃/s	±10℃	1050	输入

表 2-2   开关量 I/O 点的参数表

I/O 位号名称	说明	正常状态	信号类型	逻辑极性	是否需要累计运行时间	I/O 类型
TI1201	电磁阀状态	启动	干接点	正逻辑	是	输入

在本例中,有 5 个控制点,即存储罐液面的实时高度、入口阀门、出口阀门、启动和停止两个按钮。5 个点中入口阀门和出口阀门用电磁阀控制,液面的实时高度用高精度液位传感器检测,两个按钮用常用的机械按钮。但是 5 个点用 4 个变量(即反映存储罐的液位模拟量、入口阀门的状态为数字量、出口阀门的状态也为数字量、控制整个系统的启动与停止的开关量)就行。

3. 控制设备

在开发工业控制项目时研究用什么设备来实现控制也是很重要的设计内容。实现一种控制的方法有多种,需要研究哪些设备稳定可靠、性价比最高,然后选定设备。例如:在存储罐的液体控制项目中,入口阀门和出口阀门用电磁阀,液面的实时高度用高精度液位传感器。具体驱动控制电磁阀和检测两个按钮的开关状态用一台 PLC(可编程序逻辑控制器)来实现。即 PLC 的输出端用两个点接电磁阀,用两个点接两个按钮。PLC 的串行线与一台工业 PC 相连,用 A/D 转换模块(或用 PLC 中自带的 A/D 转换单元)将传感器数据输入到工业 PC,这样就组成了一个控制系统。由此可见,工业 PC 与执行部件之间还要各种板卡、模块、PLC、智能仪表、变频器等作为桥梁才能组成一个完整的控制工程。

4. 现场模拟和监控

可以用软件将现场情况在工业 PC 中模拟出来。例如,在存储罐的液体控制项目中,可以设计两个按键代替实际的启动和停止开关,再设计出一个存储罐和两个阀门:当用鼠标单击开始按键时入口阀门开始向一个空的存储罐内注入某种液体；当存储罐的液位快满时，入口阀门自动关闭，同时出口阀门自动打开，将存储罐内的液体排放到下游；当存储罐的液位快空时，出口阀门自动关闭，入口阀门打开，又开始向快空的存储罐内注入液体。过程如此反复进行，同时将液位的变化用数字显示出来。在实际控制过程中用一台 PLC 来实现控制，而在仿真时整个逻辑的控制过程都是通过力控仿真驱动和脚本来实现的。力控除了要在计算机屏幕上看到整个系统的运行情况（如存储罐的液位变化和出入口阀门的开关状态变化等）外，还要能实现控制整个系统的启动与停止。

5. 数据库

数据库是工业控制系统中相当重要的部分，它要将整个系统的参数实时存储，由计算机实时进行数据分析，根据分析结果进行实时控制，将分析的结果用各种形式显示出来。

综上所述，一个工业控制项目包括硬件和软件两部分。本书不涉及硬件部分，软件部分既可以用语言编程，也可以使用本书介绍的组态软件，省去繁难的编程工作。

2.2.2　编辑监控组态软件的一般步骤

根据以上分析，组态软件创建新的工程项目的一般过程是：绘制图形界面→创建数据库→配置 I/O 设备并进行 I/O 数据连接→建立动画连接→运行及调试。

图 2-2 所示的是采集数据在力控各软件模块中的数据流向图。

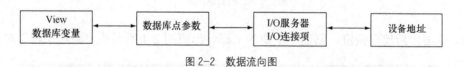

图 2-2　数据流向图

要创建一个新的工程项目，首先要为工程项目指定工程路径。不同的工程项目不能使用同一工程项目路径。工程项目路径保存着力控生成的组态文件，它包含了区域数据库、设备连接、监控画面、网络应用等各个方面的开发和运行信息。每个机器只能安装一套力控软件。在具体的工程项目中要将各种设备在组态软件中进行完整、严密的组态，组态软件才能够正常工作，下面列出了具体的组态步骤。

（1）将开发的工业控制项目中所有 I/O 点的参数收集齐全，并填写表格。

（2）搞清楚所使用的 I/O 设备的生产商、种类、型号，使用的通信接口类型、采用的通信协议，以便在定义 I/O 设备时做出准确选择。设备包括 PLC、板卡、模块、智能仪表等。

（3）将所有 I/O 点的 I/O 标识收集齐全，并填写表格。I/O 标识是唯一地确定一个 I/O 点的关键字，组态软件通过向 I/O 设备发出 I/O 标识来请求其对应的数据。在大多数情况下 I/O 标识是 I/O 点的地址或位号名称。

（4）根据工艺过程设计画面结构和绘制画面草图。

（5）按照第 1 步统计出的表格，建立实时数据库，正确组态各种变量参数。

（6）根据第 1 步和第 3 步的统计结果，在实时数据库中建立实时数据库变量与 I/O 点的一一对应关系，即定义数据连接。

（7）根据第 4 步的画面结构和画面草图，组态每一幅静态的操作画面（主要是绘图）。

（8）将操作画面中的图形对象与实时数据库变量建立动画连接关系，规定动画属性和幅度。

（9）对组态内容进行分段和总体调试。

（10）系统投入运行。

　　根据上面的叙述来创建第一个简单工程。

（1）启动力控 7.0 工程管理器，出现工程管理器窗口。如图 2-3 所示。

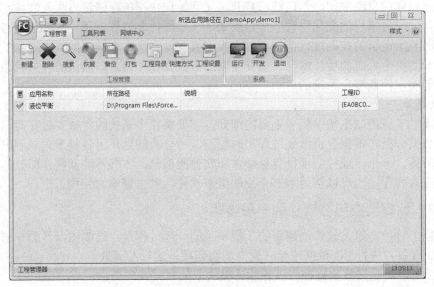

图 2-3　工程管理器窗口

（2）单击"新建"按钮，创建一个新的工程。出现图 2-4 所示的"新建工程"对话框。

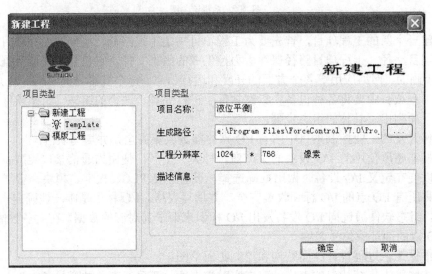

图 2-4　"新建工程"对话框

　　（3）在"项目名称"输入框内输入要创建的应用程序的名称，不妨命名为"液位平衡"；在"生成路径"输入框内输入应用程序的路径，或者单击"…"按钮创建路径；在"描述信息"输入框内输入对新建工程的描述文字；最后单击"确认"按钮返回。应用程序列表增加了"液位平衡"，即创建了液位平衡项目，同时也是液位平衡项目的开发窗口。

　　（4）单击"开发"按钮进入开发系统，即进入图 2-5 所示的液位平衡项目的开发系统窗口。

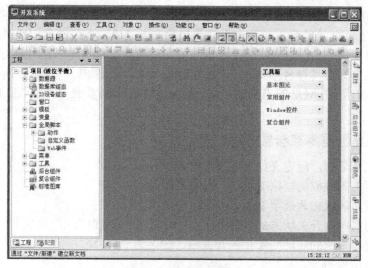

图 2-5　开发系统窗口

2.3　开发环境

开发系统（Draw）、界面运行系统（View）和数据库系统（DB）都是组态软件的基本组成部分。Draw 和 View 主要完成人机界面的组态和运行，DB 主要完成过程实时数据的采集（通过 I/O 驱动程序）、实时数据的处理（包括报警处理、统计处理等）、历史数据处理等。

开发一个系统的基本步骤如下：首先是建立数据库点参数，并对点参数进行数据连接；其次是建立窗口监控画面，对监控画面里的各种图元对象建立动画连接；然后编制脚本程序，进行分析曲线、报警、报表制作。这便完成了一个简单的组态开发过程。

2.3.1　数据库概述

实时数据库 DB 是整个应用系统的核心，是构建分布式应用系统的基础。它负责整个应用系统的实时数据处理、历史数据存储、统计数据处理、报警信息处理和数据服务请求处理。完成与过程数据采集的双向数据通信。双击图 2-5 中所示的"数据库组态"选项，出现图 2-6 所示的窗口。

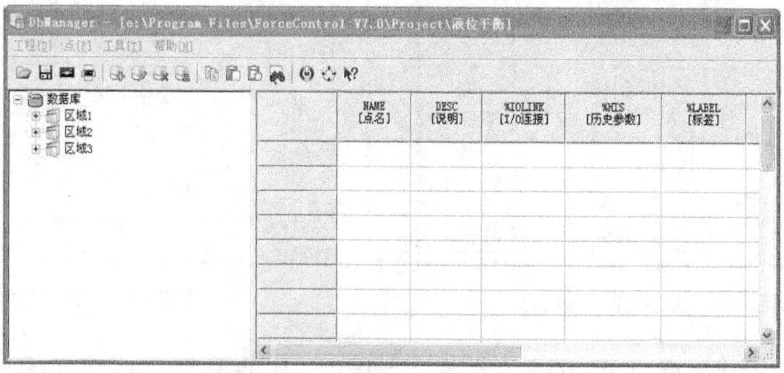

图 2-6　数据库组态窗口

实时数据库根据点名决定数据库的结构，在点名字典中，每个点都包含若干参数。一个点可以包含一些系统预定义的标准点参数，还可包含若干个用户自定义参数。

点类型是实时数据库 DB 根据监控需要而预定义的一些标准点类型，目前提供的标准点类型有：模拟 I/O 点、数字 I/O 点、累计点、控制点、运算点等。不同的点类型完成的功能不同。比如，模拟 I/O 点的输入和输出量为模拟量，可完成输入信号量程变换、小信号切除、报警检查，输出限值等功能；数字 I/O 点输入值为离散量，可对输入信号进行状态检查。

点的参数的形式为"点名.参数名"。缺省的情况下"点名.PV"代表一个测量值。例如："TAG2.DESC"表示点 TAG2 的点描述，为字符型；"TAG2.PV"表示点 TAG2 的过程测量值，为浮点型。

2.3.2 创建数据库点参数

根据以上工艺需求，应定义如下 4 个点参数。

（1）反映存储罐液位的模拟 I/O 点，点的名称定为"YW"。

（2）入口阀门的状态为数字 I/O 点，点名定为"IN1"。

（3）反映出口阀门开关状态的数字 I/O 点，命名为"OUT1"。

（4）控制整个系统的启动与停止的开关量，命名为"RUN"。

具体的定义步骤如下。

（1）在 Draw 导航器中双击"实时数据库"项使其展开，在展开项目中双击"数据库组态"启动组态程序 DBManager（如果没有看到导航器窗口，可以激活 Draw 菜单命令"查看/导航器"）。

（2）启动 DBManager 管理器后出现主窗口。

（3）选择菜单命令"点/新建"或在右侧的点表上双击任一空白行，出现"请指定节点、点类型"对话框，如图 2-7 所示。

选择"区域 1\单元 1\模拟 I/O 点"点类型，然后单击"继续"按钮，进入点定义对话框，如图 2-8 所示。

图 2-7 "请指定节点、点类型"对话框

图 2-8 点定义对话框

（4）在"点的名称"输入框内键入点名"YW"，其他参数可以采用系统提供的默认值，单击"确定"按钮，在点表中增加了一个点"YW"。

（5）然后创建几个数字点。选择 DBManager 菜单"点/新建"，选择"区域 1\单元 1\数字 I/O 点"点类型，然后单击"继续"按钮，进入"数字 I/O 点组态"对话框后，在"点的名称"输入框内键入点名"IN1"。其他参数可以采用系统提供的默认值。用同样的方法创建点

"OUT1"和"RUN"，单击"🖫"按钮保存组态内容，然后单击"🔮"按钮（退出后才能进行下一步）。

2.3.3 定义 I/O 设备

实时数据库是从 I/O 驱动程序中获取过程数据的。I/O 驱动程序负责软件和设备的通信，因此首先要建立 I/O 数据源，而数据库同时可以与多个 I/O 驱动程序进行通信，一个 I/O 驱动程序也可以连接一个或多个设备。下面介绍创建 I/O 设备的过程。

（1）在工程项目导航栏中双击"I/O 设备组态"项出现图 2-9 所示的对话框，在展开项目中选择"力控"项并双击使其展开，然后继续选择"仿真驱动"并双击使其展开后，选择项目"Simulator（仿真）"。

（2）双击"Simulator（仿真）"出现图 2-10 所示的"设备配置—第一步"对话框，在"设备名称"输入框内键入一个自定义的名称，这里输入"dev"（大小写都可以）。接下来要设置 dev 的采集参数，即"数据更新周期"和"超时时间"。在"数据更新周期"输入框内键入 1000 毫秒。即 I/O 驱动程序向数据库提供更新的数据的周期。

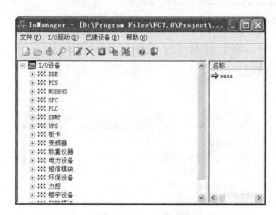

图 2-9 I/O 设备组态

图 2-10 "设备配置—第一步"对话框

（3）单击"完成"，就可以看见在"Simulator（仿真 PLC）"项目下面增加了一项"dev"。用鼠标右键单击项目"dev"，可以进行修改、删除、测试等操作。

以上步骤完成了配置 I/O 设备的基本工作。通常情况下，一个 I/O 设备需要进行更多的配置，如通信端口的配置（波特率、奇偶校验等）、所使用的网卡的开关设置等。仿真驱动实际上没有与硬件进行物理连接，所以不需要进行更多的配置。

2.3.4 数据连接

使这 4 个点的 PV 参数值能与仿真 I/O 设备 dev 进行实时数据交换的过程就是建立数据连接的过程。由于数据库可以与多个 I/O 设备进行数据交换，所以必须指定哪些点与哪个 I/O 设备建立数据连接。

（1）启动数据库组态程序 DBManager，双击点"YW"，再单击"数据连接"，出现图 2-11 所示的对话框。

（2）在"连接 I/O 设备"下拉框中选择设备"dev"，再单击"增加"按钮，出现图 2-12 所示的数据连接生成器对话框。

"寄存器地址"指定为"0"，"寄存器类型"选择"常量寄存器"，"最小值"和"最大值"指定为"0"和"100"，然后单击"确定"按钮，便可见 DBManager 中，右边的"I/O 连接"

列中增加了一项。

图 2-11　数据连接

（3）双击"IN1"，再单击打开"数据连接"页，建立数据连接。单击"增加"按钮，出现图 2-13 所示的数据连接生成器对话框，"寄存器地址"指定为"1"，"寄存器类型"选择"状态控制"。

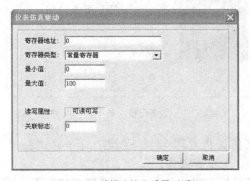 

图 2-12　数据连接生成器对话框　　　　　　　　图 2-13　数据连接生成器对话框

（4）用同样的方法为点 OUT1 和 RUN 创建 dev 下的数据连接，它们的"寄存器地址"分别为"2"和"0"，"寄存器类型"选择"常量寄存器"和"状态控制"，最后的数据库窗口形式如图 2-14 所示。

图 2-14　数据库窗口

2.4　创建窗口

进入开发系统 Draw 后，首先需要创建一个新窗口。

选择菜单命令"文件[F]/新建"，出现图 2-15 所示的"窗口属性"对话框。

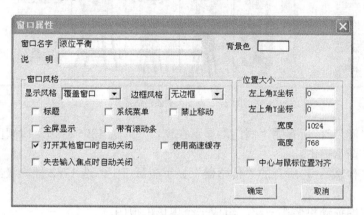

图 2-15　"窗口属性"对话框

窗口名字命名为"液位平衡"。单击按钮"背景色"，出现调色板，选择其中的一种颜色作为窗口背景色。其他的域和选项可以使用缺省。

当一个窗口在 Draw 中被打开后，它的属性可以随时被修改。要修改窗口属性，可在窗口的空白处单击鼠标右键，在右键菜单中选择"窗口属性"。

2.4.1　创建图形对象

1. 存储罐制作

现在，您在屏幕上有了一个窗口，在开发系统（Draw）导航器中（如图 2-3 所示）双击"工具→标准图库"，出现图 2-16 所示的"图库"对话框。

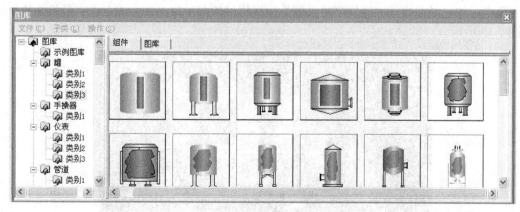

图 2-16　"图库"对话框

在子目录中选"罐"→"类别 1"，所有的罐显示在窗口中，如图 2-17 所示。选 1261 号，双击 1261 号罐就出现在作图窗口中。

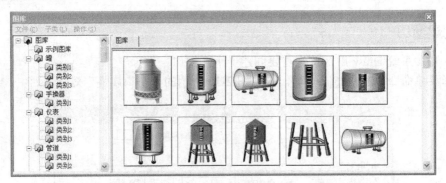

图 2-17　子图列表对话框

　　同理可选"阀门"，所有的"阀门"显示在窗口中，选 1395 号作入口阀门和出口阀门，双击就出现在作图窗口中。

　　同理可选"传感器"，所有的"传感器"显示在窗口中，选 1782 号，双击就出现在作图窗口中。

　　然后将这些图拖动拼装在一起，组成一个现场模拟图。

　　2．文本制作

　　创建一个显示存储罐液位高度的文本域和一些说明文字。选择工具箱"文本"工具，把鼠标移动到存储罐下面，单击一下（这个操作定位"文本"工具）。输入"###.###"然后按回车键结束了第一个字符串，然后您可以输入另外几个字符串，即"进水""出水"。

　　把符号（#）移动到存储罐的下面。把字符串"进水"和"出水"分别移动到入口阀门和出口阀门图形两边。

　　3．按钮制作

　　创建两个按钮来启动和停止处理过程。选择"按钮"工具，创建一个按钮。选定这个工具后，单击鼠标左键定位按钮的起点，拖动鼠标调整按钮的大小。创建的按钮上有一个标志"Text"（文本）。选定这个按钮，单击鼠标右键，在弹出的右键菜单中选择"对象属性（A）"，弹出"按钮属性"对话框，在其中的"新文字"项中输入"开始"，然后选择"确认"键。用同样的方法继续创建"停止"按钮。

　　现在，您已经完成了"液位平衡系统"应用程序的图形描述部分的工作。最终的效果图如图 2-18 所示。

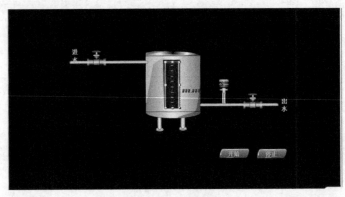

图 2-18　最终效果图

　　在前面已经做了很多事情，包括制作显示画面、创建数据库点，并通过一个自己定义的

I/O 设备"dev"把数据库点的过程值与虚拟设备 dev 连接起来。现在又要回到开发系统 Draw 中，通过制作动画连接使显示画面活动起来。

2.4.2 动画连接

有了变量之后就可以制作动画连接。一旦创建了一个图形对象，给它加上动画连接就相当于赋予它"生命"使其"活动"起来。动画连接使对象按照变量的值改变其显示。

1. 阀门动画连接

代表入口阀门的开关状态的变量 IN1.PV 是个状态值，如果为真（值为 1），则表示入口阀门为开启状态，同时入口阀门变成绿色；如果为假（值为 0），入口阀门变成白色表示关。所以在"值为真时颜色"选项中将颜色通过调色板设为绿色，在"值为假时颜色"选项中将颜色通过调色板选为白色。

双击入口阀门对象，出现图 2-19 所示的"动画连接"对话框。

要让入口阀门按一个状态值来改变颜色，应选用连接"颜色变化-条件"。单击"条件"按钮，出现图 2-20 所示的"颜色变化"对话框。

图 2-19 "动画连接"对话框

图 2-20 "颜色变化"对话框

在对话框中单击"变量选择"按钮，在"变量选择"对话框中选择"实时数据库"项，展开"区域 1\单元 1"，然后选择点名"IN1"，在右边的参数列表中选择"PV"参数。如图 2-21 所示。

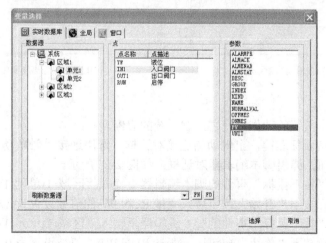

图 2-21 "变量选择"对话框

单击"选择"按钮，"颜色变化"对话框"条件表达式"项中自动加入了变量名"区域1\单元1\IN1.PV"，在该表达式后输入"==1"，使最后的表达式为："区域1\单元1\IN1.PV ==1"（力控中的所有名称标识、表达式和脚本程序均不区分大小写），如图2-22所示。

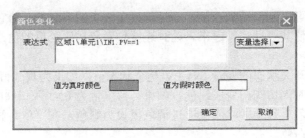

图2-22　颜色变化对话框

用同样方法，再定义出口阀门的颜色变化条件及相关的变量。

2. 液位动画连接

将存储罐的液位通过数值的方式显示，并且代表存储罐矩形体内的填充体的高度也能随着液位值的变化而变化，便可以仿真存储罐的液位变化了。

首先来处理液位值的显示。要让"###.###"符号在运行时显示液位值的变化，应选用"数值输出—模拟"连接。在出现的对话框中单击"模拟"按钮，出现图2-23所示的"模拟值输出"对话框，在对话框中单击"变量选择"按钮，选择点名"yw"，在右边的参数列表中选择"PV"参数，然后单击"选择"按钮，再单击"确定"按钮，设置完成。

存储罐填充动画如下：选中存储罐后单击鼠标右键选择"单元内编辑"，然后选中液位，在弹出的对话框中选择尺寸—高度，弹出图2-24所示的对话框，在"表达式"项内键入"区域1\单元1\YW.PV"：如果值为0，存储罐将填充0即全空；如果值为100，存储罐将是全满；如果值为50，将是半满。

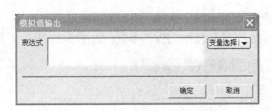

图2-23　"模拟值输出"对话框

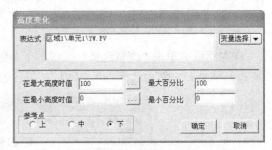

图2-24　"高度变化"对话框

3. 按钮动画连接

接着来定义两个按钮的动作，使之控制系统的启停。

选中按钮后双击鼠标左键，出现动画连接对话框，选用连接"触敏动作/左键动作"。单击"左键动作"按钮，弹出脚本编辑器对话框，如图2-25所示。

在开始按钮的"按下鼠标"事件的脚本编辑器里输入"区域1\单元1\RUN.PV=1；"。这个设置表示，当鼠标按下"开始"按钮后，变量RUN.PV的值被设置为1。

在停止按钮的"按下鼠标"事件的脚本编辑器里输入"区域1\单元1\RUN.PV=0；"。这个设置表示，当鼠标按下"停止"按钮后，变量RUN.PV的值被设置为0。

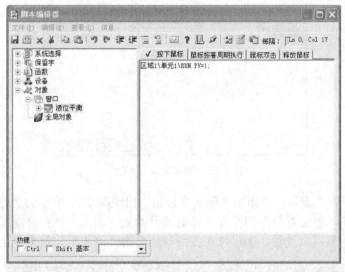

图 2-25 脚本编辑器对话框

4. 脚本编辑

在"动作"→"应用程序动作"→"程序运行周期执行"中写如下脚本。

```
IF 区域 1\单元 1\RUN.PV==1 THEN
IF 区域 1\单元 1\YW.PV==0 THEN
    区域 1\单元 1\IN1.PV=1；
    区域 1\单元 1\OUT1.PV=0；
ENDIF
F 区域 1\单元 1\YW.PV==100 THEN
  区域 1\单元 1\IN1.PV=0；
  区域 1\单元 1\OUT1.PV=1；
ENDIF
IF 区域 1\单元 1\IN1.PV==1&&区域 1\单元 1\OUT1.PV==0&&区域 1\单元 1\YW.PV<100    THEN
  区域 1\单元 1\YW.PV=区域 1\单元 1\YW.PV+2；
ENDIF
IF 区域 1\单元 1\IN1.PV==0&&区域 1\单元 1\OUT1.PV==1&&区域 1\单元 1\YW.PV>0   THEN
  区域 1\单元 1\YW.PV=区域 1\单元 1\YW.PV-2；
ENDIF
ENDIF
IF 区域 1\单元 1\RUN.PV==0 THEN
  区域 1\单元 1\YW.PV=0；
  区域 1\单元 1\IN1.PV=0；
  区域 1\单元 1\OUT1.PV==0；
ENDIF
```

2.4.3 数据传送的运行

最后运行时的工作过程是这样的：由 I/O 驱动程序从设备 dev 采集的数据传送到数据库上并经数据库处理后，传送给 View 对应的变量，并在 View 的画面上动态显示出来；当操作人员在 View 的画面上设置数据时，也就是修改了 View 变量的数据，View 会将变化的数据传送给 DB，经 DB 处理后，再由 I/O 驱动程序传送给设备 dev。

保存所有组态内容，重新启动力控工程管理器，选择工程"液位平衡"，然后单击"进入运行"按钮运行系统。在运行画面的菜单中选择"文件（F）→打开（O）"，则弹出图 2-26 所示的"选择窗口"对话框。

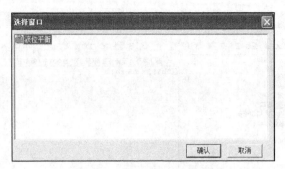

图 2-26 "选择窗口"对话框

选择"液位平衡"窗口，再单击"确认"按钮，出现图 2-27 所示的运行过程。在画面上单击"开始"按钮，您会看到阀门打开，存储罐开始被注入；一旦存储罐即将被注满，它会自动排放，然后重复以上过程。您可以在任何时候单击"停止"按钮来中止这个过程。

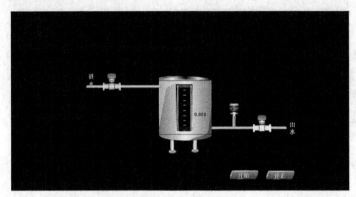

图 2-27 运行过程

2.4.4 创建实时趋势

实时趋势是某个变量的实时值随时间变化而绘出的该变量与时间的关系曲线图。使用实时趋势可以察看某一个数据库点或中间点在当前时刻的状态，而且实时趋势也可以保存某一段时间的数据趋势。这样，使用它就可以了解当前设备的运行状况，以及整个车间当前的生产情况等。

下面具体说明如何创建实时趋势。

1. 制作按钮

在主画面"液位平衡"中创建一个"趋势曲线"按钮。可以按 2.4.1 小节中所述的制作按钮的方法，也可以去力控标准图库中选择按钮。

2. 创建窗口

创建一个新的"实时趋势窗口"，方法是：单击图 2-28 工具条中的"▢"工具条或主菜单中"文件→新建"命令，或者双击导航器中窗口，在左边工程框中单击"实时趋势"。

3. 创建实时趋势

（1）在图 2-28 的工具箱中选择"趋势曲线"，单击并拖曳到合适大小后释放鼠标。

（2）这时可以像处理普通图形对象一样来改变实时趋势图的属性。右击"实时趋势图"，打开其"对象属性"对话框，通过这个对话框可以改变实时趋势图的填充颜色、边线颜色、边线风格等。

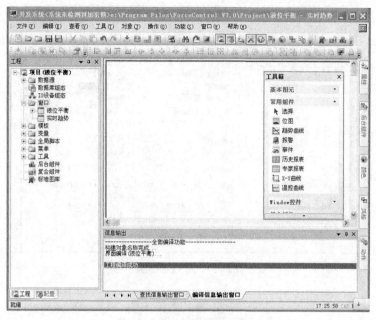

图 2-28 窗口属性对话框

（3）双击趋势对象，弹出图 2-29 所示的"属性"对话框。

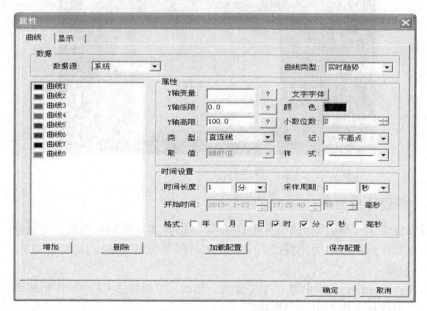

图 2-29 "属性"对话框

（4）相应值的设置如图 2-30 所示。

（5）改变"Y 轴变量"的值。单击"Y 轴变量"后而对应的"？"，打开"变量选择"对话框，在选项卡"实时数据库"中选择变量"区域 1\单元 1\yw.pv"。

（6）在本窗口中创建一个"主画面"按钮，以保证在画面运行时能返回主界面。

（7）分别插入"液位实时趋势曲线""液位高度"和"时间"三个文本。

最终创建的实时趋势如图 2-31 所示。

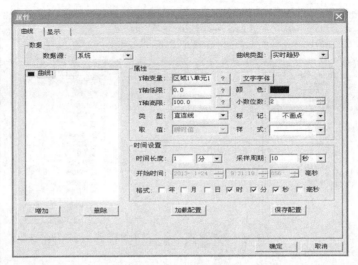

图 2-30 实时趋势设置

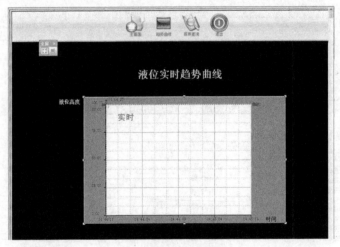

图 2-31 实时趋势图

2.4.5 创建历史报表

历史报表提供了一种浏览历史数据的功能。下面具体说明如何创建历史报表（在建立历史报表之前先要在点组态的历史数据页中设定定时保存历史数据）。

1. 制作按钮

在主画面"液位平衡"中创建一个"报表"按钮。可以按 2.4.1 小节中所述制作按钮的方法，也可以去力控标准图库中选择按钮。

2. 创建窗口

创建一个新的"历史报表"窗口，方法是：单击工具条中的"创建一个新文档"命令或主菜单中"文件→新建"命令或者双击导航器中窗口，出现图 2-28 所示的窗口属性对话框，在窗口名字中输入"历史报表"，按回车键，出现图 2-33 类似的历史报表窗口。

3. 创建历史报表

（1）在工具箱中选择"历史报表"按钮或主菜单中"插入→历史报表"命令，在"历史报表"窗口中单击并拖曳到合适大小后释放鼠标。

（2）这时可以像处理普通图形对象一样来改变历史报表的属性。右击"历史报表图"打开其"对象属性"对话框，通过这个对话框可以改变历史报表的填充颜色、边线颜色、边线风格等。

（3）双击历史报表对象，弹出图2-32所示的"属性"对话框，在变量页中双击"点名"下的空格，出现变量选择对话框，选定"区域1\单元1\yw.pv"后按"确定"按钮，点名自动输入。

图2-32 "属性"对话框

（4）在本窗口中创建一个"查询"按钮，一个时间控件，在按钮左键按下动作里写入"#HisReport.SetTime（#DateTime.Year，#DateTime.Month，#DateTime.Day，#DateTime.Hour，#DateTime.Minute，#DateTime.Second）"，即可按时间查询报表。

（5）插入"历史报表"文本标题。

最终创建的历史报表如图2-33所示。

图2-33 历史报表图

4. 动画连接

（1）"报表查询"按钮与历史报表窗口连接，在反应监控中心窗口中双击"报表查询"按钮，出现图2-33所示的对话框，在框中选窗口显示，出现窗口选择对话框，选择历史报表。

（2）同样在"历史报表"窗口中进行"返回主页面"的动画连接。

最后的反应监控中心的窗口如图 2-34 所示，在运行时单击"报表查询"进入历史报表窗口，历史数据显示在表格中。当单击"趋势曲线"时，实时函数曲线显示在窗口中。

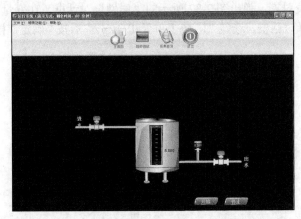

图 2-34　反应监控中心

2.4.6　制作动画连接

在前面已经完成制作显示画面、创建数据库点并与 I/O 设备"PLC"中的过程数据一一连接起来，现在回到开发环境 Draw 中，通过制作动画连接使图形在画面上随仿真数据的变化而活动起来。

1. Draw 变量

Draw 变量就是在开发环境 Draw 中定义和引用的变量，简称为变量。开发环境 Draw、运行环境 View 和数据库 DB 都是力控的基本组成部分。但 Draw 和 View 主要完成的是人机界面的开发、组态和运行、显示，我们称之为界面系统。实时数据库 DB 主要完成过程实时数据的采集（通过 I/O Server 程序）、实时数据的处理（包括报警处理、统计处理等）、历史数据处理等。界面系统与数据库系统可以配合使用，也可以单独使用。比如，界面系统完全可以不使用数据库系统的数据，而通过 ActiveX 或其他接口从第三方应用程序中获取数据；数据库系统也完全可以不用界面系统来显示画面，它可以通过自身提供的 DBCOM 控件与其他应用程序或其他厂商的界面程序通信。力控系统之所以设计成这种结构，主要是为了使系统具有更好的开放性和灵活性。

2. 建立动画连接

动画连接是在画面中的图形对象与变量之间建立某种关系，当变量的值发生变化时，在画面上图形对象的动画效果以动态变化方式体现出来，有了变量之后就可以制作动画连接了。一旦创建了一个图形对象，给它加上动画连接就相当于赋予它"生命"，使它动起来。动画连接使对象按照变量的值改变其大小、颜色、位置等。定义变量和制作动画连接这两个工作可以相互独立完成。

例如，一个泵在工作时是绿色，而停止工作时变成红色。有些动画连接还允许使用逻辑表达式，如"OUT_VALVE==1&&RUN==1"表示 OUT_VALVE 与 RUN 这两个变量的值同时为 1 时条件成立。又比如，如果希望一个对象在存储罐的液面高于 80 时开始闪烁，这个对象的闪烁表达式就为"LEVEL>80"。

下面以所建的工程为例说明建立动画连接的步骤。

从最上面的入口阀门开始定义图形对象的动画连接。双击入口阀门对象，出现"动画连接"对话框,如图 2-35 所示。

让入口阀门根据一个状态值的变化来改变颜色。选择图中的"颜色相关动作/颜色变化/条件",单击"条件"按钮,弹出图 2-36 所示的对话框。

图 2-35 "动画连接"对话框

图 2-36 "颜色变化"对话框

单击"变量选择"按钮,弹出"变量选择"对话框,在"点名称栏"中选择"IN_VALVE",在右边的参数列表中选择"PV"参数,如图 2-37 所示,然后单击"选择"按钮。

在"颜色变化"对话框的"条件表达式"文本框中就可以看到变量名"IN_VALVE.PV",如图 2-38 所示。

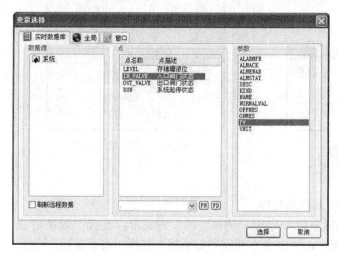

图 2-37 "变量选择"对话框

图 2-38 确定颜色变化对应的变量

在变量"IN_VALVE.PV"后输入"==1",使最后的表达式为:"IN_VALVE.PV==1"(力控中的所有名称标志、表达式和脚本程序均不区分大小写)。在这里使用的变量 IN_VALVE.PV 是个状态值,用它代表入口阀门的开关状态。上述表达式如果为真(值为 1),则表示入口阀门为开启状态,颜色为绿色;希望入口阀门在关闭状态时变成白色,所以在"值为假时"选项中将颜色通过调色板选为白色,如图 2-39 所示,然后单击"确认"按钮返回。用同样的方法,再定义出口阀门的颜色变化条件及相关的变量,如图 2-40 所示。

处理有关液值的显示和液位变化的显示,选中存储罐下面的###.###符号,然后双击鼠

标左键，出现"动画连接"对话框，在这里选用"数值输出/模拟"，单击"模拟"按钮，弹出"模拟值输出"对话框，在表达式项内输入"LEVEL.PV"或是单击"变量选择"按钮，出现"变量选择"对话框，然后选择点名"LEVEL|"，在右边的参数列表中选择"PV"参数，单击"选择"按钮，"表达式"项中自动加入了变量名"LEVEL.PV"，如图 2-41 所示。

图 2-39　确定入口阀门颜色

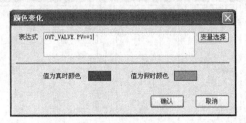
图 2-40　确定出口阀门颜色

现在，已经把存储罐的液位用数值显示出来了，下面将使代表存储罐的填充高度也随着液位的变化而变化，这样就能更形象地显示存储罐的液位变化了。

选中后双击鼠标左键，出现"罐向导"对话框。

在"表达式"项内键入"LEVEL.PV"，填充颜色为绿色，填充背景颜色为黑色。这样力控将一直监视变量"LEVEL.PV"的值。如果值为 100，存储罐将是全满的，如果值为 50，将是半满的，然后单击"确定"。存储罐动画设置如图 2-42 所示。

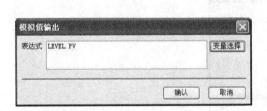
图 2-41　"模拟值输出"对话框

图 2-42　存储罐动画设置

2.4.7　脚本动作

用脚本完成两个按钮的动作来控制系统的启停。

（1）选中"开始"按钮后双击鼠标左键，出现"动画连接"对话框，选择"触敏动作/左键动作"按钮。单击"左键动作"按钮，弹出脚本编辑器对话框，选择"按下鼠标"事件，在脚本编辑器里输入"RUN.PV = 1"（如图 2-43 所示），这个设置的意思是当在运行界面按下"开始"按钮后，变量 RUN.PV 的值被设成 1，相应地 PLC1 中的程序启动运行。

同样，下面定义"停止"按钮的动作。在脚本编辑器里输入"RUN.PV = 0"。这个设置的意思是，当鼠标按下"停止"按钮后，变量 RUN.PV 的值被设成 0，设备 PLC1 中的程序就会停止运行。

在动画连接过程中，系统可以自动引用数据库变量，引用完后，如果要看这些变量，可以激活导航器中的"变量"，可以看到在上面工程中所引用的所有数据库变量 LEVEL.PV、IN_VAVLE.PV、OUT_VAVLE.PV 和 RUN.PV，它们全部由系统自动创建。所有变量如图 2-44 所示。

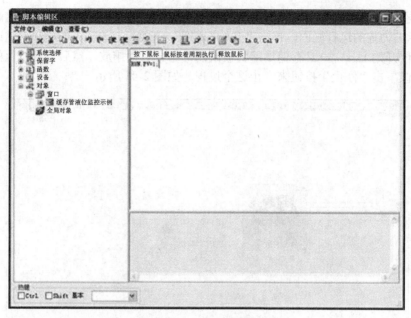

图 2-43 按组动作设置

图 2-44 "变量浏览"对话框

（2）工程的逻辑控制过程要由脚本来完成，在力控的开发系统中，导航器、动作、条件动作或应用程序动作中写入了下列脚本程序。

```
if RUN.PV = =1 then
if LEVEL.PV< = 3 then
IN_VALVE.PV = 1;
OUT_VALVE.PV = 0;
endif
if LEVEL.PV> = 100 then
IN_VALVE.PV = 0;
OUT_VALVE.PV = 1;
endif
endif
if RUN.PV = =0 then
IN_VALVE.PV = 0;
OUT_VALVE.PV = 0;
Endif
```

2.4.8 开发系统的运行

力控工程初步建立完成，可以进入运行阶段。首先保存所有组态内容，关闭 DBManager（如果没关闭）。在力控的开发系统 Draw 中选择"文件→进入运行"菜单命令，进入力控的运行系统。在运行系统中选择"文件→打开"命令,从"选择窗口"选择"存储罐液位监控示例"。显示出力控的运行画面,单击"开始"按钮,开始运行 PLC1 的程序。这时会看见阀门打开,液位开始上升,一旦存储罐即将被注满,它会自动排放,然后重复以上的过程。可以在任何时候单击"停止"按钮来中止这个过程。如图 2-45 所示。

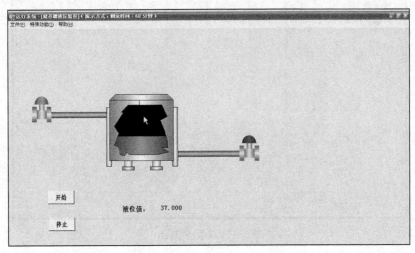

图 2-45　存储罐动态显示监控图

力控组态软件还能设定开机主动运行。在生产现场运行的系统,很多情况下要求启动计算机后就自动运行力控的程序。要实现这个功能,配置的方法如下:在开发系统中,系统配置导航栏/系统配置/初始启动程序下,将开机自动运行功能选中。如图 2-46 所示。

图 2-46　开机自动运行设置

本 章 小 结

1. 学习力控组态软件的安装方法,了解并记录各安装界面的各项条款的作用,最终根据安装微机的配置,设定安装要求。同时明确所安装计算机的组态范围和具体能够达到的组态功能。

2. 简单地学习力控组态软件怎样进入开发环境,学习创建新画面、创建图形对象、定义 I/O 设备、创建实时数据库、创建数据库点、数据连接、制作和建立动画连接和最后达到仿真运行。

3．力控组态软件经过组态监控画面后，最终要通过计算机连接的现场总线与传感器、数据采集装置、控制器和执行器联系，将计算机的自动控制策略应用于现场各种自动控制系统，结合控制室键盘、鼠标和触摸屏的操作，能够监控和管理工程。

4．经过操作能够体会到力控组态软件方便、灵活的开发环境。运用组态软件能够提供各种工程、画面模板，大大降低了组态开发的工作量，使得能够开发各种自动控制系统，实现工程上的自动控制和监控。

思 考 题

1．力控组态软件的安装需要经过哪些步骤？

2．力控组态软件安装中有演示、开发和正式条款分别表示什么？

3．力控组态软件的典型应用包括哪几个方面的内容？

4．力控组态软件的开发环境中的图形库有哪些图形？

5．力控组态软件的动画连接是怎样进行的？

6．力控组态软件定义的 I/O 设备有哪些类型？

7．如何通过事件记录，来查看开、关阀门的操作历史记录？

8．如果想知道入口阀门和出口阀门的累计运转时间，如何实现？给出脚本语言和数据库累计点 2 种实现方法。

9．如何创建数据库点参数，创建时要注意哪些问题？

10．试述创建一个工程项目的全过程。

11．开发环境主要包括哪些内容？

12．开发环境能创建哪些内容？

第 3 章　组态的变量

【本章学习目标】

1. 了解工控组态软件的变量类型。
2. 学习怎样定义工控组态软件的新变量。
3. 学会搜索被引用的变量和删除变量。
4. 了解工控组态软件各类型变量的相互联系。

【教学目标】

1. 知识目标：了解组态工程中的数据库变量、中间变量、间接变量、窗口中间变量等不同含义。
2. 能力目标：通过组态软件的变量选择，学会搜索被引用的变量和删除变量，形成对组态软件变量的进一步的感性认识。

【教学重点】

结合实训项目实践，操作变量选择和设定的内容。

【教学难点】

各类型变量的相互联系。

【教学方法】

演示法、举例法、思考法、讨论法。

组态软件基本的运行环境分为三个部分，包括 HMI（VIEW）人机界面、数据库 DB 和通信程序 I/O SERVER。变量是人机界面软件数据处理的核心，它是 View 进行内部控制、运算的主要数据成员，是 View 中编译环境的基本组成部分，它只生存在 View 的环境中。

人机界面程序 View 运行时，工业现场的状况要以数据的形式在画面中显示，View 中所有动态表现手段，如数值显示、闪烁、变色等都与这些数据相关，同时操作人员在计算机前发送的指令也要通过它送达现场，这些代表变化数据的对象为变量。运行系统 View 在运行时，工业现场的生产状况将实时地反映在变量的数值中。

每种组态软件都会提供多种变量，包括数据库变量、中间变量、间接变量、窗口中间变量等。

3.1　变量的类型

变量类别决定了变量的作用域及数据来源。例如，如果要在界面中显示、操作数据库中的数据时，就需要使用数据库型变量。本节描述了力控支持的 4 类变量。

3.1.1　窗口中间变量

窗口中间变量的作用域仅限于力控应用程序的一个窗口，或者说，在一个窗口内创建的窗口中间变量，在其他窗口内是不可引用的，即它对其他窗口是不可见的。窗口中间变量是一种临时变量，它没有自己的数据源，通常用作一个窗口内动作控制的局部变量、局部计算变量，或用于保存临时结果。

3.1.2 中间变量

中间变量的作用域范围为整个应用程序，不限于单个窗口。一个中间变量，在所有窗口中均可引用。即在对某一窗口的控制中，对中间变量的修改将对其他引用此中间变量的窗口的控制产生影响。窗口中间变量也是一种临时变量，它没有自己的数据源。中间变量适于作为整个应用程序动作控制的全局性变量、全局引用的计算变量或用于保存临时结果。

3.1.3 间接变量

1. 当其他变量的指针使用

间接变量是一种可以在系统运行时被其他变量代换的变量，一般我们将间接变量作为其他变量的指针，操作间接变量也就是操作其指向的目标变量，间接变量代换为其他变量后，引用间接变量的地方就相当于在引用代换变量一样。

可以用赋值语句实现变量的转换。例如，表达式"@INDIRECT=@LIC101.PV"两边变量的前面都加上了符号"@"，表示这个表达式不是一个赋值操作，是一个变量代换操作。

例：一个矩形图形上"垂直百分比填充"的动作要求根据不同的条件而变化，数值来自数据库变量 LIC101.PV 和 LIC102.PV。

可以引用一个中间变量 INDIRECT，做如下表达式：

当条件满足条件 1 时：@INDIRECT =@LIC101.PV;//表达式 1

当条件满足条件 2 时：@INDIRECT =@LIC102.PV;//表达式 2

表达式 1 经过这种变量代换后，变量 INDIRECT 和 LIC101.PV 的数值和行为即变为完全一致。改变 INDIRECT 的数值就等于改变 LIC101.PV 的值，改变 LIC101.PV 的数值就等于改变 INDIRECT 的值；当执行表达式 2 时，INDIRECT 又将与 LIC102.PV 的值保持一致。

---

2. 当普通变量使用

间接变量除了用于完成变量代换之外，也可以当作普通变量使用。例如，表达式"INDIRECT=LIC101.PV；"。

3. 当数组使用

间接变量实现数组功能，可以直接使用而不需要初始化。

功能说明：变量数组。

操作说明：未初始化的数组可用间接变量数组，用户定义间接变量后可直接在需要使用变量的脚本中使用数组，例如"arr[100]=10；"。

间接变量的获取区别于其他变量的获取，间接变量将[]数组符号作为一个操作符，当使用 a[0]的时候，编译器将自动分解为两个步骤：第一步，将变量 a 的 id 和下标 0 压栈；第二步，对栈偏移的变量进行赋值或者取值的操作。故此，运行系统先将变量 id 和 offset 压栈，再从栈内弹出变量 id 和 offset 进行赋值取值操作。建议每个数组最大下标为 10000。

3.1.4 数据库变量

数据库变量与数据库 DB 中的点参数进行对应，完成数据交互。数据库变量是人机界面与实时数据库联系的桥梁。数据库变量不但可以访问本地数据库，还可以访问远程数据库，来构成分布式结构。

当要在界面上显示处理数据库中的数据时，需要使用数据库变量。数据库变量的作用域为整个应用程序。一个数据库变量对应数据库中的一个点参数，如图 3-1 所示。关于力控数据库的说明请参考数据库和通信部分。

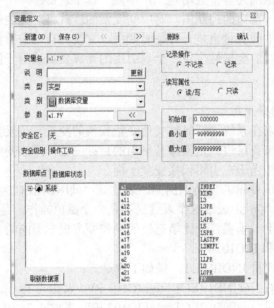

图 3-1　变量定义

3.1.5　系统中间变量

力控提供了一些预定义中间变量，称之为系统变量。每个系统变量均有明确的意义，可以完成特定功能。例如，若要显示当前系统时间，可以将系统变量"$time"动画连接到一个字符串显示上，具体参见使用手册。

系统变量均以美元符号（$）开头。

3.2　定义新变量

若要定义一个新变量，可按如下步骤进行。

以数据库变量为例进行介绍。在工程项目导航栏，选择"变量→数据库变量"，双击弹出"变量管理"对话框。单击变量管理器工具栏菜单上的"添加变量"按钮，在弹出的"变量定义"对话框（如图 3-2 所示）中定义新的变量。

对图 3-2 中所示的各项说明如下。

- 新建(N)：要创建的变量的名称。
- 保存(S)：保存输入的内容。
- <<：上一个变量。
- >>：下一个变量。
- 删除：进入"删除变量"对话框。
- 确认：对输入的信息进行确认，建立变量。
- 变量名：定义变量名名称，系统中必须唯一。

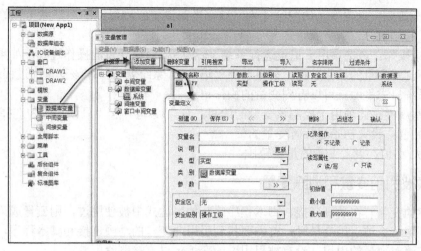

图 3-2 "变量定义"对话框

- 说　明：设置变量的描述文字。
- 类　型：设置变量的数据类型。可设置为实型、整型、离散型和字符型。
  - 实　型：值为-2.2～10308 到 18～10308 之间的 64 位双精度浮点数。
  - 整　型：值为从-2147283648 到 2147283648 之间的 32 位长整数。
  - 离散型：值为从-2147283648 到 2147283648 之间的 32 位长整数。
  - 字符型：长度为 64 的字符型变量。
- 类　别：设置变量的类型属性。可设置为数据库变量、中间变量、间接变量或窗口中间变量。
- 参数：如果选定变量类别是"数据库变量"，在"参数"对话框的右侧，单击 ＜＜ 按钮，如图 3-3 所示（在此处的数据库点中指定数据库的数据源及具体点参数）。

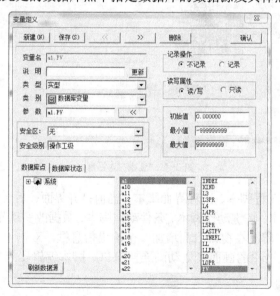

图 3-3 参数定义

- 安全区：设置变量的可操作区域，只有拥有该区域的权限的用户才可以修改此变量数值。

- 安全级别：设置变量的安全级别，只有当前设置级别以上的用户才可以修改此变量数值。
- 记录操作：该选项用于记录运行系统 View 中，对该变量的操作过程。如果选择不记录，就看不到对变量的操作过程。如果选择"记录"，系统就将操作该变量的过程进行记录，从力控的系统日志里面就可以看到变量的操作记录了。
- 读写属性：此项用于控制该变量的读写。有"读/写"和"只读"两种选择。
- 初始值：设置初始运行时变量的值。
- 最大/小值：设置变量的量程范围。

3.3 搜索被引用变量和删除变量

已创建的变量若在动画连接、脚本程序或其他表达式中被使用过，则变量成为被引用变量。当要删除一个被引用变量时，首先要找到引用此变量的动画连接和脚本程序，并对其进行修改以取消对变量的引用。没有被引用过的变量可以直接删除。

3.3.1 搜索被引用变量

如果要查询变量在工程中在哪些地方引用了某一变量，则需要用到引用搜索功能，操作步骤如下。

在变量列表框中选中需要查询的变量，单击变量管理器工具栏菜单上的"引用搜索"按钮，弹出"查找"对话框。如图 3-4 所示。

图 3-4 "查找"对话框

查找位置有：全部工程脚本、工程界面脚本、当前打开界面、后台组件脚本、自定义函数脚本、应用程序动作脚本、按键动作脚本、条件动作脚本、数据改变动作脚本和菜单动作脚本。

单击"查找"，就会在窗口下面增加一个输出信息框，双击"查找结果"中的记录，就会直接指向引用了此变量的画面（如动画连接窗口、脚本编辑器等）。

3.3.2 删除变量

若要删除已创建的变量则需要按照以下的步骤进行。

单击变量管理器工具栏菜单上的"删除变量"按钮，在弹出的对话框（如图 3-5 所示）中删除变量。

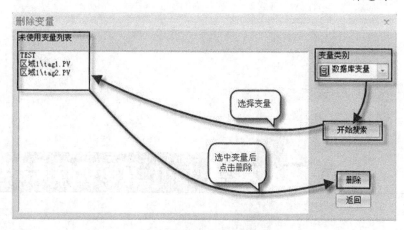

图 3-5　"删除变量"对话框

对图 3-5 中所示的各项说明如下。

（1）变量类别：选择需要删除的变量的类型。

（2）未使用变量列表：根据变量类别下拉框中选择的类型，列出未使用的变量。

（3）删除：在未使用列表中选中变量，单击"删除"按钮进行删除。

若选择"是[Y]"，则系统开始搜索所选变量类别下的所有未被引用的变量。当变量的数量较多时，可能要等待几秒到几十秒。搜索完毕后，在"未引用变量列表"列表框中列出所有搜索到的未经引用变量的名称，选择其中的一个或多个变量（若要同时选取多个变量，可在按下"Ctrl"键的同时，用鼠标左键单击），然后单击"删除"按钮，所选变量即被删除。

本 章 小 结

1．了解组态工程中的数据库变量、中间变量、间接变量、窗口中间变量等不同类型的含义。

2．简单地学习定义组态软件新变量的方法。在定义新变量时，除了要设定变量的类型、类别等参数，还要确定变量的安全级别、读写属性等。

3．学会搜索被引用的变量，需要用到引用搜索功能；学会选择需要删除的变量的类型，删除不需要的变量等方法。

4．结合上面各项变量内容的学习，进一步体会变量之间相互联系的作用。

思 考 题

1．变量分为哪几类？使用时各有什么区别？

2．如何定义变量？定义变量时要注意哪些问题？

3．数据类型有几种？各有什么区别？

4．怎样搜索被引用的变量？

5．定义变量功能在实际控制中的作用有哪些？

第 4 章　实时数据库系统

【本章学习目标】
1. 了解工控组态软件的实时数据库的基本概念。
2. 了解工控组态软件的实时数据库是由管理器和运行系统组成的。
3. 通过数据库管理器学会完成各种组态功能。
4. 学会运用导航器功能，方便展示显示数据库点结构的窗口。
5. 学会使用数据库的查找功能，对 I/O 数据和设备进行方便查找。
【教学目标】
1. 知识目标：了解组态实时数据库的基本概念，学会组态的具体方法。
2. 能力目标：通过对组态软件的数据库管理器的学习，学会运用导航器功能、查找功能。
【教学重点】
运用数据库管理器完成各种组态任务。
【教学难点】
使用数据库的 I/O 数据和设备查找功能。
【教学方法】
演示法、实验法、思考法、讨论法。

在生产监控过程中，许多情况要求将生产数据存储于分布在不同地理位置的不同计算机上，通过计算机网络能够对装置进行分散控制、集中管理，要求对生产数据能够进行实时处理、存储等，并且支持分布式管理和应用。力控监控组态软件实时数据库是一个分布式的数据库系统，实时数据库将点作为数据库的基本数据对象，确定数据库结构，分配数据库空间，并以树状结构组织点，对点"参数"进行管理。

实时数据库是由管理器和运行系统组成的。实时数据库可以将组态数据、实时数据、历史数据等以一定的组织形式存储在介质上。运行系统可以完成对生产实时数据的各种操作，如实时数据处理、历史数据存储、统计数据处理、报警处理、数据服务请求处理等。管理器是管理实时数据库的开发系统，通过管理器可以生成实时数据库的基础组态数据，对运行系统进行部署。

力控监控组态软件实时数据库负责和 I/O 调度程序的通信，获取控制设备的数据，同时作为一个数据源服务器在本地给其他程序如界面系统 View 等提供实时和历史数据。实时数据库又是一个开放的系统，作为一个网络节点，也可以给其他数据库或界面显示系统提供数据。数据库之间可以互相通信，支持多种通信方式，如 TCP/IP、串行通信、拨号、无线等方式，并且运行在其他网络节点的第三方系统可以通过 OPC、ODBC、API/SDK 等接口方式访问实时数据库。力控监控组态软件数据库应用如图 4-1 所示。

关于分布式应用的详细信息可参考后面的章节。

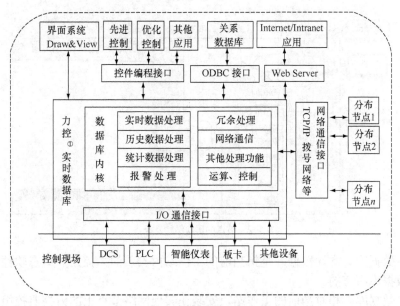

图 4-1 力控数据库应用示意图

4.1 基本概念

实时数据库系统的基本概念分别介绍如下。

1. 点

在数据库中，系统以点（TAG）为单位存放各种信息。点是一组数据值（称为参数）的集合。在点组态时先定义点的名称，点名最多可以使用 63 个字符（这里的点名指点的短名，在界面上引用点时要使用带节点路径的长名）。点参数可以包含标准点参数和用户自定义点参数。

2. 节点

数据库以树状结构来组织点，节点就是树状结构的组织单元，每个节点下可以定义子节点和各个类型的点。对节点可以进行添加子节点、点、删除、重命名等操作。新建的数据库有一个默认的根节点就是数据库节点，根节点不能被重命名。节点的层次结构及操作如图 4-2 所示。

3. 点类型

点类型是指完成特定功能的一类点。力控监控组态软件数据库系统提供了一些系统预先定义的标准点类型，如模拟 I/O 点、数字 I/O 点、累计点、控制点、运算点等。用户也可以创建自定义点类型。

4. 点参数

点参数是含有一个值（整型、实型、字符串型等）的数据项的名称。系统提供了一些预先定义的标准点参数，如 PV、NAME、DESC 等。用户也可以自定义点参数。

5. 数据库访问

对数据库的访问采用"节点路径\点名.参数名"的形式访问点及参数，如"TAG1.PV"

表示点 TAG1 的 PV 参数，通常 PV 参数代表过程测量值，也是最常用的数据库变量。

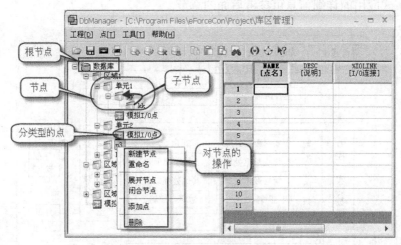

图 4-2　节点的层次结构及操作

（1）本地数据库。本地数据库是指当前的工作站内安装的力控监控组态软件数据库，它是相对网络数据库而言的。

（2）网络数据库。相对当前的工作站，安装在其他网络节点上的力控监控组态软件数据库就是网络数据库，它是相对本地数据库而言的。

6. 数据连接

数据连接是确定点参数值的数据来源的过程。力控监控组态软件数据库正是通过数据连接来建立与其他应用程序（如 I/O 驱动程序、DDE 应用程序、OPC 应用程序、网络数据库等）的通信、数据交互过程的。

数据连接分为以下几种类型。

（1）I/O 设备连接。I/O 设备连接是确定数据来源于 I/O 设备的过程。I/O 设备的含义是指在控制系统中完成数据采集与控制过程的物理设备，如可编程序控制器（PLC）、智能模块、板卡、智能仪表等。当数据源为 DDE、OPC 应用程序时，对其数据连接过程与 I/O 设备相同。

（2）网络数据库。网络数据库连接是确定数据来源于网络数据库的过程。

图 4-3　数据库组态

（3）内部连接。本地数据库内部同一点或不同点的各参数之间的数据传递过程，即一个参数的输出作为另一个参数的输入。

4.2　数据库管理器 DbManager

DbManager 是数据库组态的主要工具，通过 DbManager 可以完成点参数组态、点类型组态、点组态、数据连接组态、历史数据组态等功能。

在 Draw 导航器中选择"工程项目→数据库组态"，如图 4-3 所示。

双击"数据库组态"启动 DbManager（如果您没有看到导航器窗口，请激活 Draw 菜单命令"功能→初始风格"），进入 DbManager 主窗口，如图 4-4 所示。

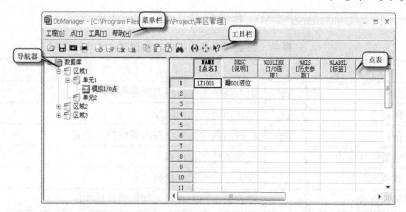

图 4-4　DbManager 主窗口

4.2.1　导航器与点表

导航器是显示数据库点结构的窗口，它采用树状节点结构，数据库是根节点，其下可建多个节点，每个节点下又可建多个子节点，在每个节点下可建立多个不同类型的点。

数据库点表是一个二维表格，一行代表一个点，列显示各个点的信息，点信息包括点的参数值、数据连接、历史保存等信息。点表支持鼠标双击操作，也可以用箭头键、"Tab"键、"Page UP"键、"Page Down"键、"Home"键和"End"键来定位当前选中节点下的点。

点表内显示的内容取决于导航器当前选择的节点或点类型。例如：如果在导航器上选择根节点"数据库"，则点表会自动显示根节点下所有类型点的信息；如果在导航器上选择某节点下的模拟 I/O 点，则点表会自动显示该节点下所有模拟 I/O 点的信息。

4.2.2　菜单和工具栏

图 4-5 所示的是数据库管理器菜单的展开内容。

图 4-5　数据库管理器菜单

表 4-1 所示的是 DbManager 菜单、热键和工具栏按钮功能说明。

表 4-1   菜单、热键和工具栏按钮功能说明

菜单命令	命令和热键	按钮	功能
工程	引入	📂	引入其他工程数据库组态数据
	保存	💾	保存当前工程数据库
	备份	▭	备份当前数据库组态内容到指定位置
	分段线性化表		分段线性化表组态
	数据库参数		设置数据库系统参数
	导入点表		将点表文件内容导入到当前数据库
	导出点表		将当前点表的内容导出到文件
	打印点表	▣	打印当前点表
	退出	◉	退出 DbManager 程序
点	新建/Ctrl+A	▤	新建数据库点
	修改/Ctrl+E	▤	修改数据库点
	删除/Del	▤	删除数据库点
	等值化	▤	等值化数据库点
	连接远程数据源		选择远程数据源
	复制/Ctrl+C	▤	复制数据库点
	自动粘贴/Ctrl+V	▤	自动粘贴数据库点，点名自动生成
	手动粘贴/Ctrl+B	▤	手动粘贴数据库点，点名手动指定
	查找/Ctrl+F	▤	在当前点表中查找数据库点、任意字符串，I/O 连接项等
	转移节点		将数据库点从某个节点转移到另一节点
	点类型		点类型组态
工具	统计		对数据库中的组态内容进行统计
	选项		对显示内容、显示格式、组态内容保存时间等项进行设置
帮助	主题/F1	▶?	显示 DbManager 联机帮助
	关于	◈	显示 DbManager 程序的版本、版权等信息

1. 点类型与点参数组态

数据库系统预定义了许多标准点参数，以及用这些标准点参数组成的各种标准点类型，用户也可以自己创建自定义点参数和点类型。"点类型"对话框如图 4-6 所示。

2. 创建用户自定义点类型

若要创建自定义点类型，切换到点类型自定义属性页，选择"增加"按钮，如图 4-7 所示。

在"名称"一栏中输入要创建的点类型名称，若要为点类型增加一个参数，则在左侧列表中选择一个参数，双击或选中后单击按钮"增加>>"，这个参数会自动增加到右侧列表中，同时左侧列表中不再显示这个参数。按钮"<<删除"执行相反操作。选择自定义按钮可以为新的点类型自定义点参数。

新创建的点类型在没有用它创建点之前，可以反复进行修改或删除。如果已经创建了点，

若要修改或删除，则要首先删除用该点类型创建的所有点后，方可进行。注意：自定义点类型最多不能超过 32 个。

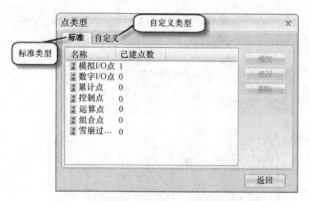

图 4-6　"点类型"对话框

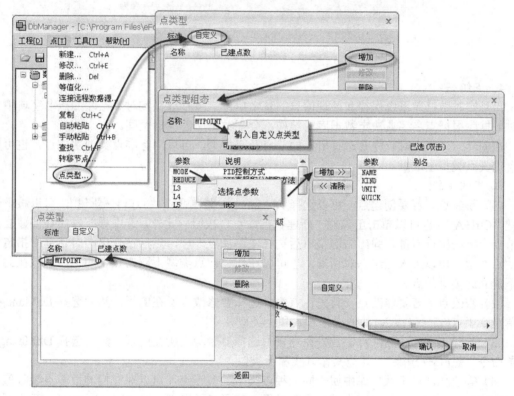

图 4-7　创建自定义点类型

3. 创建自定义点参数

每个新创建的自定义点类型都可以创建自己的自定义点参数。在点类型组态对话框选择自定义按钮，出现"点参数组态"对话框，如图 4-8 所示。

在"名称"一栏中输入要创建的点参数名称。选择数据类型，数据类型分为实型、整型、枚举型和字符型四种。在"提示"一栏中输入对该参数的提示信息（提示信息一般要简短，它将出现在点组态对话框和点表的列标题上）。在"说明"一栏中输入对该参数的描述说明。注意：每个自定义点类型的自定义点参数最多不能超过 144 个。

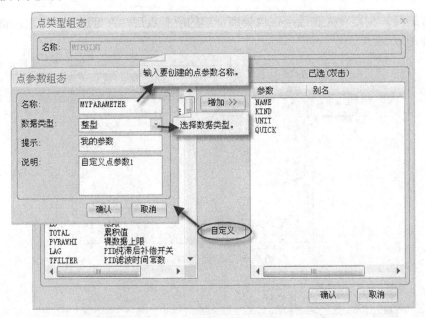

图 4-8 "点参数组态"对话框

4. 点组态

点是实时数据库系统保存和处理信息的基本单位。点存放在实时数据库的点名字典中。实时数据库根据点名字典决定数据库的结构，分配数据库的存储空间。

在创建一个新点时首先要选择所在的节点及点类型。可以用标准点类型生成点，也可以用自定义点类型生成点。

5. 点的操作

（1）新建点。若要创建点，可以选择 DbManager 菜单命令"点[T]→新建"，可以按下快捷键"Ctrl+A"，也可以单击工具栏"新建数据库点"按钮。此外，选中导航器后在要建立点的节点上单击鼠标右键，弹出右键菜单后选择"添加点"项，然后在弹出的对话框中指定节点、点类型，可以进入点组态对话框，也可以在在当前点类型下双击点表的空白区域在此节点下建立此类型的点。

（2）修改点。若要修改点，首先在点表中选择要修改点所在的行，然后选择 DbManager 菜单命令"点[T]→修改"，其他操作方式和上类似。

（3）删除点。若要删除点，首先在点表中选择要删除点所在的行，然后选择 DbManager 菜单命令"点[T]→删除"，其他操作方式和上类似。

（4）等值化。对于数据库中属于同一种点类型的多个点，可以对它们的很多点参数值进行等值化处理。例如，数据库中某节点下已经创建了 5 个模拟 I/O 点 tag1～tag5，我们可以利用等值化功能让这 5 个点的 DESC 参数值全部与其中的一个点（假设为 tag1）的 DESC 参数值相等。可按如下步骤进行：在点表中同时选择 tag1～tag5 的"DESC"列（按 Shift 键），然后选择 DbManager 菜单命令"点[T] →等值化"，或者单击工具栏"等值化数据库点"按钮，出现对话框，在对话框中选择"tag1"，然后单击"确认"按钮，点 tag1～ tag5 的 DESC 参数值全部与 tag1 的 DESC 参数值相同。操作过程如图 4-9 所示。

（5）连接远程数据源。连接远程数据源可以使点连接到远程数据源上的数据点。远程数据源概念请参考其他相关论述。

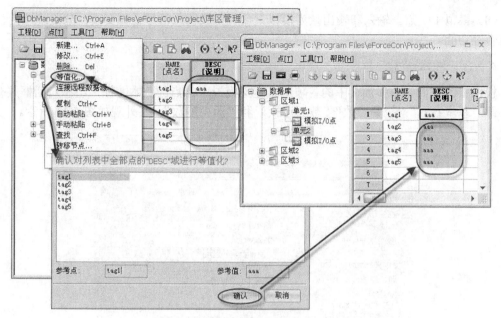

图 4-9　等值化操作过程

　　（6）复制/粘贴点。若要复制点，首先在点表中选择要复制的点，按下快捷键"Ctrl+C"，再按下"Ctrl+V"，DbManager 会自动创建一个新点，这个点以被复制点为模板，点名是被复制点的名称递增一个序号。例如，被复制点名为 TAG1，则自动粘贴创建的新点自动命名为 TAG2。如果 TAG2 已被占用，则自动命名为 TAG3，以此类推。如果在粘贴时选择手动粘贴，则点名需要组态人员手动自行指定。复制点与被复制点除点名不同外，点类型与参数值均相同，但数据连接与历史组态内容不进行复制。

　　（7）查找。选择 DbManager 菜单命令"点[T]→查找"，或者按下快捷键"Ctrl+F"，或者单击工具栏"查找数据库点"按钮，弹出"查找"对话框，如图 4-10 所示。

图 4-10　"查找"对话框

　　若要查找点，在"查找"对话框内输入要查找的点名，搜索范围选择点名，进行确认后，会弹出搜索结果对话框，显示搜索的结果。

　　数据库的查找功能，还可按字符串或 I/O 数据连接项来查找，只需要在搜索范围中选择相应的范围。当搜索 I/O 数据连接项时，可以继续选择要搜索的 I/O 设备。

　　（8）转移节点。可以将一个或多个点从某一节点转移到另一节点。首先在某一节点中选择要转移的点，单击"点→转移节点…"，在弹出的选择节点对话框中选择要转移到的节点，确定。

（9）模拟 I/O 点。输入和输出量为模拟量，可完成输入信号量程变换、分段线性化、报警检查等功能。

4.2.3 基本参数

模拟 I/O 点的基本参数页中的各项用来定义模拟 I/O 点的基本特征，组态对话框共有 4 页，即"基本参数""报警参数""数据连接"和"历史参数"。其外观如图 4-11 所示。

图 4-11 参数设置

图 4-11 所示的对话框中的各项意义解释如下。

（1）点名（NAME）。唯一标识工程数据库某一节点下一个点的名字，同一节点下的点名不能重名，最长不能超过 63 个字符。点名可以是任何英文字母或数字，可以含字符"$"和"_"，除此之外不能含有其他符号及汉字。此外，点名可以以英文字母或数字开头，但一个点名中至少含有一个英文字母。

（2）点说明（DESC）。点的注释信息，最长不能超过 63 个字符，可以是任何字母、数字、汉字及标点符号。

（3）节点（UNIT）。点所属父节点号。节点号不可编辑，在定义节点时由数据库自动生成。

（4）小数位（FORMAT）。测量值的小数点位数。

（5）测量初值（PV）。本项设置测量值的初始值。

（6）工程单位（EU）。工程单位描述符，描述符可以是任何字母、数字、汉字及标点符号。

（7）量程变换（SCALEFL）。如果选择量程变换，数据库将对测量值（PV）进行量程变换运算，可以完成一些线形化的转换，运算公式为：PV = EULO + （PVRAW－PVRAWLO）*（EUHI－EULO）/（PVRAWHI－PVRAWLO）。

（8）开平方（SQRTFL）。规定 I/O 模拟量原始测量值到数据库使用值的转换方式。转换方式有两种：线性，直接采用原始值；开平方，采用原始值的平方根。

（9）分段线性化（LINEFL）。在实际应用中，对一些模拟量的采集，如热电阻、热电偶等的信号为非线性信号，需要采用分段线性化的方法进行转换。用户首先创建用于数据转换的分段线性化表，力控监控组态软件将采集到的数据通过分段线性化表处理后得到最后输出值，在运行系统中显示或用于建立动画连接。如果选择进行分段线性化处理，则要选择一个分段线性化表。若要创建一个新的分段线性化表，可以单击右侧的按钮"+"或者选择菜单命令"工程→分段线性化表"后，增加一个分段线性化表。如图 4-12 所示。

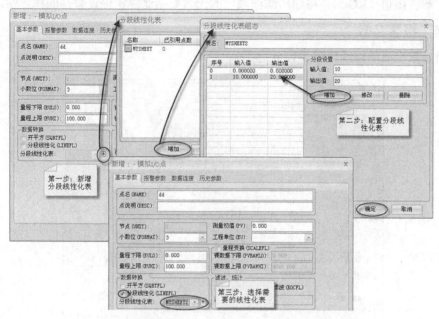

图 4-12 "分段线性化表"对话框

表格共三列，第一列为序号，每增加一段时系统自动生成。第二列是输入值，该值是指从设备采集到的原始数据经过基本变换（包括：线性/开平方、量程转换）后的值。第三列为该输入值应该对应的工程输出值。若要增加一段，在"分段设置"中指定输入值和输出值即可。

分段线性表是用户先定义好的输入值和输出值一一对应的表格，当输入值在线性表中找不到对应的项时，将按照下面的公式进行计算：

[（后输出值-前输出值）×（当前输入值-前输入值）/（后输入值-前输入值）]+ 前输出值

其中，

- 当前输入值：当前变量的输入值；
- 后输出值：当前输入值项所处的位置的后一项数值对应关系中的输出值；
- 前输出值：当前输入值项所处的位置的前一项数值对应关系中的输出值；
- 后输入值：当前输入值在表格中输入值项所处的位置的后一输入值；
- 前输入值：当前输入值在表格中输入值项所处的位置的前一输入值。

例如，在建立的线性列表中，数据对应关系如表 4-2 所示。

表 4-2 数据对应关系表

序号	输入值	输出值
0	4	8
1	6	14

那么当输入值为 5 时，其输出值的计算为：输出值= （（14-8） × （5-4） / （6-4）） + 8，即为 11。

（10）统计（STATIS）。如果选择统计，数据库会自动生成测量值的平均值、最大值、最小值的记录，并在历史报表中可以显示这些统计值。

（11）滤波（ROCFL）。滤波开关，选中后按照滤波限值参数滤波。

（12）滤波限值（ROC）。将超出滤波限值的无效数据滤掉，保证数据的稳定性。

4.2.4 报警参数

"报警参数"页的外观如图 4-13 所示。

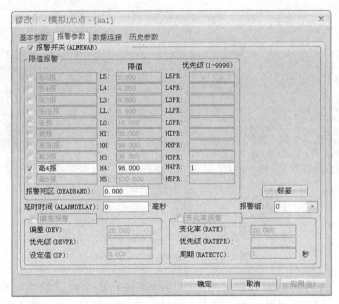

图 4-13 "报警参数"页

图 4-13 所示对话框中的各项意义解释如下。

（1）报警开关（ALMENAB）。确定此点是否处理报警的总开关。

（2）限值报警。模拟量的测量值在跨越报警限值时产生的报警。限值报警的报警限（类型）有 10 个：低 5 报（L5）、低 4 报（L4）、低 3 报（L3）、低低报（LL）、低报（LO）、高报（HI）、高高报（HH）、高 3 报（H3）、高 4 报（H4）和高 5 报（H5）。它们的值在过程测量值的最小值和最大值之间，它们的大小关系从低到高排列依次为低 5 报、低 4 报、低 3 报、低低报、低报、高报、高高报、高 3 报、高 4 报和高 5 报。当过程值发生变化时，如果跨越某一个限值，立即发生限值报警。某个时刻，对于一个变量，只可能越一种限，因此只产生一种越限报警。

例如：如果过程值超过高高限，就会产生高高限报警，而不会产生高限报警。另外，如果两次越限，就得看这两次越的限是否是同一种类型，如果是，就不再产生新报警，也不表示该报警已经恢复；如果不是，则先恢复原来的报警，再产生新报警。

（3）报警死区（DEADBAND）。是指当测量值产生限值报警后，再次产生新类型的限值报警时，如果变量的值在上一次报警限加减死区值的范围内，就不会恢复报警，也不产生新的报警；如果变量的值不在上一次报警限加减死区值的范围内，则先恢复原来的报警，再产生新报警。报警死区主要用来消除由于反复越限造成的大量报警和恢复报警。

（4）报警优先级。定义报警的优先级别，共有 1～9999 个级别，对应的报警优先级参数值分别为 1～9999。

（5）延时时间。报警发生后，报警状态将持续到设置的延时时间后才提示产生该报警。

（6）报警组。每个报警的点可以选择从属于一个报警组。界面可以依据报警组来查询报警，报警组最多可使用 99 个。

（7）标签。标签用于对报警点按实际需求进行不同的分类，便于在报警发生后依照报警标签进行报警查询。每个点最多可使用 10 个标签。

（8）变化率报警。模拟量的值在固定时间内的变化超过一定量时产生的报警，即变量变化太快时产生的报警。当模拟量的值发生变化时，就计算变化率以决定是否报警。变化率的时间单位是秒（s）。变化率报警利用如下公式计算：（测量值的当前值 – 测量值上一次的值）/（这一次产生测量值的时间 – 上一次产生测量值的时间）。取其整数部分的绝对值作为结果，若计算结果大于变化率（RATE）/变化率周期（RATECYC），则出现报警。

（9）偏差报警。模拟量的值相对设定值上下波动的量超过一定量时产生的报警。用户在"设定值"中输入目标值（基准值）。计算公式为：偏差 = 当前测量值 – 设定值。

4.2.5　数据连接

模拟 I/O 点的"数据连接"页中的各项用来定义模拟 I/O 点数据连接过程。其外观如图 4-14 所示。

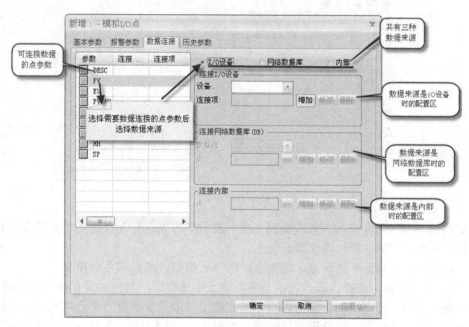

图 4-14　模拟 I/O 点的数据连接页

左侧列表框中列出了可以进行数据连接的点参数及已建立的数据连接情况。

对于测量值（标准点参数中使用 PV 参数），有三种数据连接可供选择：I/O 设备、网络数据库和内部链接。

图 4-14 所示的"数据连接"页中的各项意义解释如下。

（1）I/O 设备。表示测量值与某一种 I/O 设备建立数据连接过程。

（2）网络数据库。表示测量值与其他网络节点上力控监控组态软件数据库中某一点的测量值建立连接过程，保证了两个数据库之间的实时数据传输，若要建立网络数据库连接，必须建立远程数据源。

（3）内部连接。对于内部连接，则不限于测量值。其他参数（数值型）均可以进行内部连接。内部连接是同一数据库（本地数据库）内不同点的各个参数之间进行的数据连接过程。

例如，在一个控制回路中，测量点 FI101 的测量值 PV 就可以通过内部连接到控制点 FIC101 的目标值 SP 上。

4.2.6 历史参数

模拟 I/O 点的"历史参数"页中的各项用来确定模拟 I/O 点哪些参数进行历史数据保存，以及保存方式及其相关参数。其外观如图 4-15 所示。

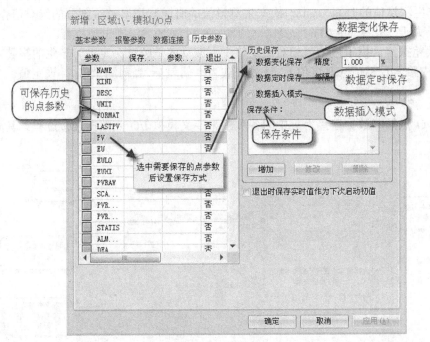

图 4-15 "历史参数"页

图 4-15 所示的"历史参数"页左侧列表框中列出了可以进行保存历史数据的点参数及其历史参数设置情况。其各项的意义解释如下。

（1）保存方式有数据变化保存、数据定时保存数据插入模式和条件保存。

- 数据变化保存。选择该项，表示当参数值发生变化时，其值被保存到历史数据库中。为了节省磁盘空间，提高性能，您可以指定变化精度，即当参数值的变化幅度超过变化精度时，才进行保存。变化精度是量程的百分比。如果 LIC101 的量程是 20～80，且精度是 1，则与当前值变化超过 1%即（84-20）×0.01 为 0.6 时，才记录历史数据。0 表示只要数据变化就保存历史。

- 数据定时保存。选择该项，表示每间隔一段时间后，参数值被自动保存到历史数据库中。在文本框中输入间隔时间，单击"增加"按钮，便设置该参数为数据定时保存的历史数据保存方式，同时指定了间隔时间。单击"修改"或"删除"按钮，可修改间隔时间或删除数据定时保存的历史数据保存设置。

- 数据插入模式。该模式下，DB 将不再存储任何历史数据，历史数据将依靠外部组件

（IO/VIEW/DBCOMM 等）插入 DB 历史库中。

* 条件保存。条件保存的条件是一个表达式（可使用数学公式如表 4-3 所示），当表达式为真时数据库将存储数据，为假时不存储数据。在条件中可用。

表 4-3　　　　　　　　　　　　　　　　　数学公式

表达式名称	符号
四则运算	+、-、*、/、%
移位操作	>>、<<
大小判断	>、>=、<、<=、==、 !=
位操作	&、^、|、!、~
条件判断	&&、||
数学函数	abs、floor、ceil、cos、sin、tan、cosh、sinh、tanh、acos、asin、atan、deg、rad、exp、ln、log、logn、sqrt、sqrtn、pow、mod

例如 Tag0001 的存储为定时存储，保存条件为 Tag0002.PV>0。当 Tag0002.PV=0 或者<0 时，Tag0001 不存储数据，当 Tag0002.PV>0 时满足条件，Tag0001 存储数据在某些应用环境下，不仅要按照存储条件保存历史数据，而且需要把满足条件的具体时间记录下来，这时需配置 Db.ini 中[ConfSave]字段的 DoAction 属性。当 DoAction=1 时，Db 将在一个条件存储过程完成后（从保存条件满足到保存条件不满足）将开始存储和结束存储的时间记录到工程目录的 DB 目录下的 ConfSave.mdb 数据库中。如需保存到其他数据库需修改[ConfSave]字段的 ConnectStr 属性，ConnectStr 属性是一个 ODBC 连接字符串，可以根据具体数据库自行生成。默认情况下不保存条件存储记录。

（2）退出时保存实时值作为下次启动初值。同时选择了该项和数据库系统参数里的保存参数-自动保存数据库内容，数据库会定时将数据库中点参数的实时值保存到磁盘。当数据库下次启动时，会将保存的实时值作为点参数的初值。

4.2.7　数字 I/O 点

数字 I/O 点的输入值为离散量，可对输入信号进行状态检查。数字 I/O 点的组态对话框共有 4 页，即"基本参数""报警参数""数据连接"和"历史参数"。

1. 基本参数

数字 I/O 点的基本参数页中的各项用来定义数字 I/O 点的基本特征。其外观如图 4-16 所示。

图 4-16 所示的"基本参数"页中的各项意义解释如下（在前文已经进行过说明，意义相同的参数在此不再重复）。

（1）关状态信息（OFFMES）。当测量值为 0 时显示的信息（如"OFF""关闭""停止"等）。

（2）开状态信息（ONMES）。当测量值为 1 时显示的信息（如"ON""打开""启动"等）。

2. 报警参数

数字 I/O 点的"报警参数"页中的各项用来定义数字 I/O 点的报警特征。其外观如图 4-17 所示。

图 4-17 所示的"报警参数"页的各项意义解释如下。

（1）报警开关（ALMENAB）。确定数字 I/O 点是否处理报警的总开关。

（2）报警逻辑（NORMALVAL）。包含以下 3 种情况。

① 4→1 表示 0 为正常状态，即不产生报警时的状态，当测量值为 1 时产生报警。

② 1→0 表示 1 为正常状态，即不产生报警时的状态，当测量值为 0 时产生报警。

③ 0↔1 表示只要测量值发生变化即产生报警。

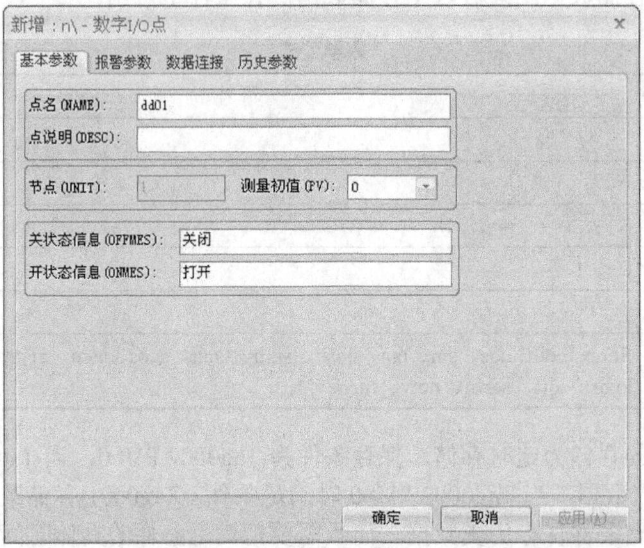

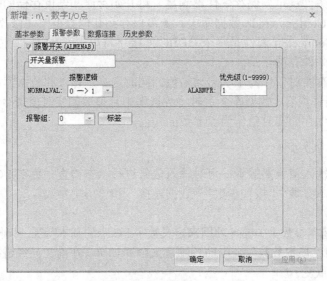

图 4-16 "基本参数"页

图 4-17 "报警参数"页

（3）优先级（ALARMPR）。表示选择相应报警逻辑时对应的报警优先级。

（4）报警组和标签的使用与模拟 I/O 点相同。

3. "数据连接"页和"历史参数"页

与模拟 I/O 点的形式、组态方法相同，见 4.2.5 小节和 4.2.6 小节内容。

4.2.8 累计点

累计点的输入值为模拟量，除了具备 I/O 模拟点的功能外，还可对输入量按时间进行累计。累计点的组态对话框共有 3 页，即"基本参数""数据连接"和"历史参数"。

1. **基本参数**

累计点的"基本参数"页中的各项用来定义累计的基本特征。其外观如图 4-18 所示。

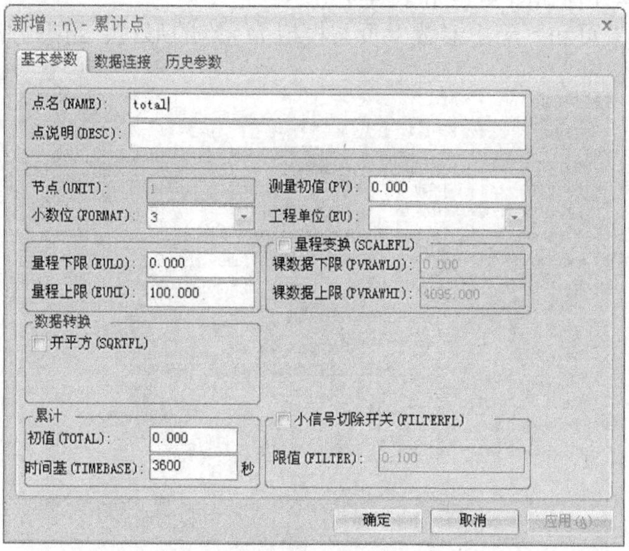

图 4-18　"基本参数"页

图 4-18 所示的"基本参数"页的各项意义解释如下。

（1）累计/初值（TOTAL）。在本项设置累计量的初始值。

（2）累计/时间基（TIMEBASE）。累积计算的时间基。时间基的单位为 s。时间基是对测量值的单位时间进行秒级换算的一个系数。比如，假设测量值的实际意义是流量，单位是"t/h"，则将单位时间换算为 s 是 3600s，此处的时间基参数就应设为 3600。

（3）小信号切除开关（FILTERFL）。确定是否进行小信号切除的开关。

（4）限值。如果进行小信号切除，低于限值的测量值将被认为是 0。

（5）累计增量算式。表达式为测量值 / 时间基×时间差。其中，时间差为上次累计计算到现在的时间，单位为 s。

例如：用累计点 TOL1 来监测某一工艺管道流量。流量用测量值（PV）来监测，经量程变换后其工程单位是："t/h"。假设实际的数据库采集周期为 2s，10s 之内采集的数据经过 TOL1 线性量程变换后，其测量值监测的 5 次结果按时间顺序依次为：T1 = 360t/h、T2 = 720t/h、T3 = 1080t/h、T4 = 720t/h、T5 = 1440t/h，那么 10s 内流量累计结果将反映在 TOL1 点的 TOTAL 参数的变化上，TOTAL 在 10s 内的增量值为：T1 / 3600 × 2 + T2 / 3600 × 2 + T3 / 3600 × 2 + T4 / 3600 × 2　+ T5 / 3600 × 2 ，即为 4.8t。这表示在 10s 内，该管道累计流过了 4.8t 的介质。

2. **"数据连接"页和"历史参数"页**

与模拟 I/O 点的形式、组态方法相同。

4.2.9　控制点

控制点通过执行已配置的 PID 算法完成控制功能。

控制点的组态对话框共有 5 页，即"基本参数""报警参数""控制参数""数据连接"和"历史参数"。

（1）基本参数的各项与模拟 I/O 点相同。

（2）报警参数的各项与模拟 I/O 点相同。

（3）控制参数。控制点的"控制参数"页中的各项用来定义控制点的 PID 控制特征。其外观及各项意义解释分别如图 4-19 和表 4-4 所示。

（4）"数据连接"页和"历史参数"页与模拟 I/O 点的形式、组态方法相同。

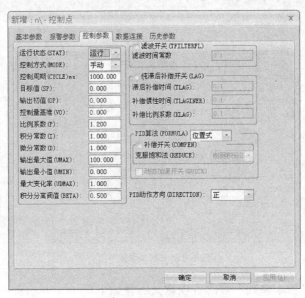

图 4-19 "控制参数"页

表 4-4 "控制参数"页中各项说明

控制参数	功能描述
运行状态（STAT）	点的运行状态。可选择运行或停止。如果选择停止，控制点将停止控制过程
控制方式（MODE）	PID 控制方式，可选自动或手动
控制周期（CYCLE）	PID 的数据采集周期
目标值（SP）	PID 设定值。建议设定在-1~1 之间
输出初值（OP）	PID 输出的初始值
控制量基准（V0）	控制量的基准，如阀门起始开度、基准电信号等，它表示偏差信号
比例系数（P）	PID 的 P 参数
积分常数（I）	PID 的 I 参数
微分常数（D）	PID 的 D 参数
输出最大值（UMAX）	PID 输出最大值，跟控制对象和执行机构有关，可以是任意大于 0 的实数
输出最小值（UMIN）	PID 输出最小值，跟控制对象和执行机构有关
最大变化率（UDMAX）	PID 最大变化率，跟执行机构有关，只对增量式算法有效
积分分离阀值（BETA）	PID 节点的积分分离阈值
滤波开关（TFILTERFL）	是否进行 PID 输入滤波
滤波时间常数（TFILTER）	PID 滤波时间常数，可为任意大于 0 的浮点数
纯滞后补偿开关（LAG）	是否进行 PID 纯滞后补偿

控制参数	功能描述
滞后补偿时间（TLAG）	PID 滞后补偿时间常数（≥0），为 0 时表示没有滞后
补偿惯性时间（TLAGINER）	PID 纯滞后补偿的惯性时间常数（>0），不能为 0
补偿比例系数（KLAG）	PID 纯滞后补偿的比例系数（>0）
PID 算法（FORMULA）	PID 算法，包括位置式、增量式和微分先行式
补偿开关（COMPEN）	PID 是否补偿，如果是位置式算法，则是积分补偿，如果不是位置式算法，则是微分补偿
克服饱和法（REDUCE）	PID 克服积分饱和方法，只对位置式算法有效
动态加速开关（QUICK）	是否进行 PID 动态加速，只对增量式算法有效
PID 动作方向（DIRECTION）	PID 动作方向，包括正动作和反动作

4.2.10 运算点

运算点，用于完成各种运算。含有一个或多个输入，一个结果输出。目前提供的算法有：加、减、乘、除、乘方、取余、大于、小于、等于、大于等于、小于等于。PV、P1、P2 三操作数均为实型数。对于不同运算 P1 和 P2 的含义亦不同。

运算点的组态对话框共有 3 页，即"基本参数""数据连接"和"历史参数"。

1. 基本参数

运算点的"基本参数"页中的各项用来定义运算点的基本特征。图 4-20 所示的是运算点的"基本参数"页。

运算点的"基本参数"页的各项意义解释如下。

（1）参数一初值（P1）。参数一的初始值。

（2）参数二初值（P2）。参数二的初始值。

（3）运算操作符（OPCODE）。此项用于确定 P1 与 P2 的运算关系。有加法、减法、乘法、除法等多种关系可选。

（4）运算关系表达式为：PV = P1（OPCODE）P2。例如：如果 OPCODE 选择加法，则运算关系为：PV = P1 + P2。

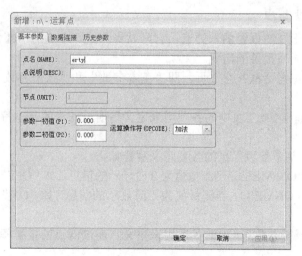

图 4-20 运算点的"基本参数"页

2. 数据连接

运算点的"数据连接"页中的各项用来定义运算点的数据连接过程。

4.2.11 组合点

组合点针对这样一种应用而设计：在一个回路中，采集测量值（输入）与下设回送值（输出）分别连接到不同的地方。组合点允许您在数据连接时分别指定输入与输出位置。

1. 基本参数

"基本参数"页各项的意义与模拟 I/O 点相同。

2. 数据连接

组合点的"数据连接"页与模拟 I/O 点基本相同（如图 4-21 所示），唯一的区别是在指定某一参数的数据连接时，必须同时指定"输入"与"输出"。

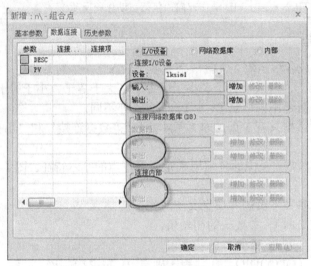

图 4-21　"数据连接"页

3. 历史参数

在前文已经进行过说明，在此不再重复。

4.2.12 雪崩过滤点

雪崩过滤点是用于过滤报警的一类点。它可以将数据库中点的一部分不需要产生的报警过滤掉，防止大批量无效报警的出现。

雪崩过滤点的组态对话框共有 2 页，即"基本参数"和"报警参数"。

1. 基本参数

雪崩过滤点的"基本参数"页中的各项用来定义雪崩过滤点的基本特征。其外观如图 4-22 所示。

图 4-22 所示的"基本参数"页的各项意义解释如下。

（1）关状态信息（OFFMES）。当测量值为 0 时显示的信息（如"OFF""关闭""停止"等）。

（2）开状态信息（ONMES）。当测量值为 1 时显示的信息（如"ON""打开""启动"等）。

2. 报警参数

雪崩过滤点的"报警参数"页中的各项用来定义雪崩过滤点的报警特征。其外观如图 4-23 所示。

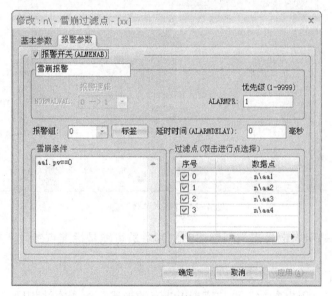

图 4-22　"基本参数"页

图 4-23　"报警参数"页

图 4-23 所示的"报警参数"页的各项意义解释如下。

（1）报警开关（ALMENAB）。确定雪崩过滤点是否处理报警的总开关。

（2）报警逻辑（NORMALVAL）。报警逻辑是规定的，不可编辑，为 4→1，表示 0 为正常状态，表示雪崩条件不满足，不产生报警；当雪崩条件满足时为 1，即产生报警。

（3）优先级（ALARMPR）。表示雪崩过滤点报警的优先级。

（4）报警组和标签的使用与模拟 I/O 点相同。

（5）雪崩条件。雪崩条件为一条件表达式，当表达式为真时，产生雪崩报警，并按过滤点的设置，过滤所选点的报警。雪崩条件可由点参数、运算符号、数学函数等组成，可使用的字符可参考模拟点历史参数中条件存储相关内容。

（6）过滤点。过滤点是雪崩条件满足时报警被过滤的点，可以通过双击列表框选择点。

要删掉已选的点可以通过取消点前面的复选框实现。

（7）延时时间。如果触发雪崩状况的条件在延迟时间内消失，即雪崩条件在延时时间内变为假，则雪崩状况在延时时间到达时自动停止，延时时间后过滤点发生的报警将继续被处理；如果雪崩条件为真持续超过延时时间，则雪崩状况是持久的，延时时间后过滤点的报警不再被处理，需要手工确认才能关闭雪崩状况。

4.2.13　自定义类型点

如果在点类型中自定义了新的类型，那么可以在数据库列表中创建自定义类型点。其组态对话框共有 3 页，即"基本参数""数据连接"和"历史参数"。

1. 基本参数

自定义类型点的"基本参数"页中的各项用来定义自定义类型点的基本特征。其外观如图 4-24 所示。

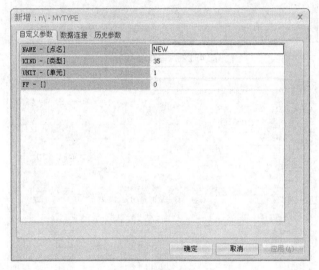

图 4-24　"基本参数"页

自定义类型点是用自定义点类型创建的，其参数可能是标准点参数，也可能是自定义点参数。

2. "数据连接"和"历史参数"页

"数据连接"和"历史参数"页与模拟 I/O 点的形式、组态方法相同。

4.3　DbManager/工程

DbManager 提供一组工程管理功能，包括引入工程、保存工程、备份工程、导入/导出点表、打印点表、设置数据库系统参数等。

4.3.1　DbManager 管理功能

1. 引入

引入功能可将其他工程数据库中的组态内容合并到当前工程数据库中。使用该功能时选择 DbManager 菜单命令"工程[D]→引入"，在弹出的"浏览文件夹"对话框中选择要引入的工程所在的目录，DbManager 会自动读取工程数据库的组态信息，并与当前工程数据库的内容合并为一。引入功能可以用在多个技术人员同时为一个工程项目施行工程开发时。

2. 保存

保存功能可将当前工程数据库的全部组态内容保存到磁盘文件上，保存路径为当前工程应用的目录。使用该功能时选择 DbManager 菜单命令"工程[D] →保存"。

3. 备份

备份功能可将当前工程数据库的全部组态内容及运行记录备份到指定的目录。使用该功能时选择 DbManager 菜单命令"工程[D]→备份"。

4.3.2　数据库系统参数

数据库系统参数是与数据库 DB 运行状态相关的一组参数。若要设置数据库系统参数，选择 DbManager 菜单命令"工程[D]→数据库参数"。"数据库系统参数"对话框如图 4-25 所示。

图 4-25　"数据库系统参数"对话框

下面分别描述各参数意义。

（1）I/O 服务器/通信故障时显示值。当 I/O 设备故障时，在运行系统 View 上连接到该设备的变量值按照该参数设置进行显示，缺省为空时，是-9999。

（2）处理周期/间隔。该项参数确定数据库运行时的基本调度周期，单位为毫秒。

（3）保存参数/自动保存数据库内容。选择该项，数据库运行期间会自动周期性地保存数据库中的点参数值。在"周期"输入框中指定自动执行周期，单位为 ms。

（4）历史参数/历史数据保存时间。数据库保存历史数据的时间长度，单位为天。当时间超出历史数据保存时间后，新形成的历史数据将覆盖最早的历史数据，并保持总的历史数据长度不超出该参数设置。历史参数/历史数据存放目录：保存历史数据文件的目录。

（5）导入点表/导出点表/打印点表。为了使用户更方便地使用、查看、修改或打印 DbManager 的组态内容，DbManager 提供了数据库的导入导出功能。可供导入/导出的组态内容包括：数据库点、数据连接、历史组态等。组态内容被导出到 Excel 格式的文件中，用户可以在 Excel 文件中查看、修改组态信息，在文件中新建数据库点并定义属性，然后再导入到工程中。关于数据库导入、导出的详细内容请参阅附录 A。

DbManager 支持以表格形式打印数据库组态内容。打印的内容与格式即为 DbManager 点表的内容与格式。

4.3.3　退出

当组态过程完成时，可执行退出过程。

4.4　DbManager/工具

DbManager→工具包括两项：统计和选项。

4.4.1 统计

DbManager 可以从多个角度对组态数据进行统计。选择 DbManager 菜单命令"工具[T] →
统计"，出现"统计信息"对话框，如图 4-26 所示。

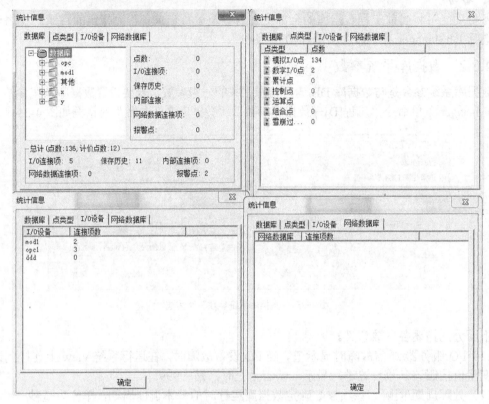

图 4-26 "统计信息"对话框

"统计信息"对话框由 4 页组成，即数据库、点类型、I/O 设备和网络数据库。

1. 数据库

数据库统计按照数据库的结构生成统计信息。在此页下方显示了数据库总计点数，各项
的含义如下。

- 点数：数据库中总共有多少个点。
- 计价点数：数据库中用于价格计算的点数。计价点数为 I/O 连接项数与网络数据连接
项之和与保存历史数的并集。
- I/O 连接项：用于连接 I/O 设备的点参数总数。
- 保存历史：设置保存了历史的点参数总数。
- 内部连接项：连接数据库内部点的点参数总数。
- 网络数据连接项：连接远程数据源点参数的总数。
- 报警点：设置了报警的点的总个数。

数据库的统计信息可以按照节点或点类型来统计，用鼠标在导航器上选择要统计的节点
或点类型，右侧的统计结果会自动生成。例如：要对数据库根目录下的点信息进行统计，选
择导航器的根节点"数据库"；若要对某节点内模拟 I/O 点进行统计，则选择导航器此节点下
的"模拟 I/O 点"一项。

2. 点类型统计

点类型统计从点类型的角度对整个数据库进行数据统计。列表框列出了数据库中所有的点类型，以及每种点类型在整个数据库中所创建的点数。

3. I/O 设备统计

本页统计各个 I/O 设备的数据连接情况。该页由一个列表框组成。列表框列出了所有的 I/O 设备，以及每种 I/O 设备已创建的数据连接项个数。

4. 网络数据库统计

本页统计各个网络数据库统计的数据连接情况。该页由一个列表框组成。列表框列出了所有的网络数据库，以及每个网络数据库已创建的数据连接项个数。

4.4.2　选项

DbManager 的选项功能可对其外观、显示格式、自动保存等项进行设置。选择 DbManager 菜单命令"工具[T]→选项"，出现图 4-27 所示的"选项"对话框。

（1）工具栏。该项确定 DbManager 主窗口是否显示工具栏。

图 4-27　"选项"对话框

（2）点表设置。该项用于设置点表列、显示顺序等内容。设置方法如图 4-28 所示。

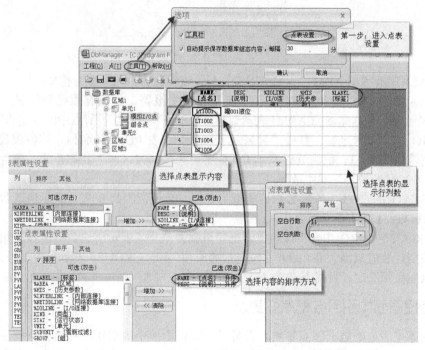

图 4-28　点表设置

（3）自动保存数据库组态内容。该项用于确定是否自动保存数据库组态内容以及间隔时间。

4.5　数据库状态参数

数据库提供了一组状态参数可供监视。在开发系统 Draw 中"工程项目导航栏→变量→

数据库变量"上双击,进入"变量管理"对话框。如图 4-29 所示。

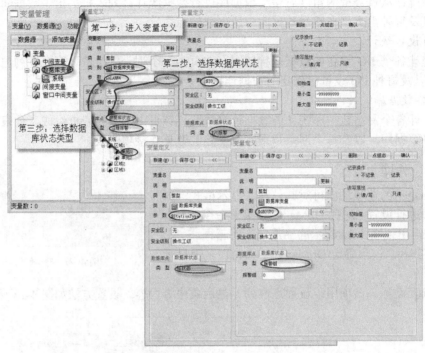

图 4-29 "变量管理"对话框

(1) $ALARM,$ALARM1,$ALARM2,…。该参数的数据类型为整型,数值范围为 0~9999。它表示所选数据源对应节点及子节点是否发生报警,当没有报警发生时,值为 0。$ALARM 表示整个数据库,$ALARM1 表示节点号为 1 的节点及其子节点中的点是否发生报警。

(2)$IO_×××××× 。其中"××××××"代表 I/O 设备名称。该参数数据类型为整型,数值范围为 0~1。值为 0 时表示 I/O 设备"××××××"状态正常,值为 1 时表示 I/O 设备"××××××"发生故障。

(3)$STATIONTYPE。该参数数据类型为整型,数值范围为 0~2。表示所选数据源的站类型:0 为单机;1 为主机;2 为从机。

(4)GROUP0…GROUP99。该参数为报警组报警信息,表示所选数据源报警组中是否发生报警,整型,数值范围为 0~9999,没有报警时值为 0。GROUP0 表示报警组号为 0 的组,当该组中点发生报警时,此参数值为 1 发生报警。

4.6 在监控画面中引用数据库变量点

在数据库中所建的数据库点参数,都可以在窗口画面中被引用,和运行系统 View 的数据库变量进行一一对应。缺省情况下,数据库定义完后,View 系统会自动生成和参数名一样的数据库变量,前提是需要被画面对象引用完后,才会自动加载进来。下面以使用文本引用变量为例,介绍在窗口画面中引用数据库点参数,步骤如下。

在开发系统中,工具箱→基本图元中,选择文本 A,在画面中输入"#########";双击此文本,出现动画连接对话框;在数值输入处,单击"模拟"按钮,弹出"数值输入"对话框;单击"变量选择"按钮,弹出"变量选择"对话框。如图 4-30 所示。选择要连接的数据库变量,对于数据库点,如果工程项目中建了大量点,可以通过查找点名或查找点描述来快速地找到所要连接的点。对于这种数据库变量的过滤规则详见相关章节。

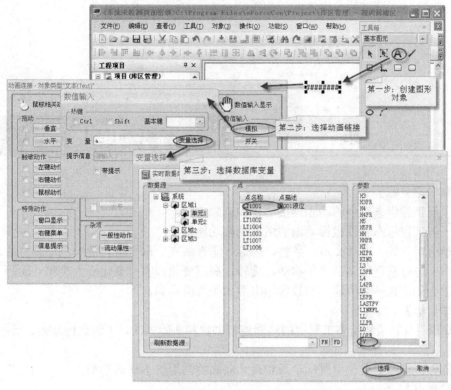

图 4-30　"变量选择"对话框

本 章 小 结

1. 了解工控组态软件的实时数据库的点、节点、点类型、点参数等基本概念,学会对数据库的访问和数据连接的操作。

2. 了解工控组态软件的实时数据库是由管理器和运行系统组成。

3. 学习完成点参数组态、点类型组态、点组态、数据连接组态、历史数据组态等功能。

4. 学会运用创建趋势,运用导航器功能,方便展示显示数据库点结构的窗口。

5. 学会使用数据库的查找功能,还可按字符串或 I/O 数据连接项来查找,只需要在搜索范围中选择相应的范围。当搜索 I/O 数据连接项时,可以继续选择要搜索的 I/O 设备。

思 考 题

1. 在组态软件中点有何意义?

2. 点有哪些类型?每一类有何实际意义?

3. 怎样创建模拟 I/O 点?

4. 怎样创建累计点?

5. 实时数据库运行系统可以完成对哪些生产实时数据的操作?

6. 实时数据库能存储哪些数据?

第 **5** 章　动画制作

【本章学习目标】

1．了解工控组态软件的动画连接创建和删除方法。

2．了解工控组态软件鼠标动画的组态动画功能。

3．学会对边线、实体文本、条件、闪烁、垂直填充、水平填充等颜色动画方法。

4．学会进行垂直移动、水平移动、旋转、高度变化和宽度变化五大类尺寸动画。

5．学会使用包括数值输入和数值输出两大类数值动画。

【教学目标】

1．知识目标：了解组态工程中的动画连接创建和删除方法，了解鼠标动画、尺寸动画和数值动画。

2．能力目标：学会使用鼠标动画和尺寸动画的常用组态动画功能。

【教学重点】

理解动画连接和创建的基本概念。

【教学难点】

学会鼠标动画、尺寸动画和数值动画等方法。

【教学方法】

演示法、实验法、思考法、讨论法。

在第 2 章工程项目的画面制作中，只是举了一个简单的例子，下面将详细介绍在用户窗口中如何创建和编辑图形画面以及如何用系统提供的各种图形对象生成漂亮的图形界面，介绍对图形对象的动画属性进行定义的各种方法，使图形界面"动"起来！真实地描述外界对象的状态变化，达到过程实时监控的目的。

动画制作是建立画面中对象与数据变量或表达式的对应关系。动画制作又称动画连接。定义动画连接，实际上是将用户窗口内创建的图形对象与实时数据库中定义的数据对象建立对应连接关系，通过对图形对象在不同的数值区间内设置不同的状态属性（如颜色、大小、位置移动、可见度、闪烁效果等），用数据对象值的变化来驱动图形对象的状态改变，使系统在运行过程中，产生形象逼真的动画效果。建立了动画连接后，在图形界面运行环境下，根据数据变量或表达式的变化，图形对象可以按动画连接的要求进行改变。因此，动画连接过程就归结为对图形对象的状态属性设置的过程。

在所有动画连接中，数据的值与图形对象间都是按照线性关系关联的。

5.1 动画制作概述

1. 对象

对象可以被认为是一种封装的、具有属性、方法和事件的特殊数据类型。力控是面向对象的开发环境，力控中的对象是指组成系统的一些基本构件，例如：窗口、窗口中的图形、定时器等，每一个对象作为独立的单元，都有各自的状态，可以通过对象的属性和方法来操作。

2. 属性、方法、事件

描述对象的数据称为属性，对对象所作的操作称为对象的方法，对象对某种消息产生的响应称为事件，事件给用户提供一个过程接口，可以在事件过程中编写处理代码。

每种图形对象都有决定其外观的各种属性。如：线有线宽、线色、线风格等属性；填充体有边线颜色、边线线宽、填充颜色等属性。开发系统提供了对图形对象的属性和方法进行设置的操作。

3. 对象的命名

对象的名称是对象的唯一标识，引用对象的属性方法之前，首先要给对象命名，只有这样才能在引用对象时指明是对哪一个对象进行的属性和方法的操作。力控采用面向对象的技术使得图形具备真正的"对象"概念上的意义，用户可以为每个图形对象指定一个唯一的名称，并在动作脚本程序中引用这个对象的名称和属性。当创建一个图形对象之后，系统缺省会为对象分配名称。对象名称可以修改，修改的方法有两种。

（1）选中要修改的对象，在属性设置导航栏中，基本属性的第一项即为对象名称，在此文本输入框中输入对象的新名称。

（2）选中要修改的对象，单击右键，选择对象名称命令，在弹出的对话框中的文本输入框中输入对象的新名称。如果修改的名称已被使用，系统会出现提示，若成功为一个图形对象定义了名称，系统将保留这个名称直至图形对象被删除。

4. 力控的对象类型

力控的对象类型一共分以下几类：普通图元、复合组件、后台组件图库、标准 ActiveX 控件及智能单元对象。

在创建图形对象或文本后，可以通过动画连接来赋予其"生命"，通过动画连接，可以改变对象的外观，以反映变量点或表达式的值所发生的变化，动画功能也就是图形对象的事件。

图形对象的事件包括以下几种，如图 5-1 所示，分别是鼠标动画、颜色动画、尺寸动画、数值动画和杂项。

图 5-1 图形对象

5.2 动画连接创建和删除方法

一旦建立了图形对象或图形符号，就可以建立与之相关联的动画连接。与图形对象相连的数据库变量值发生变化后，动画连接使对象的外形显示随着数据的变化而发生变化。

5.2.1 动画连接的创建方法

创建并选择连接对象，如线、填充图形、文本、按钮、子图等的动画连接创建方法有以下几种。

（1）先选中图形对象，然后在属性设置导航栏中，单击按钮切换到动画页，选择相应的动画功能，如图 5-2 所示。

（2）用鼠标右键单击对象，弹出右键菜单后选择其中的"对象动画"。

（3）选中图形对象后直接按下"Alt + Enter"键。

（4）双击图形对象。

使用第一种方法创建动画连接，详细使用方法见本章后续小节。使用后三种方法创建动画连接，会弹出"动画连接"对话框如图 5-3 所示。

图 5-2　动画页

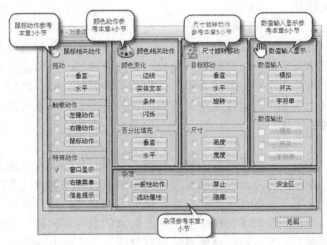

图 5-3　动画连接对话框

5.2.2　动画连接的删除方法

选择存在动画连接的连接对象，如线、填充图形、文本、按钮、子图等，动画连接的删除方法有以下几种。

（1）选中图形对象，然后在属性设置导航栏中，单击 按钮切换到动画页，然后单击相应的动画功能后面的下拉框，选择"删除动画连接"命令。如图 5-4 所示。

（2）双击图形对象，弹出"动画连接"对话框，然后去掉相应动画功能按钮前复选框的选择标志即可。

5.3　鼠标动画

鼠标动画是常用的组态动画，该类动作分为垂直拖动、水平拖动、左键动作、右键动作、鼠标动作、窗口显示、右键菜单和信息提示八大类，如图 5-5 所示。

图 5-4　删除动画连接

图 5-5　鼠标动画

　　图形对象一旦建立了与鼠标相关动作的动画连接，在系统运行时，当对象被鼠标选中或拖曳时，动作即被触发。

　　1．垂直拖动

　　垂直拖动连接使图形对象的垂直位置与变量数值相关联。变量数值的改变使图形对象的位置发生变化，反之，用鼠标拖动图形对象又会使变量的数值改变。

　　首先要确定拖动对象在垂直方向上移动的距离（用像素数表示）。画一条参考垂直线，垂直线的两个端点对应拖动目标移动的上下边界，记下线段的长度。在选中状态下，线的长度显示在属性设置栏中，如图 5-6 所示。

　　建立拖动图形对象，使对象与参考线段的下端点对齐，删除参考线段。

　　然后选中图形对象，在属性设置导航栏中，单击 按钮切换到动画页，然后单击鼠标动画功能下"垂直拖动"后面的下拉框，选择"垂直拖动"命令，如图 5-7 所示。

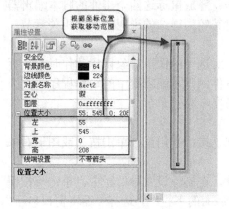

图 5-6　线段属性

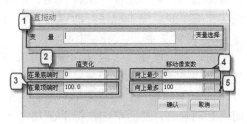

图 5-7　垂直拖动

　　下面就对话框中各项内容予以说明。

　　（1）变量选择。变量名称，选择要进行连接的变量名称。

　　（2）在最底端时（值）。图形对象被拖到最底端时对变量的设定值。

　　（3）在最顶端时（值）。图形对象被拖到最顶端时对变量的设定值。

　　（4）向上最少（移动像素数）。图形对象被拖到最顶端时，其位置在垂直方向上偏离原始位置的像素数。

　　（5）向上最多（移动像素数）。图形对象被拖到最底端时，其位置在垂直方向上偏离原始位置的像素数。

　　2．水平拖动

　　水平拖动连接使图形对象的水平位置与变量数值相关联。变量数值的改变使图形对象的位置发生变化，反之，用鼠标拖动图形对象又会使变量的数值改变。

　　水平拖动连接的建立方法与垂直拖动方法类似，水平拖动动画连接对话框如图 5-8 所示。

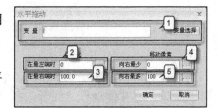

图 5-8　水平拖动动画连接对话框

　　（1）变量选择。选择此按钮，弹出"变量选择"对话框，选择后变量名自动加在"变量"输入框内。

　　（2）在最左端时（值）。图形对象被拖到最左端时对变量的设定值。

　　（3）在最右端时（值）。图形对象被拖到最右端时对变量的设定值。

（4）向右最少（移动像素数）。图形对象被拖到最左端时，其位置在水平方向上偏离原始位置的像素数。

（5）向右最多（移动像素数）。图形对象被拖到最右端时，其位置在水平方向上偏离原始位置的像素数。

3. 左键动作

左键动作连接能使图形对象与鼠标左键动作建立连接，对于选中的图形对象鼠标单击左键时，执行在按下鼠标、鼠标按着周期执行、鼠标双击、释放鼠标这四个事件的脚本编辑器中的动作程序。因为该动作主要涉及脚本程序，所以对其较为详细的说明请参考本手册第 6 章。

4. 右键动作

右键动作连接能使图形对象与鼠标右键动作建立连接，对于选中的图形对象鼠标单击右键时，执行在按下鼠标、鼠标按着周期执行、鼠标双击、释放鼠标这四个事件的脚本编辑器中的动作程序。因为该动作主要涉及脚本程序，所以对其较为详细的说明请参考相关章节。

5. 鼠标动作

鼠标动作连接能使图形对象与鼠标动作建立连接，对选中的图形对象鼠标动作时，执行在鼠标进入、鼠标悬停、鼠标移动、鼠标离开这四个事件的脚本编辑器中的动作程序。因为该动作主要涉及脚本程序，所以对其较为详细的说明请参考相关章节。

6. 窗口显示

窗口显示能使按钮或其它图形对象与某一窗口建立连接，当用鼠标单击按钮或图形对象时，自动显示连接的窗口。

首先在组态界面创建图形对象。然后选中图形对象，在属性设置导航栏中，单击 按钮切换到动画页，然后单击鼠标动画功能下"窗口显示"后面的下拉框，选择"编辑窗口显示"弹出"界面浏览"对话框。如图 5-9 所示。

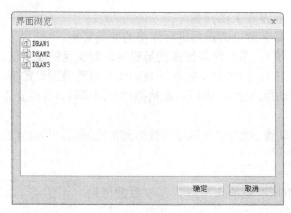

图 5-9　界面浏览对话框

在该对话框中选择一个窗口，单击"确定"按钮或直接双击窗口名。返回动画连接菜单，可以继续创建其他动作，或者选择"取消"按钮返回。

7. 右键菜单

右键菜单与"工程项目"导航栏→菜单→"自定义菜单"中的右键弹出菜单配合使用，进入运行系统后，使鼠标右键单击该对象时，显示一列右键弹出菜单，如图 5-10 所示。

首先在"自定义菜单"中已经定义了一个名为"menu"的右键菜单，菜单项有 2 项，即

"open"和"close"。

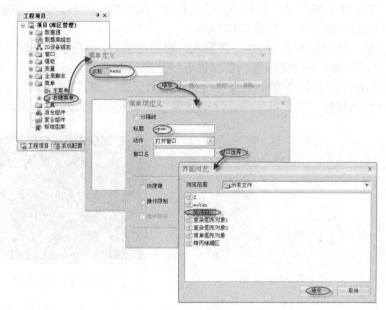

图 5-10 右键菜单

其次在界面上创建一个图形对象。然后选中图形对象，在属性设置导航栏中，单击![按钮]按钮切换到动画页，然后单击鼠标动画功能下"右键菜单"后面的下拉框，选择"编辑右键菜单"弹出"右键菜单指定"对话框，如图5-11所示。

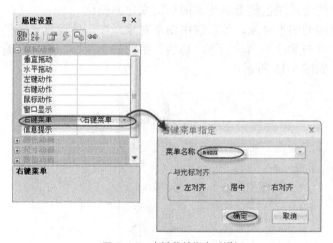

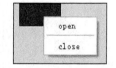

图 5-11　右键菜单指定对话框　　　　　图 5-12　鼠标右键菜单

最后在"菜单名称"下拉框中选择已定义的右键菜单"menu"，在"与光标对齐"方式中选择一种合适的对齐方式。进入运行系统后，当用鼠标右键单击该图形对象时，如图5-12所示。

8. 信息提示

使图形对象与鼠标焦点建立连接，当鼠标的焦点移动到图形对象上时，执行本动作，可以显示常量或变量等提示信息。

首先在组态界面创建图形对象。然后选中图形对象，在属性设置导航栏中，单击 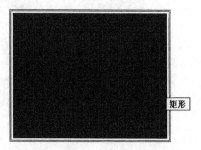按钮切换到动画页，然后单击鼠标动画功能下"信息提示"后面的下拉框，选择"编辑信息提示"弹出"输入提示信息"对话框。如图 5-13 所示。

在编辑框内输入要显示的提示信息。在输入字符串信息后，要将字符串信息用双引号""括起来。"延迟显示时间"项用于指定当鼠标焦点移动到图形对象上后，延迟多长时间显示提示信息。"提示停留时间"项用于指定当开发时显示提示信息后，持续多长时间显示提示信息。

最后进入运行系统后，当鼠标的焦点移动到图形对象上时，如图 5-14 所示。

图 5-13 "输入提示信息"对话框

图 5-14 图形对象

5.4 颜色动画

该类动作分为：边线、实体文本、条件、闪烁、垂直填充和水平填充六大类。颜色相关动作连接可使图形对象的线色、填充色、文本颜色等属性随着变量或表达式的值的变化而变化。

1. 边线

边线变化连接是指图形对象的边线颜色随着表达式的值的变化而变化。

首先创建要进行边线变化连接的图形对象。然后选中图形对象，在属性设置导航栏中，单击 按钮切换到动画页，然后单击颜色动画功能下"边线"后面的下拉框，选择"编辑边线"弹出"颜色变化"对话框。如图 5-15 所示。

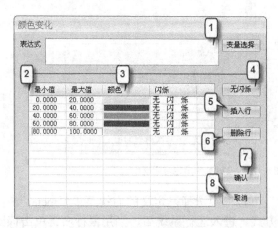

图 5-15 "颜色变化"对话框

下面就对话框中各项内容予以说明。

（1）表达式/变量选择。变量名称或表达式，选择要进行连接的变量名称。

（2）断点。颜色分段变化时断点处的值。可以根据用户设置断点个数来将颜色变化区域分成颜色可不同也可相同的若干段。

（3）颜色。选择各段颜色，每种颜色对应一段。当要设置某一段的颜色时，在相应段的颜色显示区内单击鼠标左键，会弹出"颜色选择"对话框。如图 5-16 所示。

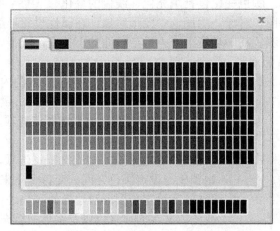

图 5-16 "颜色选择"对话框

在调色板窗口中单击鼠标选择一种颜色。例如，当这五段的颜色依次被设为黄色、红色、绿色、红色、黄色时，表示图形对象边线的颜色随表达式的值变化情况为：小于 20 时为黄色，20～40 为红色，40～60 为绿色，60～80 为红色，80 以上为黄色。

（4）无闪烁。设置颜色选择后面的闪烁颜色，可以设置当满足颜色变化条件时闪烁显示选择的闪烁颜色，也可以通过无闪烁按钮来取消闪烁功能。

（5）插入行。可以在已选定断点行前插入一行自己需要的断点设置行。

（6）删除行。删除已选定断点行。

（7）确定。保存设置并退出。

（8）取消。不保存设置并退出。

2. 实体文本

实体文本变化连接是指图形对象的填充色或文本的前景色随着逻辑表达式的值的变化而变化。其动画连接设置和边线动作完全相同，本小节不再做过多的介绍。

3. 条件

条件变化连接是指图形对象的填充色或文本的前景色随着逻辑表达式的值的变化而改变。

首先创建要进行条件变化连接的图形对象。然后选中图形对象，在属性设置导航栏中，单击🔲按钮切换到动画页，然后单击颜色动画功能下"条件"后面的下拉框，选择"编辑条件"弹出"颜色变化"对话框。如图 5-17 所示。

下面就对话框中各项内容予以说明。

（1）表达式/变量选择。变量名称或表达式，选择要进行连接的变量名称。

（2）值为真时颜色。逻辑表达式或开关量变量的值为真时的颜色。

（3）值为假时颜色。逻辑表达式或开关量变量的值为假时的颜色。

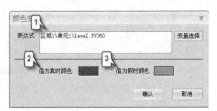

图 5-17 "颜色变化"对话框

在上例中 level.PV 的值大于 60 时，图形填充色变为红色；level.PV 的值小于或等于 60

时，图形填充色为绿色。

4. 闪烁

闪烁连接可使图形对象根据一个布尔变量或布尔表达式的值的状态而闪烁。闪烁可表现为颜色变化及或隐或现。颜色变化包括填充色、线色的变化。

首先创建闪烁连接图形对象。然后选中图形对象，在属性设置导航栏中，单击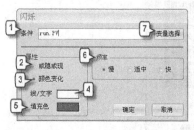按钮切换到动画页，然后单击颜色动画功能下"闪烁"后面的下拉框，选择"编辑闪烁"弹出"闪烁"对话框。如图5-18所示。

图5-18 "闪烁"对话框

下面就对话框中各项应输入的内容予以说明。

（1）条件。布尔表达式或开关量变量名。

（2）或隐或现。如果选择该选项，闪烁则以图形对象隐藏和显现交替变化来表现。

（3）颜色变化。如果选择该选项，闪烁则以图形对象原始颜色与设定颜色之间的交替变化来表现。如果选择"颜色变化"需设定与图形对象原始颜色进行对比交替变化时的边线色或文本的前景色以及实体的填充色。

（4）线/文字。该项用来设定用"颜色变化"表现闪烁时，与图形对象原始线色或文本的前景色进行对比交替变化时边线色或文本的前景色。

（5）填充色。该项用来设定用"颜色变化"表现闪烁时，与图形对象原始填充颜色进行对比交替变化时的填充色。

（6）频率。该项指定闪烁速度为慢速，中速或快速。

（7）变量选择。选择此按钮，弹出"变量选择"对话框，可在对话框中直接选择要进行连接的变量名称。

5. 垂直填充

垂直填充连接可以使具有填充形状的图形对象的填充比例随着变量或表达式值的变化而改变。例如：某变量值客观反映生产过程中某实际容器液位的变化，把此变量与一个填充图形进行垂直填充连接，这个填充图形的填充形状的变化就可以形象地表现容器液位的变化了。

首先创建用于垂直填充连接的图形对象。然后选中图形对象，在属性设置导航栏中，单击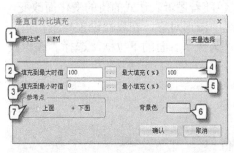按钮切换到动画页，然后单击颜色动画功能下"垂直填充"后面的下拉框，选择"编辑垂直填充"弹出"垂直百分比填充"对话框。如图5-19所示。

图5-19 "垂直百分比填充"对话框

下面就对话框中各项内容予以说明。

（1）表达式/变量选择。变量名称或表达式，选择要进行连接的变量名称。

（2）填充到最大时值。当变量或表达式达到此值时，图形对象的填充形状达到最大。

（3）填充到最小时值。当变量或表达式达到此值时，图形对象的填充形状达到最小。

（4）最大填充（%）。图形对象的填充形状达到最大时填充高度与原始高度的百分比，输入范围：0～100。

（5）最小填充（%）。图形对象的填充形状达到最小时填充高度与原始高度的百分比，输入范围：0～100。

（6）背景色。此项用于设定图形对象在运行时显示的背景颜色。单击颜色框内区域出现调色板窗口，选择一种颜色作为背景色。在运行时，填充过程采用图形对象原始颜色覆盖背景色的方式进行。

（7）参考点。对于垂直填充连接，参考点决定填充进行的方向。如果参考点为下面，参数或表达式值由小变大时，填充区域由下至上增大。如果参考点为上面，参数或表达式值由小变大时，填充区域由上至下增大。

6. 水平填充

水平填充连接的建立方法与垂直填充连接的建立方法类似。只是填充区域是在水平方向上变化。其动画连接对话框如图 5-20 所示。

5.5 尺寸动画

此类动作可以把变量值与图形对象的水平、垂直方向运动或自身旋转运动连接起来，以形象地表现客观世界物体运动的状态；也可以把变量与图形对象的尺寸大小连接，让变量反映对象外观的变化。此类动作包括：垂直移动、水平移动、旋转、高度变化和宽度变化五大类。

图 5-20　"水平填充"对话框

1. 垂直移动

垂直移动是指图形的垂直位置随着变量或表达式的值的变化而变化。

首先要确定移动对象在垂直方向上移动的距离（用像素数表示）。画一条参考垂直线，垂直线的两个端点对应拖动目标移动的上下边界，记下线段的长度。

其次创建垂直移动图形对象，使对象与参考线段的下端点对齐，删除参考线段。

然后选中图形对象，在属性设置导航栏中，单击 按钮切换到动画页，然后单击尺寸动画功能下"垂直移动"后面的下拉框，选择"编辑垂直移动"弹出"水平/垂直移动"对话框。如图 5-21 所示。

下面就对话框中各项内容予以说明。

（1）表达式/变量选择。变量名称或表达式，选择要进行连接的变量名称。

（2）在最左/底端时（值）。使图形目标移动到最底端时变量需要设定的低限值。

（3）在最右/顶端时（值）。使图形目标移动到最顶端时变量需要设定的高限值。

（4）向右/上最少（移动的像素数）。使图形目标移动到最底端时，其位置在垂直方向上偏离原始位置的像素数。

图 5-21　"水平/垂直移动"对话框

（5）向右/上最多（移动的像素数）。使图形目标移动到最顶端时，其位置在垂直方向上偏离原始位置的像素数。

2. 水平移动

水平移动连接的建立方法与垂直移动连接的建立方法类似。

3. 旋转

旋转连接能使图形对象的方位随着一个变量或表达式的值的变化而变化。

首先创建旋转图形对象。然后选中图形对象，在属性设置导航栏中，单击 按钮切换到动画页，然后单击尺寸动画功能下"旋转"后面的下拉框，选择"编辑旋转"弹出"目标旋转"对话框。如图 5-22 所示。

下面就对话框中各项内容予以说明。

（1）表达式。变量名称或表达式，选择要进行连接的变量名称。

（2）旋转到最小角度时值。当变量或表达式值设定为此数值时，图形对象偏离原始位置的角度为最小角度。

（3）旋转到最大角度时值。当变量或表达式值设定为此数值时，图形对象偏离原始位置的角度为最大角度。

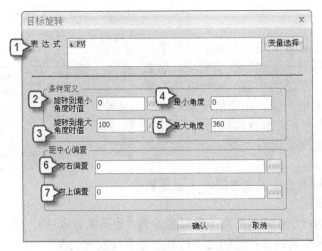

图 5-22　"目标旋转"对话框

（4）最小角度。图形对象在旋转时偏离原始位置的最小角度。

（5）最大角度。图形对象在旋转时偏离原始位置的最大角度。

（6）向右偏置。旋转轴心从图形对象的几何中心在水平方向向右的偏移量（以像素为单位）。如果此值设定为 0，表示图形对象的旋转轴心处于图形对象几何中心的水平方向上。

（7）向上偏置。旋转轴心从图形对象的几何中心在垂直方向向上的偏移量（以像素为单位）。如果此值设定为 0，表示图形对象的旋转轴心处于图形对象几何中心的垂直方向上。

角度采用的单位为度，不是弧度。另外，在缺省情况下，旋转连接的旋转轴心为图形对象的几何中心，若要将其它位置作为旋转中心，需要设置偏置量。例如：对于一个长方形，如果要以其右上角为旋转轴心，需要将"向右偏置"项设为此长方形长度的一半，而将"向上偏置"项设为此长方形高度的一半；如果要以其右下角为旋转轴心，需要将"向右偏置"项设为此长方形长度的一半，而将"向上偏置"项设为此长方形高度的一半的负值。还要注意，进行旋转连接的图形对象不能带有立体风格。

4. 高度变化

高度变化连接是指图形对象的高度随着变量或表达式的值的变化而变化。

首先创建高度变化图形对象。然后选中图形对象，在属性设置导航栏中，单击 按钮切换到动画页，然后单击尺寸动画功能下"高度变化"后面的下拉框，选择"编辑高度变化"弹出"高度变化"对话框。如图 5-23 所示。

下面就对话框中各项内容予以说明。

（1）表达式。变量名称或表达式。

（2）在最大高度时值。当变量或表达式达到此值时，图形对象尺寸达到最大高度。

（3）在最小高度时值。当变量或表达式达到此值时，图形对象尺寸达到最小高度。

（4）最大高度（%）。图形对象尺寸达到最大高度时与原始高度尺寸的百分比。

（5）最小高度（%）。图形对象尺寸达到最小高度时与原始高度尺寸的百分比。

（6）参考点。对象发生高度变化时的参考点。参考点可以是对象上边、中心或下边。

（7）变量选择。选择此按钮，弹出"变量选择"对话框，可在对话框中直接选择要进行连接的变量名称。

5. 宽度变化

宽度变化连接的建立方法与高度变化的建立方法类似，"宽度变化"对话框如图 5-24 所示。

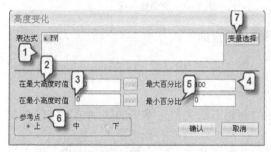

图 5-23　"高度变化"对话框

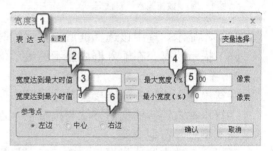

图 5-24　"宽度变化"对话框

下面就对话框中各项内容予以说明。

（1）表达式。变量名称或表达式，选择要进行连接的变量名称。

（2）宽度达到最大时值。当变量或表达式达到此值时，图形对象尺寸达到最大宽度。

（3）宽度达到最小时值。当变量或表达式达到此值时，图形对象尺寸达到最小宽度。

（4）最大宽度（%）。图形对象尺寸达到最大宽度时与原始宽度尺寸的百分比。

（5）最小宽度（%）。图形对象尺寸达到最小宽度时与原始宽度尺寸的百分比。

（6）参考点。对象发生宽度变化时的参考点。参考点可以是对象左边、中心或右边。

5.6　数值动画

此类动作包括数值输入和数值输出两大类，其中可以细分为：模拟输入、开关输入、字符输入、模拟输出、开关输出和字符输出六小项。

1. 模拟输入

模拟输入连接可使图形对象变为触敏状态。在运行期间，当鼠标点中该对象或直接按下设定的热键后，系统出现输入框，提示输入数据。输入数据后用回车确认，与图形对象连接的变量值被设定为输入值。模拟输入连接中与对象连接的变量为模拟量。

首先创建模拟输入连接图形对象。然后选中图形对象，在属性设置导航栏中，单击 按钮切换到动画页，然后单击数值动画功能下"模拟输入"后面的下拉框，选择"模拟输入"弹出"数值输入"对话框如图 5-25 所示。

下面就对话框中各项予以说明。

（1）热键。用键盘上某个键或组合键来触发数值输入动作。在基本键中选择 F1～F12，A～Z，Space，PageUp，PageDown，End，Home，Print，Up，Down 等基本键。可选择与 Ctrl、Shift 键配合作为组合键。

（2）变量。变量选择中涉及的变量的数据类型必须为实型，整型或开关量。

（3）带提示。选择此选项，输入框变为带有提示信息和软键盘的形式。

（4）口令。选择此选项，在输入框输入的字符不在屏幕上显示，如图 5-26 所示。

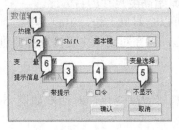 

图 5-25　"数值输入"对话框　　　　　　　　　　图 5-26　数值输入框

（5）不显示。选中该选择框后，在运行时不显示变量的值。

（6）提示信息。在输入框内显示的提示信息。

2．字符输入

字符串输入连接中的连接变量为字符串变量。

字符串输入连接的创建方法与模拟输入连接的创建方法类似。唯一的区别是连接的变量的数据类型是字符型变量。

不显示：选中该选择框后，在运行时只显示在开发系统 Draw 中输入的文本串，而不显示变量的值。另外，当选择了"带提示"选项后，在运行时出现的软键盘为带有全部字母和数字的形式。如图 5-27 所示。

3．开关输入

开关输入连接中连接变量为开关量。

首先创建开关输入连接图形对象。然后选中图形对象，在属性设置导航栏中，单击🖼按钮切换到动画页，然后单击数值动画功能下"开关输入"后面的下拉框，选择"编辑开关输入"弹出"离散型输入"对话框。如图 5-28 所示。

 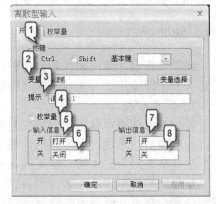

图 5-27　字母和数字对话框　　　　　　　　　图 5-28　"离散型输入"对话框

下面就对话框中各项予以说明。

（1）热键。用键盘上某个键或键组合来激发对象的动作。在基本键中选择 F1～F12、A～Z、Space、PageUp、PageDown、End、Home、Print、Right、Left、Up、Down 等基本键。可选择 Ctrl、Shift 键作为组合键。

（2）变量。变量名涉及的变量必须为整型变量或开关型变量。

（3）提示。提示信息。

（4）枚举量。选此按钮，则为枚举形式输入，否则为开关量输入。

（5）输入信息/开。输入变量值为"开"时的提示信息。该信息显示在输入提示框中。

（6）输入信息/关。输入变量值为"关"时的提示信息。该信息显示在输入提示框中。

（7）输出信息/开。输入变量值为"开"时的输出信息。

（8）输出信息/关。输入变量值为"关"时的输出信息。

若为枚举型输入，则选择"枚举量"标签，将出现图 5-29 所示的属性页。

在该属性页中输入枚举量为不同值时，就会有对应的输出信息。

例如：输入变量为 a1.pv 带有提示信息，运行时输入提示框的形式如图 5-30 所示。

输入完以上各项后，选择"确认"将返回动作菜单，可以继续选择其他按钮定义另外的动作，或者按"取消"按钮返回到组态状态。

4. 模拟输出

模拟输出连接能使文本对象（包括按钮）动态显示变量或表达式的值。模拟输出连接中与对象连接的变量为模拟量。

首先创建模拟输出连接图形对象。图形对象必须为文本或按钮，并且文本或按钮中的文字表明了输出格式。注意事项：文字中左边起第一个小数点"."前面的字符为整数部分，后面的字符个数为小数位数。若没有小数点"."则表示不显示小数部分。

图 5-29　枚举量标签

图 5-30　提示框形式

然后选中图形对象，在属性设置导航栏中，单击 📷 按钮切换到动画页，然后单击数值动画功能下"模拟输出"后面的下拉框，选择"编辑模拟输出"弹出"模拟值输出"对话框。如图 5-31 所示。

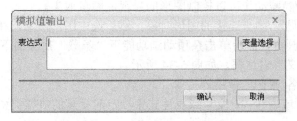

图 5-31　"模拟值输出"对话框

其中选择"变量选择"按钮,弹出"变量选择"对话框,可在对话框中直接选择要进行连接的变量名称。

5. 开关输出

开关输出连接中对象连接变量为离散型变量。

首先建立图形对象,需要注意的是图形对象必须为文本或按钮,并且文本或按钮中的文字表明了输出格式。文本宽度即为输出文本的宽度。

然后选中图形对象,在属性设置导航栏中,单击 🔩 按钮切换到动画页,然后单击数值动画功能下"开关输出"后面的下拉框,选择"编辑开关输出"弹出"离散型输出"对话框。如图 5-32 所示。

下面就对话框中各项予以说明。

(1)表达式。输入一个数字型变量名,变量数据类型必须为整型量或开关量。

(2)变量选择。选择此按钮,弹出"变量选择"对话框,可在对话框中直接选择要进行连接的变量名称。

(3)枚举量。选中此选择框,则为枚举形式输出,否则为开关量输出。

(4)输出信息/开。输入变量值为"开"时的输出信息。

(5)输出信息/关。输入变量值为"关"时的输出信息。

6. 字符输出

字符串输出连接的建立方法与模拟输出连接的建立方法类似。只是表达式输入框应填写字符型变量或字符型表达式。需要注意的是图形对象必须为文本或按钮,并且文本或按钮中的文字表明了输出格式。"字符输出"对话框如图 5-33 所示。

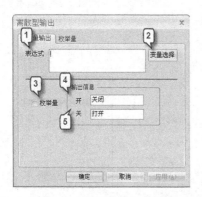

图 5-32 "离散型输出"对话框

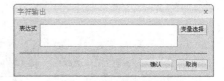

图 5-33 "字符输出"对话框

7. 杂项

在杂项中还有一些动画连接,其中包括:一般性动作、流动属性、禁止、隐藏和安全区。

(1)一般动作。关于对话框中的功能按钮以及脚本语法请参看本手册第 6 章内容。

(2)隐藏。显示/隐藏动作可以控制图形的显现或隐藏效果。

首先建立要进行显示/隐藏连接的图形对象。然后选中图形对象,在属性设置导航栏中,单击 🔩 按钮切换到动画页,然后单击杂项动画功能下"隐藏"后面的下拉框,选择"编辑隐藏"弹出"可见性定义"对话框。如图 5-34 所示。

下面就对话框中各项予以说明。

① 表达式。变量或表达式。变量或表达式中涉及的变量的数据类型必须为实型、整型或开关量。

② 何时隐藏。若选择"表达式为真",则当表达式成立时,隐藏图形。若选择"表达式为假",则当表达式不成立时,隐藏图形。

（3）禁止。允许/禁止动作可以控制图形的允许和禁止操作。

首先建立要进行允许/禁止连接的图形对象。然后选中图形对象,在属性设置中,单击 按钮切换到动画页,然后单击杂项动画功能下"禁止"后面的下拉框,选择"编辑禁止"弹出"允许/禁止定义"对话框。如图 5-35 所示。

图 5-34 "可见性定义"对话框

图 5-35 "允许/禁止定义"对话框

下面就对话框中各项予以说明。

① 表达式。变量或表达式。变量或表达式中涉及的变量的数据类型必须为实型、整型或开关量。

② 何时禁止。若选择"表达式为真",则当表达式成立时,禁止操作该图形对象。若选择"表达式为假",则当表达式不成立时,禁止操作该图形对象。

（4）流动属性。该动作可以形成流体流动的效果。

首先创建要进行流动属性连接图形对象,双击鼠标进入动画连接对话框。

选择"流动属性"弹出"流动属性"对话框。如图 5-36 所示。

下面就对话框中各项予以说明。

（1）条件。用于设定流动启动的条件判断语句。其值为真时才流动。

（2）流体外观。可以设定流体颜色,高度,宽度和流体间距。

（3）流体速度。有慢、适中和快三种选择。

（4）流动方向。可以选择从左到右/从上到下和从右到做/从下到上。

图 5-36 流动属性对话框

（5）只有流动时才显示。流动条件成立时显示该对象。

本 章 小 结

1. 了解工控组态软件的动画连接创建和删除方法。

2. 了解工控组态软件鼠标动画的组态动画功能。

3. 学会颜色动画方法,该类动作分为:边线、实体文本、条件、闪烁、垂直填充、水平填充六大类。

4. 学会尺寸动画,此类动作包括:垂直移动、水平移动、旋转、高度变化和宽度变化五大类。

5. 学会使用数值动画,此类动作包括数值输入和数值输出两大类,其中可以细分为:模

拟输入、开关输入、字符输入、模拟输出、开关输出、字符输出六小项。

思 考 题

1. 简述监控组态软件中位图透明的方法。
2. 为什么有时候画的图素在填充时没有改变颜色？
3. 为什么画多边形出现的是折线？
4. 开发系统中，图素颜色和背景色是否会发生混乱？
5. 怎样将图形文件粘贴到监控组态软件的画面中？
6. 不同分辨率的画面文件如何转换，如 640×480 的画面怎样转化成 800×600？
7. 监控组态软件里画面属性中覆盖式与替换式有何区别？
8. 画面中的数字、文本显示等如何根据值的不同用不同的颜色显示？
9. 如何利用多个摄像头在监控组态软件上显示多幅画面？
10. 画直线时，怎样保证其水平和垂直？
11. 如何给按钮添加注释？
12. 如何复制运行画面？
13. 如何将别的工程的画面加载进来？
14. 监控组态软件的画面为何运行得很慢？
15. 如何将 gif 动画用在监控组态软件画面中？
16. 工程被破坏后如何恢复画面？

第 **6** 章　脚本系统

【本章学习目标】

1．了解"脚本"是一种解释性的编程语言。
2．了解动作脚本的基本类型。
3．学会动作脚本的创建方式。
4．学会脚本编辑器的使用。
5．学习脚本编辑器的自动提示功能。

【教学目标】

1．知识目标：了解动作脚本是一种基于对象和事件的编程语言，了解动作脚本的基本类型，以便确定所编辑动作脚本的基本类型。

2．能力目标：通过组态软件的脚本编辑器的使用功能具体操作，学会掌握动作脚本的创建方式，以及脚本编辑器的使用。

【教学重点】

结合脚本编辑器的使用，学会动作脚本的创建方式。

【教学难点】

应用程序动作脚本是与整个应用程序链接，它的作用范围为整个应用程序，作用时间从开始运行到运行结束。

【教学方法】

演示法、实验法、思考法、讨论法。

动作脚本语言是力控开发系统 Draw 提供的一种自行约定的内嵌式程序语言。它只生存在 VIEW 的程序中，通过它便可以作用于实时数据库 DB，数据是通过消息方式通知 DB 程序的，本章介绍该语言的语法及用法。

6.1　脚本系统简介

为了给用户提供最大的灵活性和能力，力控提供了动作脚本编译系统，具有自己的编程语言，语法采用类 BASIC 的结构。这些程序设计语言，允许在力控的基本功能的基础上，扩展自定义的功能来满足用户的要求。力控的动作脚本语言功能很强大，可以访问和控制所有组件，如实时数据、历史数据、报警、报表、趋势和安全等；同时，用户通过这类脚本语言，可以实现从简单的数字计算到用于高级控制的算法的功能。

力控中动作脚本是一种基于对象和事件的编程语言，可以说，每一段脚本都是与某一个对象或触发事件紧密关联的，利用开发系统编译完的动作脚本，可以在运行系统中执行，运行系统通过脚本对变量、函数的操作,便可以完成对现场数据的处理和控制,进行图形化监控。

"脚本"的英文叫 Script。它是一种解释性的编程语言,是从主流开发编程语言演变而来的,比如 C、BASIC、PASCAL 等,通常是它们的子集,脚本不能单独运行,力控软件的脚本要靠 View 程序解释执行,脚本可以扩充和增强 View 程序的功能,使系统更具灵活,根据特殊需要可进行特殊定制,使二次开发时更加灵活方便。

6.1.1 动作脚本的类型

动作脚本可以增强对应用程序控制的灵活性。比如,用户可以在按下某一个按钮,打开某个窗口或当某一个变量的值变化时,用脚本触发一系列的逻辑控制、连锁控制,改变变量的值、图形对象的颜色、大小,控制图形对象的运动等等。

所有动作脚本都是事件驱动的。事件可以是数据改变、条件变化、鼠标或键盘动作、计时器动作等。处理顺序由应用程序指定,不同类型的动作脚本决定以何种方式加入控制。

动作脚本往往是与监控画面相关的一些控制,主要有以下类型。

图 6-1 "工程项目"导航栏

（1）窗口脚本。可以在窗口打开时执行、窗口关闭时执行或者窗口存在时周期执行。

（2）应用程序脚本。可以在整个工程启动时执行、关闭工程时执行或者在运行期间周期执行。

（3）数据改变脚本。当指定数据发生变化时执行。

（4）键脚本。当按下键盘上某一个按键时执行指定动作。

（5）条件脚本。当指定的条件发生时执行的动作。

6.1.2 动作脚本的创建方式

动作脚本的创建方式有以下两种。

（1）工程项目导航栏中动作树下可以创建应用程序动作、数据改变动作、按键动作和条件动作。如图 6-1 所示。

（2）选择菜单命令"功能[S]→动作"或者选择工程项目的树形菜单中的"动作"子节点都可以创建各种动作脚本。

6.1.3 脚本编辑器的使用

创建动作脚本时,会直接弹出"脚本编辑器"对话框,如图 6-2 所示。

1. 菜单

（1）"文件"菜单。文件菜单包括"保存到文件""从文件读入""脚本编译"和"导出对象操作"四项功能,具体功能描述如图 6-3 所示。

图 6-2 "脚本编辑器"对话框

图 6-3 文件菜单

① 保存到文件。将在脚本编辑器中所写的脚本保存成".txt"格式的文本文件,方便保

存、修改和编辑。

② 从文件读入。将编辑好的脚本文件（.txt 文本文件）导入到脚本编辑器中。

③ 脚本编译。将编写好的脚本语言进行全部编译，自动检查脚本语法是否正确，同时编译到系统中。

④ 导出对象操作。选择一个要编辑的对象名称后，选择"导出对象操作"后，可以将该对象的方法、属性和它们对应的使用说明保存为".csv"格式的文件，如图 6-4 所示是用 Excel 打开导出的文件，使用此项功能，方便查看所操作的对象的属性、方法等。

图 6-4　导出文件

（2）编辑菜单。编辑菜单中的命令主要是针对所编辑的脚本进行撤销、剪切、复制、粘贴、删除以及全部选择等操作。所有操作和 Windows 的其他文本编辑器功能一致。

（3）查看菜单。在查看菜单中主要是提供了一些使用脚本动作进行二次开发的快捷方式，如图 6-5 所示。

图 6-5　查看菜单

① 帮助（F1）。在编辑器中将光标定位在需要查看帮助的脚本上，单击快捷键 F1 可以在帮助提示框内显示在线帮助。

② 定位（F2）。在脚本编辑器中的右边的脚本编辑框中，选中所要定位的函数、属性、方法、对象名等，单击快捷键 F2，很快就能定位到脚本编辑框左边树型菜单的相对应的位置。如图 6-6 所示。

③ 多彩文本（F6）。在脚本编辑框中，对于函数、属性、方法、对象等，可以采用不同颜色的来标识，方便识别，主要有以下几种：蓝色表示方法，绿色表示注释，棕红色表示属性，红色表示数值，灰色表示对象名。执行此菜单命令或者单击快捷键 F6 可以重新配置整个编辑器中的文字显示。

④ 窗口切换（F7）。执行此菜单命令或单击快捷键 F7 后，可以在左边树型菜单窗口与右边脚本编辑窗口之间快速切换输入焦点。

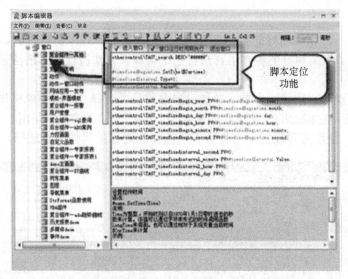

图 6-6　脚本编辑框

⑤ 查找/替换（F）。执行此菜单命令或者单击快捷键 Ctrl+F，弹出替换对话框（如图 6-7 所示），可以在脚本编辑中查找或者替换指定的文字。

⑥ 配置。配置脚本编辑器的默认属性，如图 6-8 所示，可以配置脚本编辑器中是否自动提示脚本输入和是否使用多彩文本显示文字，当使用力控的机器配置比较低而脚本量比较大造成脚本编辑效率比较低的时候，可以选择不使用自动提示和多彩文本，以便提高编辑效率。

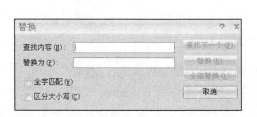

图 6-7　"替换"对话框

图 6-8　配置脚本编辑器

（4）信息菜单。增加运行时调试功能，在项目安装实施阶段或工程出现问题时往往无法了解程序执行逻辑，会造成一些工程不稳定等不定因素。ForceControl 通过脚本调试功能，可跟踪程序执行的每一个步骤，并对过程中数据的变化进行监视，能够大大的提高定位问题的速度。如图 6-9 所示。

图 6-9　脚本编辑器

① 断点。将光标定位在脚本中的一行，选择"断点"或者按 F9，则这一行的脚本呈粉红色状如图 6-10 所示。

勾上系统配置导航栏中的"系统配置→运行系统参数"里的调试方式运行，如图 6-11 所示。

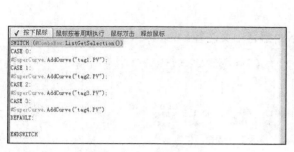

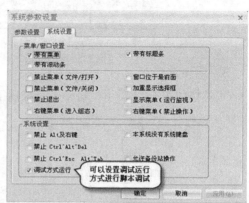

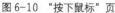

图 6-10　"按下鼠标"页

图 6-11　系统参数设置

运行后，弹出图 6-12 所示的画面，按钮"RUN"表示执行下面的所有语句，并且当前窗口不关闭。按钮"STEP"表示一步步执行下面的语句。"OK"按钮表示执行完下面的所有语句并且退出当前窗口。"Watch"按钮显示或者隐藏下面的"watch 窗口"。

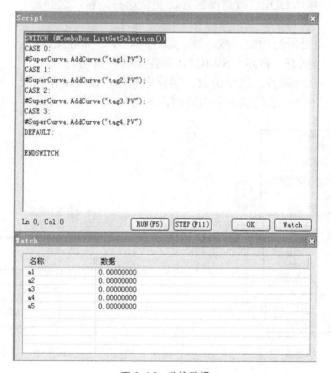

图 6-12　监控数据

在"watch 窗口"中，双击"名称"下的空白行，增加一个变量，如"tag1"，相应行的"数据"就会显示这个变量的当前数据，即起到监控数据的作用。当程序执行到断点的时候不继续执行，这个时候可以监视数据的变化。

② 标签。书签功能（见图 6-13），在编辑脚本的时候，对脚本可做快速定位的功能，快捷键为 Shift+F2。

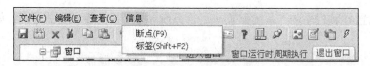

图 6-13　书签功能

2. 工具栏

工具栏如图 6-14 所示，每个工具按钮下面都有中文注释。

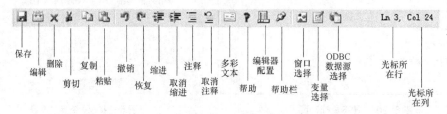

图 6-14　工具栏

3. 树状菜单栏

在脚本编辑器对话框中左侧为树状菜单栏，如图 6-15 所示。

（1）系统选择。包括 ODBC 数据源配置、变量选择、窗口选择。

（2）保留字。

① 操作符。主要是所有的加、减、乘、除、与、或、非等操作符。

② 控制语句。包括 IF，FOR，SWICTH 等控制循环语句。

（3）函数。包括系统函数、数学函数、字符串操作、设备操作以及自定义函数。

（4）设备。包括 I/O 设备组态中所创建的设备名称，添加方法见图 6-16。

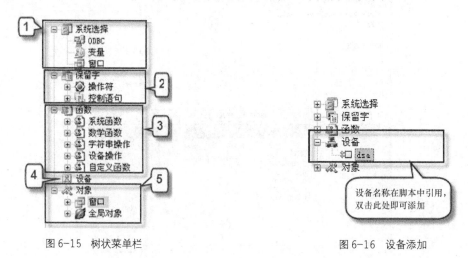

图 6-15　树状菜单栏　　　　　　　　　　图 6-16　设备添加

（5）对象。

① 窗口。在窗口画面中所有的对象都可以列在树下面，同时包括对象的属性和方法。

举例：由一个按钮的左键动作进入脚本编辑器的画面。如图 6-17 所示。

按钮在"报警模板 1"的窗口中，找到报警组件"eFCAlarm"，展开这个组件，下一层列出了这个组件的所有属性以及方法。双击"AckAlarmCount"，在右边的脚本框里自动就生成了脚本。

② 全局对象。列出了所有后台组件，以及它们的属性和方法。

举例：同样，进入脚本编辑器中，展开全局对象，如图 6-18 所示，找到后台组件 "AlarmCenter" 并展开，可以看到它所拥有的属性和方法。

图 6-17　脚本编辑器

图 6-18　脚本编辑器

4. 编写脚本时常用的一般操作

（1）缩进/取消缩进脚本中的文本。将光标放到要缩进的开始位置，然后按<Tab>键或采用工具栏上的 命令，要取消缩进，采用工具栏上的 命令。

（2）从脚本程序中删除脚本。在脚本编辑框中，选择要删除的文本，然后选择菜单"编辑→删除"或采用工具栏上的 命令，此时该脚本会从程序中完全删除。

（3）撤销上一个操作。选择菜单"编辑→撤销"或采用工具栏上的 命令，此时上次进行的编辑操作（如粘贴）会被撤销。

（4）选择整个脚本。选择菜单"编辑→全部选定" 或使用快捷键 Ctrl+A，此时会选定整个脚本，便可以复制、剪切或删除整个脚本。

（5）从脚本剪切选定的文本。选择要删除的文本，然后选择菜单"编辑→剪切"或采用工具栏上的 命令，此时剪切的文本会从脚本中删除并被复制到 Windows 剪贴板，既可以将剪切下来的文本粘贴到脚本编辑器中的另一个位置，也可以将它粘贴到另一个脚本编辑器中。

（6）从脚本复制选定的文本。选择要复制的文本，然后选择菜单"编辑→复制"或采用工具栏上的 命令，此时所复制的文本将被写入 Windows 剪切板。既可以将所复制的文本粘贴到脚本编辑器中的另一个位置，也将它粘贴到另一个脚本编辑中。

（7）将文本粘贴到脚本中。选择菜单"编辑→粘贴"或采用工具栏上的 命令，此时 Windows 剪贴板的内容被粘贴到脚本中的光标位置。

（8）将函数插入脚本。在脚本编辑器的左侧树型菜单下，找到函数项，按函数的类型选择所要使用的函数，双击此函数即可将其插入到右侧的脚本编辑框的光标所在位置处。

（9）将变量插入脚本。将变量、实时数据库中的点插入到脚本，采用工具栏上的 命令，此时会弹出变量选择对话框，可以选择所需要的变量、点。如图 6-19 所示。

图 6-19 "变量选择"对话框

（10）查找或替换脚本中的标记名。选择菜单"查看→查找→替换"，如图 6-20 所示。

在"查找内容"对话框中，输入要查找（或替换）的标记名，然后单击"查找下一个"按钮。在"替换为"框中，输入用于替换旧名称的新名称，然后单击"替换"或"全部替换"按钮即可完成替换。

（11）将窗口名插入脚本。选择工具栏上的 按钮，弹出的对话框如图 6-21 所示。

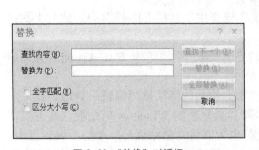

图 6-20 "替换"对话框

图 6-21 界面浏览

在"界面浏览"对话框内显示的所有窗口画面的名称，双击要使用的窗口名，此时会关闭"界面浏览"对话框，窗口名会自动插入脚本中的光标位置。

（12）验证脚本。当编写脚本时，可随时单击工具栏中的脚本编译 按钮，来检查脚本语法是否正确。如果系统在验证脚本时遇到错误，则会将光标定位到脚本编辑框中的错误处。

（13）保存脚本。如果编写的脚本内容很多，在完成其中一部分后，单击工具栏中的保存 按钮，会执行保存功能。

（14）退出脚本编辑器。单击对话框右上角的" "按钮时，系统会自动验证脚本的正确性，同时退出脚本编辑器。

（15）指定脚本的执行频率。在"每隔：1000 毫秒"文本框中输入脚本执行前等待的毫秒数。在以下情况下必须指定它们的执行频率（以毫秒为单位），包括"应用程序动作"在运行期间执行、或者"窗口动作"在窗口运行时周期执行、"条件脚本"为真/假期间执行、或者"键脚本"和"左键动作"在按着周期执行。

（16）打印脚本。选择菜单命令"文件→保存到文件"，将当前的脚本文本保存成为.txt 文件。用文本编辑器打开保存的.txt 文件，在文本编辑器内进行设置打印。

6.1.4　脚本编辑器的自动提示功能

脚本编辑器提供了"自动提示"功能，用户可以比较方便的进行脚本对象，属性，方法等输入使用。

在脚本编辑器里，选择"编辑→配置"菜单命令或者单击配置快捷菜单，如图 6-22 所示，单击配置后弹出图 6-23 所示的对话框，选择"使用自动提示"功能。

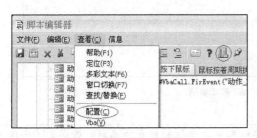

图 6-22　使用配置下拉菜单

图 6-23　"配置"对话框

在脚本编辑器里的空白处输入#，出现提示选择菜单，如图 6-24 所示，选择对象 Rect，按键盘回车键，按键盘小数点键，可以选择对象的属性（■图标）和方法（◆图标），按回车键自动将选择的属性或方法名字输入到脚本编辑器中。如果要输入方法，当在脚本编辑器中输入左括号的时候自动在黄色小窗口中提示方法的函数原型，并且用粗体显示当前正在输入的参数，如图 6-25 所示。

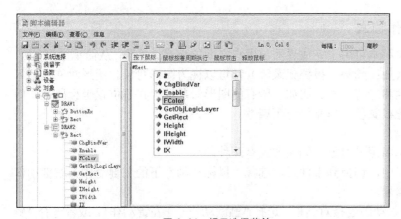

图 6-24　提示选择菜单

图 6-25　输入参数对话框

6.1.5　脚本编辑器的语法格式

脚本编辑器里的基本语法格式有以下两种。

（1）引用本界面的属性和方法的格式是：#[对象名].[属性/方法]。

（2）当为跨界面访问时的格式是（这个不经常使用）：#[窗口名].#[对象名].[属性/方法]。

以两个窗口 DRAW1 和 DRAW2 为例：在窗口 DRAW1 里面可以直接引用 DRAW2 里面的对象的属性和方法。如图 6-26 所示，在 DRAW1 里面进行脚本编辑，可以选择 DRAW2 里面的对象 Rect2。

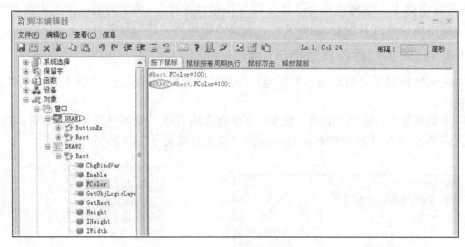

图 6-26　DRAW1 脚本编辑

　（1）对象函数。对于在脚本编辑器中要操作的对象的函数，请详见《函数手册》部分帮助章节。

（2）事件响应。脚本编辑器的事件的响应类别，详见本书其他章节。

6.2　动作脚本分类介绍

动作脚本分为图形对象动作、应用程序动作、窗口动作、数据改变动作、键动作以及条件动作等脚本。

6.2.1　图形对象动作脚本

图形对象的触敏性动作脚本可用于完成界面与用户之间的交互式操作，从简单图形（如：线、矩形等）到标准图形（如：趋势、报警记录等）都可以视为图形对象。图形对象包括每一种对象都有一些共同属性和专有属性。比如：所有的图形对象都存在着位置坐标属性；而填充类型的图形对象还有边线颜色或填充颜色等属性。

1. 创建方式

选中所要创建动作脚本的图形对象，创建方式有两种。

（1）在属性设置工具栏中，切换到事件页，选择"鼠标动画"下的左键动作、右键动作或鼠标动作，弹出脚本编辑器。

（2）双击图形对象，进入动画连接对话框，选择"触敏动作—》左键动作"，或者选择"触敏动作—》右键动作"，或者选择"触敏动作—》鼠标动作"，或者选择"杂项—》一般性动作"，弹出脚本编辑器。

2. 举例

（1）在当前窗口画面中，创建一个矩形对象。

（2）双击矩形，按创建的方式中的任何一种，创建图形对象动作脚本，弹出动作脚本编辑器。

（3）在"鼠标进入"脚本编辑器中，填写脚本如下。

this.FColor=224;//设置填充颜色为黑色（224 为黑色）

在"鼠标悬停"编辑器中，填写脚本如下。

tag1= tag1+5；

在"鼠标离开"编辑器中，填写脚本如下。

this.FColor=0;//设置填充颜色为红色（0 为红色）

（4）单击"保存"按钮（如要求定义变量 tag1，定义变量 tag1 为中间变量）。

（5）在画面上建立一个变量显示对象，显示变量 tag1 的值。

（6）在开发系统中将画面"保存"，然后单击"运行"，进入运行系统 VIEW 下，观看动作效果。

此时，用鼠标左键单击该矩形（矩形填充颜色变为黑色），按着鼠标一段时间，可见 tag1 值的变化效果，释放鼠标，看到矩形颜色变为红色。

6.2.2 应用程序动作脚本

应用程序动作脚本是与整个应用程序链接的，它的作用范围为整个应用程序，作用时间从开始运行到运行结束。

1. 应用程序动作脚本的创建方法

（1）选择"功能[S] →动作→应用程序"菜单命令。

（2）单击工程项目树状节点中的"动作→应用程序动作"进行创建，如图 6-27 所示。

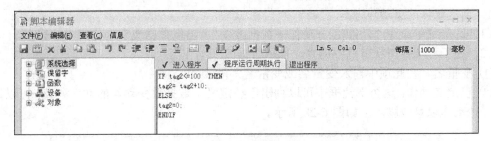

图 6-27 应用程序动作脚本

2. 触发条件类别

（1）进入程序。在应用程序启动时执行一次。

（2）程序运行周期执行。在应用程序运行期间周期性的执行，周期可以指定。

（3）退出程序。在应用程序退出时执行一次。

3. 举例

（1）首先定义中间变量 tag2。

（2）然后，选择开发系统的菜单"功能→动作→应用程序"，打开脚本编辑器。

（3）在"进入程序"脚本区域，输入脚本： tag2=0;

（4）在"程序运行周期执行"脚本区域，输入脚本。

```
IF tag2<=100 THEN
tag2= tag2+10;
ELSE
tag2=0;
```

```
ENDIF
```

（5）单击"保存"后，关闭脚本编辑器。

（6）建立一个变量显示文本对象，在运行系统下可以显示变量 tag2 的值。

（7）在开发系统中单击"运行"按钮，进入 View 运行系统，在刚才的画面窗口中观察 tag2 变量的变化。该变量将从 0，10，20，…，110，然后返回又从 0 开始。

6.2.3 窗口动作脚本

窗口动作脚本，只与运行窗口动作脚本的这个窗口有关系。它的作用范围为这个窗口，当窗口画面关闭的时候，这个窗口里的动作脚本就不执行了。

1. 创建窗口动作脚本

（1）选择菜单命令"功能[F]→动作→窗口动作"菜单项。

（2）在工程项目树形节点中的窗口，选择准备创建窗口动作的窗口名，点右键选择窗口动作。

2. 执行条件窗口动作脚本的三种执行条件

（1）进入窗口。开始显示窗口时执行一次。

（2）窗口运行时周期执行。在窗口显示过程中以指定周期执行。

（3）退出窗口。在窗口关闭时执行一次。

使用方法同上例。

6.2.4 数据改变动作脚本

数据改变动作脚本与变量链接，以变量的数值改变作为触发事件。每当变量名里所指变量数值发生变化时，对应的脚本就执行。

1. 创建数据改变动作脚本

（1）选择菜单命令"功能[S]→动作→数据改变"，出现数据改变动作脚本编辑器。

（2）在工程项目树状节点中的"动作→数据改变动作"。

① 变量名。在此项中输入变量名或变量名字段。

② 已定义动作。这个下拉框中可以列出已经定义了数据改变动作的动作列表，可以选择其中一个动作以修改脚本。如图 6-28 所示。

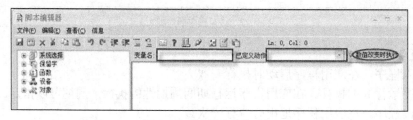

图 6-28　数据改变动作脚本

③ 数据改变时执行。选中此项数据发生变化的时候才执行此动作。

2. 举例

（1）首先定义整型变量 c ，在窗口上画一个圆，将圆形图形对象命名为 round。

（2）然后，选择 Draw 的菜单"功能→动作→数据改变"，定义一个和变量 c 相应的数据改变动作，脚本如下： #round.FColor=#round.FColor+5；上述脚本含义：只要变量 c 发生变化，就执行上述语句一次。也就是说，对象 round 的填充颜色值有上述变化。

（3）单击"保存"，将 c 变量对应的数据改变动作保存。

（4）在开发系统中，单击"运行"，进入 View 运行状态。可以看到，名叫"round"的圆形的填充颜色，随着 c 值的改变而改变。

6.2.5　键动作脚本

键动作脚本是将脚本程序关联到键盘上特定的按键或组合键上，以键盘按键的动作作为触发动作的事件。

1. 创建键动作脚本

（1）选择菜单命令"功能[F]→动作→按键动作"菜单项，出现键动作脚本编辑器。

（2）在工程项目树状节点中的"动作→按键动作"。

2. 键动作脚本类型

（1）键按下。在键按下瞬间执行一次。

（2）按键期间周期执行。在键按下期间循环执行，执行周期在系统参数里设定。

（3）键释放。在键释放瞬间执行一次。

6.2.6　条件动作脚本

条件动作脚本既可以与变量链接，也可以与一个等于真或假的表达式链接，以变量或控件的属性或逻辑表示式的条件值为触发事件。当条件值为真时、为真期间、为假时和为假期间执行条件动作脚本。

1. 创建条件动作脚本

（1）选择菜单命令"功能[S]→动作→条件动作"菜单项，出现条件动作脚本编辑器，如图 6-29 所示。

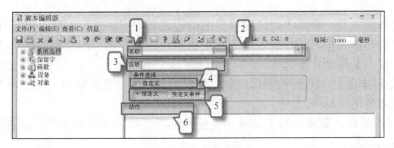

图 6-29　条件动作脚本

对图 6-29 说明如下。

① 名称。此项用于指定条件动作脚本的名称。单击后面的" "按钮，会自动列出已定义的条件动作脚本的名称。

② 条件执行的时候有 4 种：当条件为真时、为真期间、为假时和为假期间执行脚本。对于为真期间和为假期间执行的脚本，需要指定执行的时间周期。

③ 说明。此项用于指定对条件动作脚本的说明。此项内容可以不指定。

④ 自定义。选择自定义条件，需要在条件对话框内输入条件表达式。

⑤ 预定义。如果要使用预定义条件，选择"预定义"按钮，这时自定义条件的条件表达式的输入框自动消失，同时显示出"预定义条件"选择按钮，单击此按钮，出现图 6-30 所示的对话框。预定义条件目前提供了"过程报警""设备故障"和"数据源故障"几种类型。当工程在运行时，如图 6-31 所示对应的设备出现故障时，会触发动作中的脚本动作。

⑥ 动作。在条件成立时执行自定义对话框内输入的动作脚本："tag3=1;"，如图 6-32 所示。

图 6-30　数据源对话框

图 6-31　设备对话框

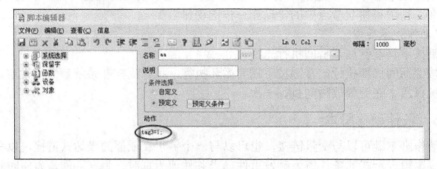

图 6-32　自定义对话框

（2）单击工程项目树状节点中的"动作→条件动作"，完成条件动作脚本的创建。

本 章 小 结

1. 了解动作脚本是一种基于对象和事件的编程语言，是从主流开发编程语言演变而来的，了解动作脚本的基本类型，动作脚本分为图形对象动作、应用程序动作、窗口动作、数据改变动作、键动作、条件动作等脚本。

2. 学会用脚本触发一系列的逻辑控制、连锁控制，改变变量的值、图形对象的颜色、大小，控制图形对象的运动等。

3. 通过组态软件的脚本编辑器的使用功能具体操作，学会掌握动作脚本的创建方式，以及脚本编辑器的使用。

4. 学会应用脚本编辑器的自动提示功能，用户可以比较方便地进行脚本对象、属性、方法等输入使用。

5. 应用程序动作脚本是与整个应用程序链接，它的作用范围为整个应用程序，作用时间从开始运行到运行结束。

思 考 题

1. 试用脚本语言实现球的滚动。
2. 试用脚本语言实现文字的滚动。
3. 试用脚本语言实现罐中液体的上下升降。
4. 试用脚本语言实现数字自动加"1"
5. 试用脚本语言实现表格中的数据更新。

第 **7** 章 ‖ 分析曲线

【本章学习目标】

1．了解工控组态软件提供的趋势曲线具有的两种功能。

2．了解工控组态软件创建趋势曲线的方式。

3．了解趋势曲线类型。

4．了解工控组态软件曲线模版的设定方法。

5．了解工控组态软件的关系数据库 XY 曲线。

【教学目标】

1．知识目标：了解组态工程中的实时趋势和历史趋势的作用，具体分析实时和历史趋势的意义。

2．能力目标：通过组态软件的创建趋势曲线的关系数据库 XY 曲线功能的具体操作，掌握利用趋势曲线及其他图形对象的设定方法。

【教学重点】

结合第 15 章实训项目实践操作趋势曲线的设定方法。

【教学难点】

趋势曲线的灵活运用。

【教学方法】

演示法、实验法、思考法、讨论法。

力控软件将现场采集到的数据经过处理后依照实时数据和历史数据进行存储和显示。在力控监控组态软件中，除了可以在窗口画面和报表中显示数据外，还提供了功能强大的各种曲线组件对数据进行分析显示。

这些曲线包括：趋势曲线、X-Y 曲线、温控曲线、直方图、ADO 关系数据库曲线等。通过这些工具，可以对当前的实时数据和已经存储了的历史数据进行分析比较，可以捕获一瞬间发生的工艺状态；并可以放大曲线，可以细致地对工艺情况进行分析，也可比较两个过程量之间的函数关系。

力控分析曲线支持分布式数据记录系统，允许在任意一个网络节点下分析显示其他网络节点的各种实时数据和历史数据。

分析曲线提供了丰富的属性方法，以及便捷的用户操作界面。一般性用户可以使用曲线提供的各种配置界面来操作曲线，高级用户可以利用分析曲线提供的属性方法灵活地控制分析曲线，以满足更加复杂、更加灵活的用户应用。

本章主要介绍实时趋势、历史趋势、X-Y 曲线、温控曲线、关系数据库趋势曲线和关系数据库 XY 曲线等基本类型的分析曲线。同时力控的内部控件还包含其他类型的分析曲线供用户选择使用，如圆型记录仪等。

7.1 趋势曲线

力控监控组态软件中提供的趋势曲线具有两种功能，即实时趋势和历史趋势。

7.1.1 创建趋势曲线

创建趋势曲线的方式有以下三种。

（1）选择菜单命令"工具[T]→复合组件（S）→曲线"。

（2）选择"工程项目"导航栏中的"复合组件→曲线"。

（3）单击工具条上的"▉按钮→曲线"。

选择复合组件弹出对话框，如图 7-1 所示。

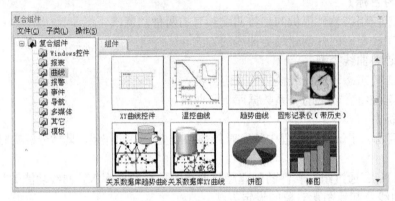

图 7-1 "复合组件"对话框

在复合组件中选择曲线类中的趋势曲线，在窗口中单击并拖曳到合适大小后释放鼠标。得到的趋势曲线如图 7-2 所示。

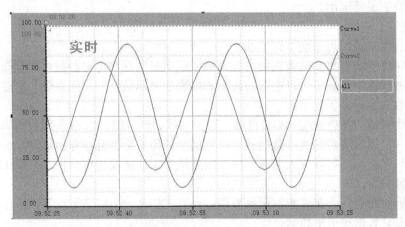

图 7-2 趋势曲线

7.1.2 显示设置

在曲线上单击右键选择对象属性或者双击曲线，弹出曲线属性设置对话框。如图 7-3 所示。

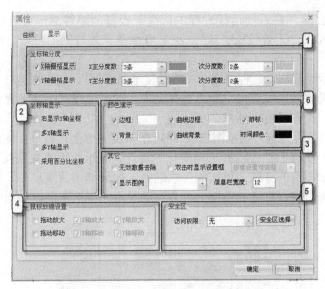

图7-3 曲线属性设置对话框

在属性设置中有两个标签页，分别用于曲线设置和显示设置。

"显示"页分六部分：坐标轴分度、坐标轴显示、颜色演示、其他、鼠标放缩设置和安全区。

1. 坐标轴分度设置

在坐标轴分度框中，可以设置 X 轴、Y 轴的主分度数目。

（1）X 主分度数是显示 X 时间轴的主分度，也就是 X 轴标记时间的刻度数，用实线连接表示。

（2）X 次分度数是显示 X 时间轴上的主分度数之间的刻度数，用虚线连接表示。

（3）X 轴栅格显示。复选框上选择此项后，在曲线上用栅格方式显示 X 轴分度数，否则不显示。

（4）Y 主分度数是显示 Y 轴的主分度，也就是 Y 轴标记数值的刻度数，用实线连接表示。

（5）Y 次分度是显示 Y 轴上的主分度数之间的刻度数的分度，用虚连线表示。

（6）Y 轴栅格显示。复选框上选择此项后，在曲线上用栅格方式显示 Y 轴分度数，否则不显示。

2. 坐标轴显示设置

（1）采用百分比坐标。用于选择采用绝对值坐标还是采用百分比坐标，如果选择此项后，在 Y 轴上，低限值对应 0%，高限值对应 100%的百分比样式显示标尺，否则 Y 轴采用绝对值坐标来显示。

（2）右显示 Y 轴坐标。是否勾选"右显示 Y 轴坐标"，决定 Y 轴坐标在曲线的左边还是右边。不勾选默认是在左边，否则在曲线的右边。

（3）多 X 轴显示。是否勾选"多 X 轴显示"，决定 X 轴是采用单轴还是多轴。如果选择此选项，则表示 X 轴采用多轴来显示，也就是说每一条曲线有一个相对应的 X 轴。

（4）多 Y 轴显示。是否勾选"多 Y 轴显示"，决定 Y 轴是采用单轴还是多轴。如果选择此选项，则表示 Y 轴采用多轴来显示，也就是说每一条曲线有一个相对应的 Y 轴。

3. 其他设置

在此设置曲线的图例、信息栏等。关键名词解释如下。

（1）无效数据去除。在系统运行过程中，由于设备故障等原因会造成采集上来的数据是无效数据，是否勾选"无效数据去除"，决定当存在无效数据的时候，曲线是否显示无效数据点。

（2）双击时显示设置框。是否勾选"双击时显示设置框"，决定在运行状态下，在曲线上双击时是否有曲线设置对话框弹出。如果选择此项，双击曲线时会有设置对话框弹出，方便对曲线属性的操作，否则没有对话框弹出。

（3）显示图例。是否勾选"显示图例"，决定在曲线的边上是否显示图例。图例用于在曲线的左边或者右边（取决于"右显示 Y 轴坐标"属性）显示曲线的变量以及说明和名称。单击下拉列表框会显示图例的样式，可按照需求选择，如果显示曲线过多，则自动减少图例的条数，但是运行状态下将鼠标放到图例上方会自动显示完整的图例。如图 7-4 所示。

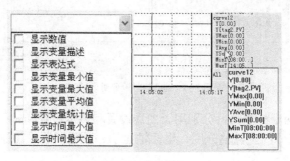

图 7-4　参数设置

全部选择的图例运行效果如图 7-5 所示。

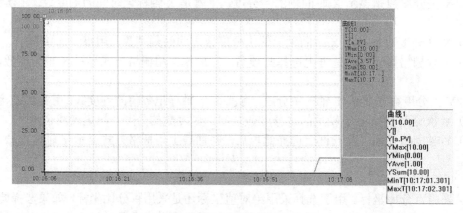

图 7-5　运行效果图

4. 鼠标放缩设置

设置在曲线运行时，鼠标进行拖动的时候，所进行的拖动移动和放大功能。

（1）鼠标拖动放大。曲线在运行状态时，拖动鼠标可以放大 X 轴或 Y 轴。

（2）鼠标拖动移动。曲线在运行状态时，拖动鼠标可以移动 X 轴或 Y 轴。

5. 安全区设置

用来设置曲线的安全区管理，能够管理曲线所有的操作权限。

6. 颜色演示设置

用来设置曲线的边框、时间、背景和游标的颜色。

7.1.3 曲线设置

趋势曲线类型，选择曲线是"实时趋势"或"历史趋势"。

1. 实时趋势

实时趋势是动态的，在运行期间是不断更新的，是变量的实时值随时间变化而绘出的变量—时间关系曲线图。使用实时趋势可以查看某一个数据库点或中间点在当前时刻的状态，而且实时趋势也可以保存一小段时间内的数据趋势，这样使用它就可以了解当前设备的运行状况，以及整个车间当前的生产情况。

2. 历史趋势

历史趋势是根据保存在实时数据库中的历史数据随历史时间变化而绘出的二维曲线图。历史趋势引用的变量必须是数据库型变量，并且这些数据库变量必须已经指定保存历史数据。

3. 访问远程数据库

力控不仅能够读取本地计算机中的数据库，而且也能够访问远程网络节点上的力控数据库，并通过本地计算机的曲线观察远程计算机上的实时数据和历史数据。

4. 数据源的配置

曲线访问远程数据库时，需要配置数据源。用来配置当前趋势曲线的数据源可以是本机数据源，即系统数据源，也可以是远程节点机的数据源。数据源的配置如图7-6所示。

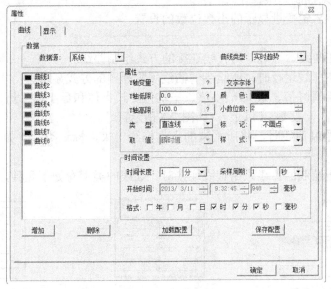

图7-6 数据源的配置

5. 曲线列表

增加曲线以后，曲线列表中会显示一条记录，该记录的内容包括曲线名称、Y轴变量名、Y轴范围、开始时间和时间范围。可对曲线列表中的曲线进行增加、修改和删除操作。

6. 属性设置

（1）线型的设置。单击图7-6中的"？"，弹出对应的"变量选择"对话框，如图7-7所示。

① Y轴变量。单击对应的 ？ ，弹出"变量选择"对话框，选择要绘制曲线的数据库变量。

② Y轴低限。可以用数值直接设置低限，也可以单击对应的 ？ 弹出"变量选择"对话

框，用数据库变量来控制低限值。

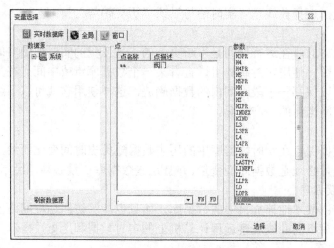

图 7-7 "变量选择"对话框

③ Y 轴高限。可以用数值直接设置高限，也可以单击对应的 ☐ 弹出"变量选择"对话框，用数据库变量来控制高限值。

④ 小数位数。Y 轴变量显示的小数位数的设置。

⑤ 类型。

a. 直连线。在曲线运行时，用直线连接的方式绘制曲线。

b. 阶梯图。在曲线运行时，所绘制的曲线用阶梯图的方式显示。

⑥ 取值。包括瞬时值、最大/最小值、平均值、最大值和最小值（历史趋势有效，而且对时间长度有要求，一般要 1h 以上），如图 7-8 所示。

⑦ 标记。在绘制曲线时，将所采集的点也描绘出来，标记类型有如下几种，如图 7-9 所示。

⑧ 样式。当所绘制的曲线采用直线连接时，连线的类型有如下几种，如图 7-10 所示。

图 7-8 取值

图 7-9 标记

图 7-10 样式

⑨ 颜色。曲线显示的颜色。

（2）时间设置。"时间设置"框如图 7-11 所示。

图 7-11 "时间设置"对话框

"时间设置"用于设置历史曲线的开始时间、时间长度和采样间隔以及时间显示格式。

① 显示格式可以勾选是否显示年、月、日、时、分、秒、毫秒。

② 在"时间设置"框里面可以设置曲线的开始时间和时间长度。

③ 采样周期。读取数据库中的点来绘制曲线，点与点之间的时间间隔。

7. 曲线操作

（1）添加曲线。添加一条新的曲线，主要是在"曲线"里进行设置，"曲线"可以设置曲线的名称、最大采样、取值（历史趋势）、样式、标记、类型、曲线颜色、设置画笔属性、变量及其高低限和小数位数。

（2）删除曲线。在曲线的列表中选中要删除的曲线，单击"删除"按钮，将选中的曲线删除。

7.2 曲线模板

曲线模板是利用趋势曲线及其他图形对象，通过形成智能单元的方式形成的。它具有现场工程常用的曲线功能，比如添加、删除曲线等功能。在力控中提供了两种曲线模板，用户也可以根据自己的需求更改曲线模板，并生成自己独特的曲线模板并保存到模板库中，方便以后的应用。

1. 创建趋势曲线模板

单击复合组件→曲线模板，可选择所需模板。

2. 趋势曲线模板

图 7-12 所示为趋势曲线模板。说明如下。

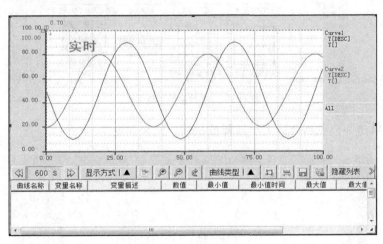

图 7-12 趋势曲线模板

（1）曲线移动。单击图标 ◁◁ 600 S ▷▷ 可以来设置曲线移动的距离。中间的数值可以进行手动修改（在实时趋势状态下无法修改）。

（2）显示方式。单击 显示方式 |▲ 可以来设置曲线的显示方式（实时趋势/历史趋势）；单击 可以弹出曲线设置框，用来添加曲线和设置曲线。

（3）曲线缩放功能。单击 +号可以放大曲线/-号缩小曲线，箭头表示撤销放大/缩小功能。

（4）曲线类型选择。单击 曲线类型 |▲ 可以设置曲线类型为实时曲线/历史曲线。

（5）曲线其他功能。

① 单击□可以进行历史数据的查询。

② 单击□可以进行打印预览设置。

③ 单击□可以进行曲线保存设置。

④ 单击□可以删除指定的曲线。

7.3　X-Y 曲线

X-Y 曲线是 Y 变量的数据随 X 变量的数据变化而绘出的关系曲线图。其横坐标为 X 变量，纵坐标为 Y 变量。

7.3.1　曲线的创建

创建趋势曲线的方式有以下三种。

（1）选择菜单命令"工具[T]→复合组件（S）→曲线"。

（2）选择工程项目导航栏中的"复合组件→曲线"。

（3）单击工具条上的"□按钮→曲线"。

选择复合组件弹出对话框，如图 7-13 所示。

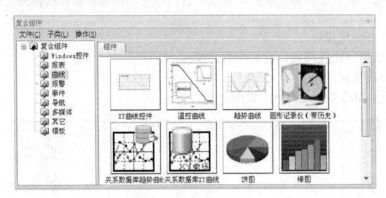

图 7-13　"复合组件"对话框

在窗口中单击并拖曳到合适大小后释放鼠标。结果如图 7-14 所示。

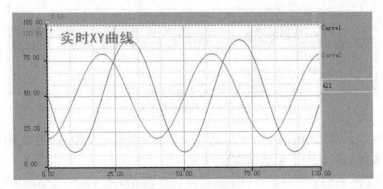

图 7-14　X-Y 曲线

7.3.2　显示设置

在曲线上单击右键选择对象属性或者双击曲线，弹出曲线属性设置对话框（见图 7-15）。通用设置分五部分：坐标轴、其他设置、颜色设置、鼠标缩放设置和安全区。

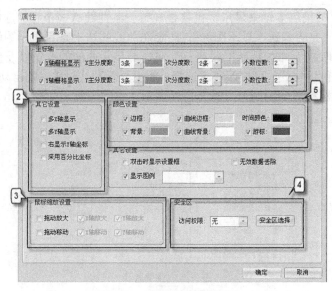

图 7-15 曲线属性设置对话框

1. 坐标轴

在坐标轴框中，可以设置 X 轴、Y 轴的主分度数目。

（1）X 主分度数是显示 X 轴的主分度，也就是 *X* 轴标记的刻度数，用实线连接表示。

（2）X 次分度数是显示 X 轴上的主分度数之间的刻度数，用虚线连接表示。

（3）X 轴栅格显示。复选框上选择此项后，在曲线上用栅格方式显示 X 轴分度数，否则不显示。

（4）Y 主分度数是显示 Y 轴的主分度，也就是 Y 轴标记数值的刻度数，用实线连接表示。

（5）Y 次分度是显示 Y 轴上的主分度数之间的刻度数的分度，用虚连线表示。

（6）Y 轴栅格显示。复选框上选择此项后，在曲线上用栅格方式显示 Y 轴分度数，否则不显示。

2. 其他设置

关键名词解释如下。

（1）采用百分比坐标。选择采用绝对值坐标还是采用百分比坐标，如果选择此项后，在 XY 轴上，低限值对应 0%，高限值对应 100% 的百分比样式显示标尺，否则 XY 轴采用绝对值坐标来显示。

（2）无效数据去除。在系统运行过程中，由于设备故障等原因会造成采集上来的数据是无效数据，是否勾选"无效数据去除"，决定当存在无效数据的时候，曲线是否显示无效数据点。

（3）双击时显示设置框。是否勾选"双击时显示设置框"，决定在运行状态下，在曲线上双击时是否有曲线设置对话框弹出。如果选择此项，双击曲线时会有设置对话框弹出，方便对曲线属性的操作，否则没有对话框弹出。

（4）右显示 Y 轴坐标。是否勾选"右显示 Y 轴坐标"，决定 Y 轴坐标在曲线的左边还是右边，不勾选默认是在左边，否则在曲线的右边。

（5）多 X 轴显示。是否勾选"多 X 轴显示"，决定 X 轴是采用单轴还是多轴。如果选择此选项，则表示 *X* 轴采用多轴来显示，也就是说每一条曲线有一个相对应的 X 轴。

（6）多 Y 轴显示。是否勾选"多 Y 轴显示"，决定 Y 轴是采用单轴还是多轴。如果选择此选项，则表示 Y 轴采用多轴来显示，也就是说每一条曲线有一个相对应的 Y 轴。

（7）显示图例。是否勾选"显示图例"，决定在曲线的边上是否显示图例。图例是在曲线的左边或者右边（取决于"右显示 Y 轴坐标"属性）显示曲线的变量以及说明和名称，单击下拉列表框显示图例的样式，可按照需求选择。如果显示曲线过多，则自动减少图例的条数，但是运行状态下将鼠标放到图例上方时会自动显示完整的图例。如图 7-16 所示。

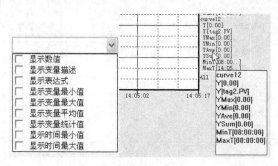

图 7-16　图例显示

全部选择的示例运行效果如图 7-17 所示。

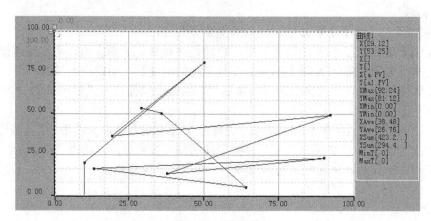

图 7-17　运行效果

3．缩放设置

设置在曲线运行时，鼠标进行拖动的时候，可进行的拖动移动和放大功能。

（1）鼠标拖动放大。曲线在运行状态时，拖动鼠标可以放大 X 轴或 Y 轴。

（2）鼠标拖动移动。曲线在运行状态时，拖动鼠标可以移动 X 轴或 Y 轴。

4．安全区

用来设置曲线的安全区管理，能够管理曲线所有的操作权限。

5．颜色演示

用来设置曲线的边框、颜色、背景和游标的颜色。

7.4　温控曲线

在生产过程中，往往需要控制温度随着时间的推移而不断调整和变化。如在陶瓷、食品等行业中，在不同的时间段，需要对温度进行控制，每个阶段要求的时间长度和温度值不同，这就需要一个方便快速的调整控件。力控的温控曲线正是为满足这样的需求而量身定做的一个组件。

力控监控组态软件的温控曲线控件中，每一条控制曲线对应一条采集曲线，可以自动按照设定的曲线去控制设定变量的值，同时可以参照采集曲线的值对比控制调节的效果。控制过程分很多个时间段，可以设置每一段的时间长度、目标温度值及拐点触发动作，控制的方式有手动控制和自动控制两种，使控制过程更加的灵活、方便。

1. 创建温控曲线

在复合组件→曲线目录下，选择温控曲线控件，如图 7-18 所示。

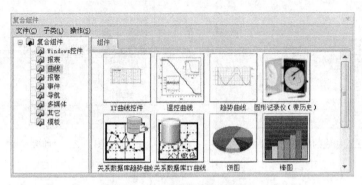

图 7-18　温控曲线控件

双击该控件，就可以在窗口上添加一个温控曲线控件，如图 7-19 所示。

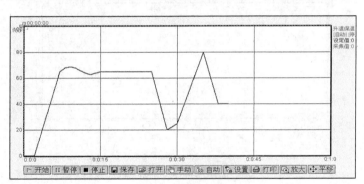

图 7-19　温控曲线控件

2. 设置温控曲线

双击窗口上的温控曲线控件，就会弹出温控曲线的属性设置对话框，如图 7-20 所示。

设置对话框有三个属性页：曲线、通用和其他。曲线属性页用来添加、修改和删除曲线；通用属性页用来设置曲线画面的一些特性；其他属性页用来配置曲线的按钮。

（1）曲线属性页。曲线属性页如图 7-21 所示。曲线页可用来设置曲线如下属性。

① 添加、修改和删除曲线。在曲线属性页上单击"增加"按钮就会弹出"曲线属性"对话框，如图 7-22 所示。

图 7-22 所示对话框中的各项意义解释如下。

a. 曲线名称：用来标识曲线。

b. 曲线宽度：用来设置采集曲线和设定曲线的宽度，最大为 20。

c. 最大点数：设置显示曲线的点数，如果超过这个值曲线会擦除最早的数据。

d. 采集变量：设置采集的变量。

e. 设定变量：设置设定的变量。

f. 曲线段和拐点列表：可以对列表进行增加、修改、插入、删除、导入和导出操作。

图 7-20　温控曲线的属性设置对话框

图 7-21　"曲线属性"页

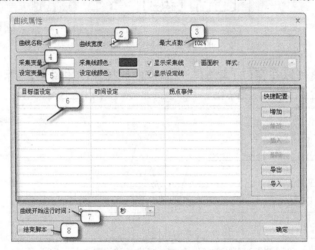

图 7-22　"曲线属性"对话框

单击增加按钮，弹出"段设置"对话框，如图 7-23 所示。图中各项的意义解释如下。

- 目标值是指该时间段内调节所预期达到的温度值；
- 时间设定值是指该调解段的时间跨度；
- 时间单位可以选择秒、分钟和小时；
- 触发事件功能可以在时间段结束时执行一些动作，如图 7-24 所示。

图 7-23　"段设置"对话框

图 7-24　触发事件功能

• 添加多个时间段就形成了一条温度控制曲线，如图7-25所示。

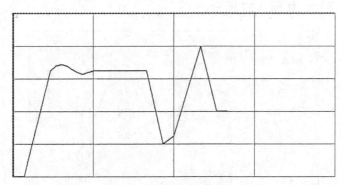

图7-25 温度控制曲线

g. 曲线开始运行时间：曲线从整个温控曲线的哪个时间开始执行。

h. 结束脚本：曲线结束时执行的脚本。

② 曲线设置。

a. 循环执行：循环执行温控曲线。

b. 故障保护：断电等故障后继续执行故障前的曲线。

c. 结束时自动存盘：结束时自动保存.dat文件。

d. 存盘路径：自动存盘路径。

（2）通用属性页。在通用属性页可以设置曲线的显示特性，如图7-26所示。图中各项的意义解释如下。

图7-26 "通用属性"页

① 背景参数。可以设置游标颜色、背景颜色以及是否绘制背景。

② 纵轴和横轴。可以设置坐标轴的刻度数及其颜色、标签间隔及其颜色、上下限和小数位数。选中"边框右侧添加刻度值"可以使刻度值在左右两边的垂直轴上同时显示。采集频率和设定频率分别对应采集变量和设定变量的数据更新频率。

③ 运行参数。可以设置用户级别和运行时是否可以双击弹出属性对话框。

（3）其他属性页。其他属性页可以设置运行时预定义按钮功能，选中则运行时按钮出现在曲线下方的工具条中。如图 7-27 所示。

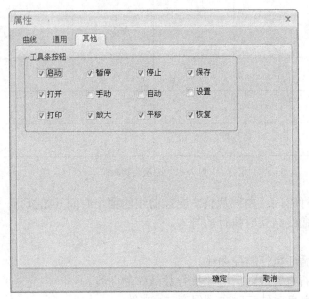

图 7-27 "其他属性"页

7.5 关系数据库 XY 曲线

关系数据库 XY 曲线也是系统控制中很重要的一种曲线，下面具体介绍。

7.5.1 概述

1. 关系数据库 XY 曲线介绍

关系数据库 XY 曲线控件主要用于浏览关系数据库数据，其在外观界面和使用上与 X-Y 曲线比较相似。除了提供基本的曲线浏览功能外，关系数据库 XY 曲线还具有本身的一些特点。

（1）提供强大的数据查询功能，根据用户需要自定义查询条件。

（2）提供数据更新和追加功能，根据关系数据库里表页数据变化情况，实时更新曲线。

（3）提供大量的属性和方法，方便高级用户使用。

2. 名词解释

画笔：在关系数据库 XY 曲线控件里面，画笔是画曲线的基本单位，关系数据库里面的数据要以曲线的形式显示出来，就必须先将字段关联到曲线控件的一个画笔上。

7.5.2 快速入门

通过本节一个简单的例子，用户可以快速地掌握关系数据库 XY 曲线控件的使用方法。在此例中连接的是微软的 Access 数据库，数据表结构如图 7-28 所示。

（1）在力控监控组态软件的复合组件窗口中单击树状菜单里面的"曲线"类，在右边显示窗口里面双击"关系数据库 XY 曲线"控件，此时会在窗口画面上添加一个控件，关闭复合组件窗口。如图 7-29 所示。

① 双击曲线控件，弹出"属性设置"对话框，如图 7-30 所示。在画笔属性页中可以增加、删除和修改画笔的数量。在此例中画笔属性页保持默认值。

xy：表

时间	递增1	正弦1	三角1	方波1
2007-08-30 09:00:10	4	35.521	.4	8
2007-08-30 09:00:11	4	35.521	.4	8
2007-08-30 09:00:12	5	30.815	.5	10
2007-08-30 09:00:13	5	30.815	.5	10
2007-08-30 09:00:14	6	26.301	.6	12
2007-08-30 09:00:15	6	26.301	.6	12
2007-08-30 09:00:16	6	26.301	.6	12
2007-08-30 09:00:18	7	22.024	.7	14
2007-08-30 09:00:19	7	22.024	.7	14
2007-08-30 09:00:20	8	18.027	.8	16
2007-08-30 09:00:21	8	18.027	.8	16
2007-08-30 09:00:22	9	14.349	.9	18
2007-08-30 09:00:23	9	14.349	.9	18
2007-08-30 09:00:24	9	14.349	.9	18
2007-08-30 09:00:25	10	11.027	1	20
2007-08-30 09:00:26	10	11.027	1	20

记录：1 共有记录数：1697

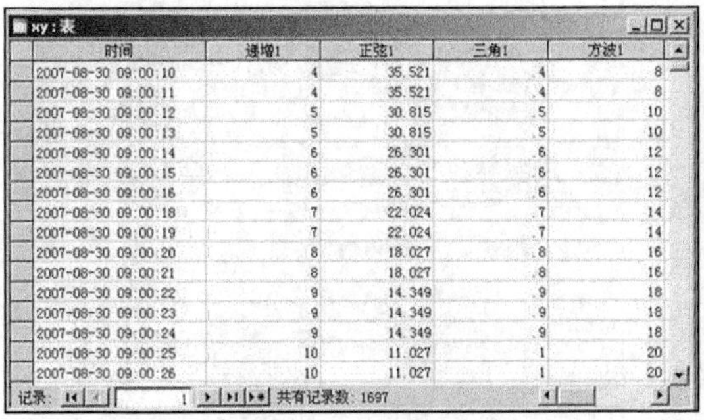

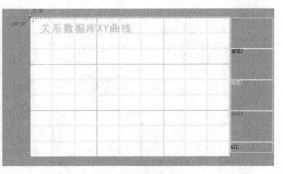

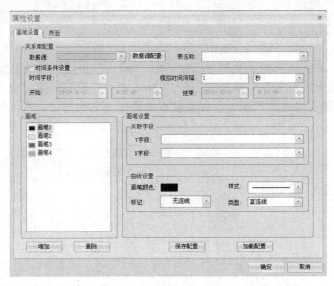

图 7-28 数据表结构

图 7-29 关系数据库 XY 曲线

图 7-30 “属性设置”对话框

② 单击图 7-30 中所示的“数据源配置”按钮，在弹出的对话框（见图 7-31）中选择“添加”按钮，弹出的“数据源”对话框如图 7-32 所示。

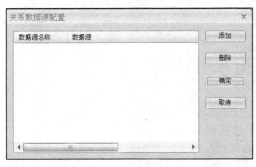

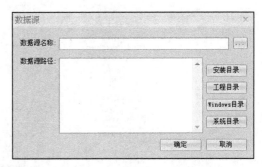

图 7-31 “关系数据源配置”对话框

图 7-32 “数据源”对话框

③ 命名图 7-32 中的数据源名称，单击图中的…按钮，在弹出的“数据链接属性”对话框中配置连接驱动，如图 7-33 所示。在此选择“Microsoft Jet 4.0 OLE DB Provider”，单击下一步。

④ 在“连接”页（见图 7-34）中选择需要关联的 Access 数据库，单击“测试连接”按钮，测试是否已经正确连接。

图7-33 "数据链接属性"对话框

图7-34 "连接"页

⑤ 最后配置好的数据源如图7-35所示。单击"确定"按钮退出数据源的配置。

⑥ 从"关系数据源配置"对话框（见图 7-36）中可以看到，窗口里面已经添加了刚才配置的数据源。如果要修改数据源的配置直接双击数据源名称即可。在此例中单击"确定"按钮。

图7-35 配置好的数据源

图7-36 "关系数据源配置"对话框

⑦ 在"画笔设置"页（见图 7-37）中单击数据源下拉列表，从中选择刚才添加的数据源。单击表名称下拉列表选择需要的数据库表页。

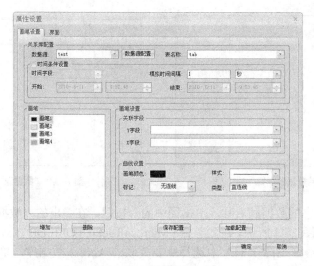

图7-37 "画笔设置"页

（2）单击图 7-37 中的"界面"标签进入"界面"页（见图 7-38），单击"显示图例"下拉列表框，从中选择显示字段，其他保持默认值。单击"确定"完成曲线的配置。

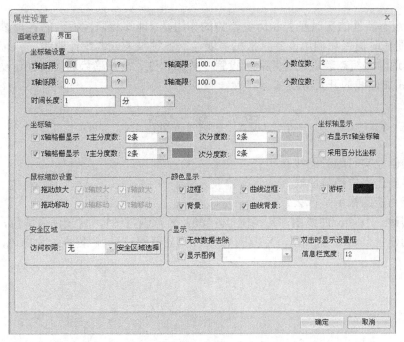

图 7-38 "界面"页

（3）在窗口中增加一个按钮，在"左键动作"中输入脚本，内容为"#AdoXYCurve.Query(1，1270087870，1270087930)；"。如图 7-39 所示。

（4）经过以上这些步骤，一个基本的曲线配置工作已经完成。

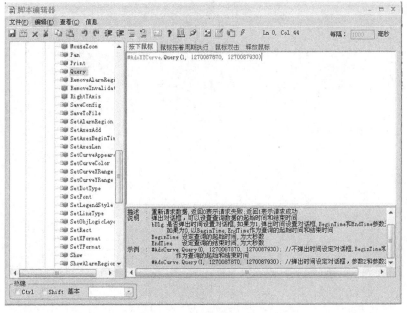

图 7-39 左键动作设置

本 章 小 结

1. 工控组态软件的实时趋势和历史趋势的作用是：能够将监控得到的各种参数和数据进行保存，方便随时提供和调用，并且根据需要绘制各种报表或者统计曲线。

2. 简单地学习组态软件创建趋势、设置趋势图属性、设置趋势通用属性、设置趋势统计时间和快速添加曲线的开发方法 。

思 考 题

1. 怎样创建实时趋势曲线？
2. 怎样创建历史趋势曲线？
3. 报警功能的作用是什么？
4. 请创建一个 $\sin x$ 曲线图，X 范围 0～200，Y 范围–1～1，背景色为黑色，线为红色。
5. 请创建一个 $\cos x$ 曲线图，X 范围 0～200，Y 范围–1～1，背景色为白色，线为黑色。

第**8**章 趋势、报表、报警组态画面的生成

【本章学习目标】

1. 了解工控组态软件的实时趋势和历史趋势的基本概念。
2. 了解工控组态软件的报表生成和统计显示功能。
3. 了解专家报表的功能和编辑方法。
4. 了解工控组态软件的报警组态的作用和上下限的设定。
5. 在上面了解的基础上体会本章三项内容的相互联系。

【教学目标】

1. 知识目标：了解组态工程中的趋势、报表和报警功能的作用，具体分析实时和历史趋势、普通报表和专家报表、报警和设限控制的意义。

2. 能力目标：通过组态软件的趋势、报表和报警功能具体操作，掌握这三项方法的初步运用。形成对组态软件进一步的感性认识。

【教学重点】

结合第 15 章实训项目实践操作这三项内容。

【教学难点】

三项内容的灵活运用。

【教学方法】

演示法、实验法、思考法、讨论法。

生产中的监控主要通过操作面板、分析曲线、报警查询等方式体现出来，操作人员通过对生产过程数据的分析、查看实时监控现场，因此曲线、报表是非常重要的。这章主要是对趋势、报表和报警画面组态的介绍。

8.1 实时趋势和历史趋势

实时趋势是根据变量的数值实时变化生成的曲线，历史趋势是通过保存在实时数据库中的历史数据随历史时间而变化的趋势所绘出的二维曲线图。

在力控软件里面实时趋势和历史趋势是同一个组件，可以分别设置为实时趋势和历史趋势，并且可以在运行中动态切换趋势的类型。

8.1.1 创建趋势

首先选择工具条上的 ▦，如图 8-1 所示。

选择图 8-1 所示对话框内树形菜单中的"曲线"，双击"趋势曲线"的图标，则在开发体统上显示图 8-2 所示的控件。

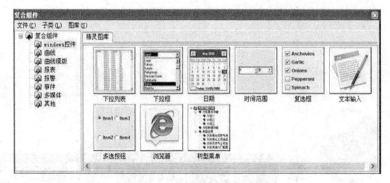

图 8-1 选择工具条上的复合组件

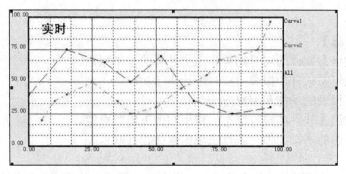

图 8-2 趋势曲线控件

8.1.2 设置趋势图属性

选中图形对象，单击鼠标右键，在弹出的右键菜单中选择"对象属性（A）"，弹出"属性"对话框，如图 8-3 所示。这时可以改变趋势曲线的属性。

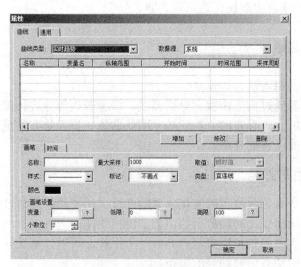

图 8-3 "属性"对话框

根据需要首先选择曲线的类型——实时趋势或者历史趋势，然后选择数据源。

曲线表格中可以列出已经增加过的曲线，包括曲线的名称、采样点数、取值方式、样式、颜色等。对以上参数配置以后单击"增加"按钮，在列表中就会增加一行曲线的配置信息。

想要对已经存在的曲线的参数进行修改可以先选中曲线，然后在下面的控件处进行修改，最后单击"修改"按钮保存修改结果。单击"删除"按钮可以删除一条曲线。

8.1.3 设置趋势通用属性

"通用"标签页如图 8-4 所示。

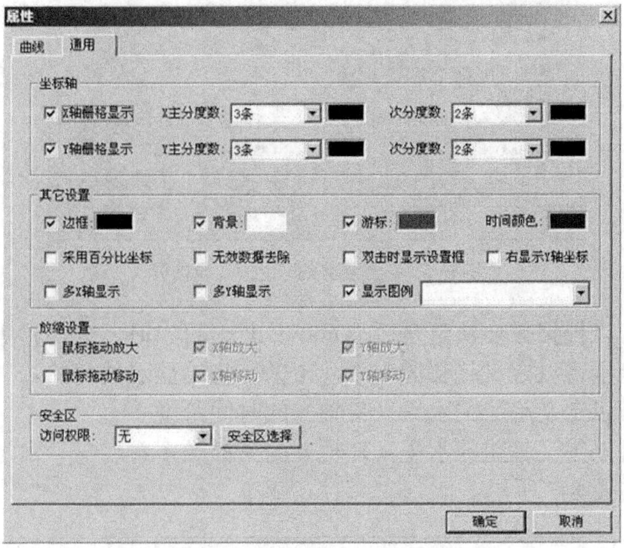

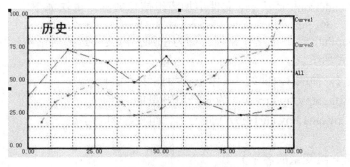

图 8-4 "通用"标签页

可以设置的趋势控件的通用属性有以下几种。

（1）X 轴、Y 轴栅格可以根据需要显示，勾选为显示，否则不显示。

（2）"采用百分比坐标"勾选以后按照百分比例进行显示，否则按照真实的测量值进行显示。

（3）"无效数据去除"勾选以后不再显示无效的数据。

（4）"多 X 轴、Y 轴显示"勾选后可以每条曲线都显示一个自己的坐标轴。

（5）"图例"用于显示曲线的属性信息。在下拉列表中可以设置"图例"的显示格式。

8.1.4 设置时间属性

如果趋势类型选择的是"历史趋势"（如图 8-5 所示），那么就需要设置趋势的"时间"属性页。如图 8-6 所示。

图 8-5 选择"历史趋势"

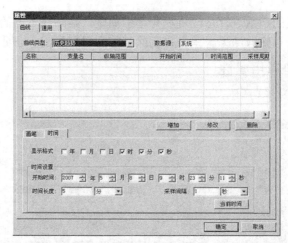

图 8-6 设置趋势的"时间"属性页

（1）显示格式可以根据需要决定是否显示年、月、日、时、分、秒等时间单位。

（2）初始时间范围可以定义趋势的水平（X 轴）初始显示的起始。

（3）时间长度可以定义趋势的水平（X 轴）的时间跨度。

（4）采样间隔可以定义趋势的水平（X 轴）的采样频率。

实际运行效果如图 8-7 所示。

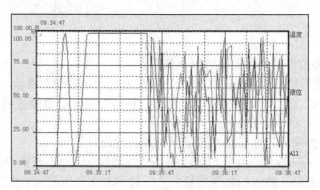

图 8-7 实际运行效果图

8.1.5 快速添加曲线

力控软件提供了快速添加曲线的功能，添加是通过调用趋势曲线的方法函数 LoadGroup 来实现的。函数 LoadGroup 是从 csv 文件中加载组信息数据，语法如下。

```
#SuperCurve.LoadGroup(/*string*/strGroupPath,/*int*/nGroupIndex);
```

其中，strGroupPath 是加载文件路径，如为空则弹出文件选择对话框。

csv 文件的格式如下。

曲线 1，曲线 2，曲线 3，曲线 4（第一行为曲线名字）

tag1.pv,tag2.pv,tag3.pv,tag4.pv（此为第一组变量的名字）

tag11.pv,tag12.pv,tag13.pv,tag14.pv（此为第二组变量的名字）

....

......（此为第 n 组变量的名字）

示例：#SuperCurve.LoadGroup("",1);//加载组文件，替换为变量组 1 备注：变量组中的变量必须是已经在组态环境中数据库变量中引用过的变量。

8.2　专家报表

专家报表提供类似于 EXCEL 的电子表格功能，可实现形式复杂的各种报表格式。

8.2.1　创建专家报表

进入开发系统，在工具箱上的"常用组件"中选择"专家报表"，专家报表自动加在窗口画面上，如图 8-8 所示。

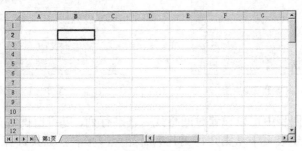

图 8-8　专家报表

8.2.2　专家报表编辑

双击专家报表，即可弹出专家报表编辑画面。编辑画面如图 8-9 所示。

首次进入专家报表编辑环境时，在编辑画面上会自动弹出"向导"。根据此向导可以方便地创建所需要的生产报表和关系数据库报表。

注：此报表向导只是在首次添加报表控件的时候才会自动弹出，如果需要打开此报表向导，可从下拉菜单"向导"中选择"报表向导（R）"或单击菜单栏上的 图标。

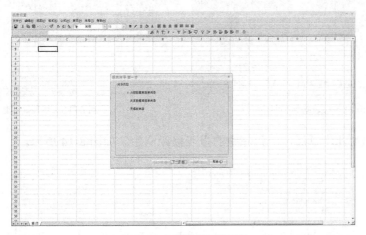

图 8-9　专家报表编辑画面

举例：创建生产报表。

（1）在"报表向导"对话框里选择"生产报表模板向导"，单击下一步。

（2）在向导的第二步中可以设置表页的基本格式（见图 8-10），单击下一步。

（3）在向导的第三步中可以设置需要的报表形式（见图 8-11）。目前专家报表中提供了多种报表类型（如班、日、周、月、季、年报表），还额外提供自定义的方式供选择。另外还可以对报表进行表末统计，单元格取值类型可选瞬时值、平均值、最大值和最小值。不同类型的报表还可以设置填充时间。在此例中选择日报表，单击下一步。

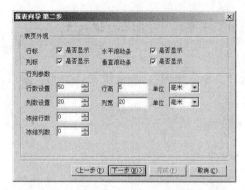

图 8-10　报表向导第二步

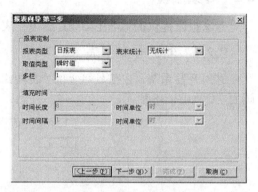

图 8-11　报表向导第三步

（4）在向导的第四步中可以设置时间格式、基准行列、基准时间等，如图 8-12 所示。其中，基准行列用于设定表页中从第几行第几列开始生成报表，如果选择了自适应选项那么产生的报表中将去掉多余的行列；基准时间用于设定报表的起始时间，此时间可以是变量类型。

（5）在向导的最后一步中选择需要在报表中显示的变量，如图 8-13 所示。可用右边的按钮对添加的变量进行排序。

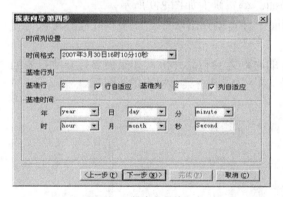

图 8-12　报表向导第四步

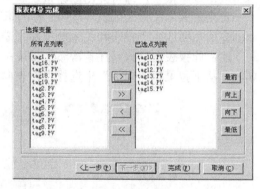

图 8-13　报表向导最后一步

（6）经过以上几步以后，一张完整的报表已经产生。如图 8-14 所示。

	A	B	C	D	E	F	G
1	2007年05月08日01时00分00秒	89.25	86.21	38.18	97.25	70.31	75.32
2	2007年05月08日02时00分00秒	80.14	90.50	48.14	93.32	45.21	31.72
3	2007年05月08日03时00分00秒	59.91	50.20	4.75	65.11	22.30	46.15
4	2007年05月08日04时00分00秒	81.17	93.19	17.15	33.26	72.17	35.25
5	2007年05月08日05时00分00秒	19.28	12.10	64.22	41.89	16.92	71.16
6	2007年05月08日06时00分00秒	23.19	26.18	74.32	64.42	40.29	23.13
7	2007年05月08日07时00分00秒	19.23	84.85	36.20	27.24	86.32	55.32
8	2007年05月08日08时00分00秒	4.22	74.16	7.18	8.32	6.31	13.36
9	2007年05月08日09时00分00秒	57.25	88.27	62.23	74.17	70.95	32.15
10	2007年05月08日10时00分00秒	11.23	1.93	55.17	6.75	19.16	50.42
11	2007年05月08日11时00分00秒	15.49	70.30	81.28	32.20	33.23	89.19
12	2007年05月08日12时00分00秒	53.21	42.78	79.32	61.33	71.28	85.51
13	2007年05月08日13时00分00秒	59.10	63.18	59.20	77.28	21.78	35.24
14	2007年05月08日14时00分00秒	6.27	12.16	3.23	91.73	68.16	19.14

图 8-14　完整的报表

8.3 报警

8.3.1 报警概述

监控设备发生异常的时候，力控提供的通知系统可以向操作员通知生产过程与系统状态的有关信息，支持过程报警与系统事件的显示、记录及打印（如图 8-15 所示）。

图 8-15 设置系统报警

力控软件支持分布式报警系统，可供显示本地力控应用程序及其他网络力控应用程序的报警系统产生的报警与事件。

系统报警包括有关系统运行错误报警、I/O 设备通信错误报警、故障报警等。

8.3.2 报警设置

报警设置前，一定要在定义数据库变量时对报警做相应的配置，如图 8-16 所示。

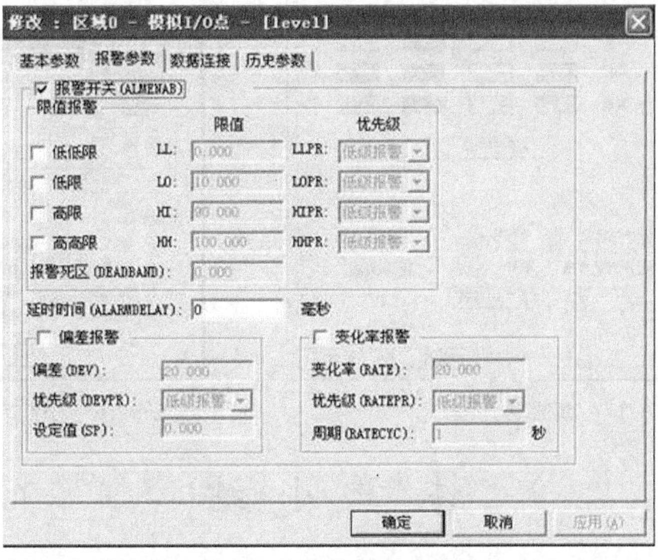

图 8-16 对报警做相应的配置

下面简要说明图 8-16 所示对话框中的"限值报警"。

限值报警是指模拟量的测量值在跨越报警限值时产生的报警。限值报警的报警限（类型）有四个：低低限（LL）、低限（LO）、高限（HI）和高高限（HH）。它们的值在变量的最大值和最小值之间，它们的大小关系排列依次为高高限、高限、低限、低低限。在变量的值发生变化时，如果跨越某一个限值，立即发生限值报警。某个时刻，对于一个变量，只可能越一种限，因此只产生一种越限报警。

例如：如果变量的值超过高高限，就会产生高高限报警，而不会产生高限报警。另外，如果两次越限，就得看这两次越的限是否是同一种类型，如果是，就不再产生新报警，也不表示该报警已经恢复；如果不是，则先恢复原来的报警，再产生新报警。

8.3.3 报警查询

系统提供了一个实时、历史报警的图形查询组件来查看报警状态，可以实现查询和确认等多项功能。报警组件使用两种预定义的类型：实时报警和历史报警。

- "实时报警"只反映当前未确认和确认的报警。如果经过处理后一个报警返回到正常状态，则这个变量的报警状态变为"恢复"状态，它前面产生的报警状态从显示中消失。"历史报警"反映了所有发生过的报警。
- "历史报警记录"可显示出报警发生的时间、确认的时间和报警状态返回到正常状态时的时间。

通过导航器和工具箱都可以选中本地报警组件，双击后出现图 8-17 所示的"属性"对话框。

在运行界面右侧的下拉框中选择历史报警后，可以通过"前一天"和"后一天"按钮进行历史报警的简单查询。

报警组件具有历史查询功能，可查询某段时间内的报警情况。在右侧的下拉框中选择"报警查询"后，出现如图 8-18 所示的对话框。

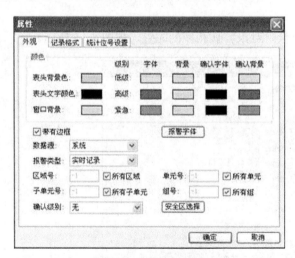

图 8-17 "属性"对话框

图 8-18 "历史查询设置"对话框

本 章 小 结

1. 工控组态软件的实时趋势和历史趋势的作用是：能够将监控得到的各种参数和数据进

行保存，方便随时提供和调用，并且根据需要绘制各种报表或者统计曲线。

2．简单地学习组态软件创建趋势、设置趋势图属性、设置趋势通用属性、设置趋势统计时间和快速添加曲线的开发方法 。

3．学习专家报表的开发方法，进行专家报表的编辑。按照向导介绍的步骤，逐步操作编辑。

4．系统报警是有关系统运行错误报警、I/O 设备通信错误报警、故障报警等。学习报警的设置，报警的查询和报警的上下限设置等方法。

5．结合上面三项内容的学习，进一步体会相互联系的作用。

思　考　题

1．什么叫实时趋势和历史趋势？有些什么联系？

2．实时趋势和历史趋势的调用有什么作用？

3．报警功能的作用是什么？

4．普通报警和专家报警有什么不同？

5．上面三项功能在实际控制中的作用有那些？

第 9 章　I/O 设备通信

【本章学习目标】

1. 了解工控组态软件的 I/O 设备通信管理基本概念。
2. 学习对工控组态软件 I/O 设备通信的配置。
3. 学会使力控软件和冗余控制设备进行很好的配合。
4. 学会对驱动程序的启动和进程管理。
5. 学会对 I/O 设备进行运行监控。

【教学目标】

1. 知识目标：了解组态软件可以与多种类型控制设备进行通信管理，学会用工控组态软件对 I/O 设备通信的配置。

2. 能力目标：通过组态软件的操作，学会使力控软件和冗余控制设备进行很好的配合，学会对驱动程序的启动和进程管理，学会对 I/O 设备进行运行监控。

【教学重点】

学会用工控组态软件对 I/O 设备通信的配置。

【教学难点】

对 I/O 设备进行运行监控。

【教学方法】

演示法、实验法、思考法、讨论法。

力控组态软件可以与多种类型控制设备进行通信。对于采用不同协议通信的 I/O 设备，力控组态软件提供了相应的 I/O 驱动程序，用户可以通过 I/O 驱动程序来完成与设备的通信。I/O 驱动程序支持冗余、容错、离线和在线诊断功能，支持故障自动恢复、模板组态功能。力控组态软件目前支持的 I/O 设备包括集散系统（DCS）、可编程逻辑控制器（PLC）、现场总线（FCS）、电力设备、智能模块、板卡、智能仪表、变频器、USB 接口设备等。控制系统如图 9-1 所示。

力控组态软件与 I/O 设备之间一般通过以下几种方式进行数据交换：串行通信方式（支持 RS232/422/485、Modem 和电台远程通信）、板卡方式、网络节点（支持 TCP/IP、UDP/IP 通信）方式、适配器方式、DDE 方式、OPC 方式及网桥方式（支持 GPRS、CDMA 和 ZigBee 通信）等。

实时数据库通过 I/O 驱动程序对 I/O 设备进行数据采集与下置。实时数据库与 I/O 设备之间为客户/服务器（C/S）运行模式，一台运行实时数据库的计算机可通过多个 I/O 驱动程序完成与多台 I/O 设备之间的通信。

I/O 管理器（IoManager）是配置 I/O 驱动的工具，IoManager 可以根据现场使用的 I/O 设备选择相应的 I/O 驱动，完成逻辑 I/O 设备的定义及参数设置，并对物理 I/O 设备进行测试等。

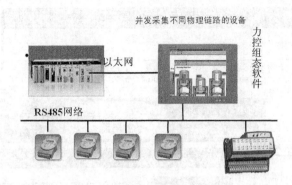

图 9-1 控制系统

I/O 监控器（IoMonitor）是监控 I/O 驱动程序运行的工具。IoMonitor 可以完成对 I/O 驱动程序的启/停控制，具备查看驱动程序进程状态、浏览驱动程序通信报文等功能。

9.1 I/O 设备管理

对 I/O 设备进行管理的主要内容包括：根据物理 I/O 设备的类型和实际参数，在力控开发系统中创建对应的逻辑 I/O 设备（如果没有特别说明，以下的 I/O 设备均指逻辑 I/O 设备），并设定相应的参数，如图 9-2 所示。

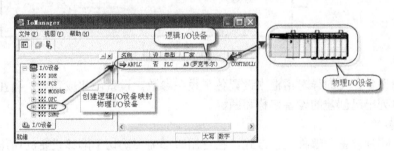

图 9-2 参数设定

当逻辑 I/O 设备创建完成后，如果物理 I/O 设备已经连接到计算机上，可对其进行在线测试。对 I/O 设备的管理是通过 I/O 管理器（IoManager）完成的。

I/O 设备配置完成后，就可以在创建 I/O 数据连接的过程中使用这些设备。

1. 新建 I/O 设备

创建 I/O 设备的过程如下。

（1）在开发系统 Draw 导航器中选择项目"I/O 设备组态"，如图 9-3 所示。

（2）双击"IO 设备组态"，弹出 I/O 设备管理器 IoManager。

在 IoManager 导航器的根结点"I/O 设备"下面按照设

图 9-3 选择"I/O 设备组态"

备分类、厂商、设备或协议类型等层次依次展开，找到所需的设备类型，直接双击设备类型或单击鼠标右键选择右键菜单命令"新建"，新建一个 MODBUS 设备，如图 9-4 所示。

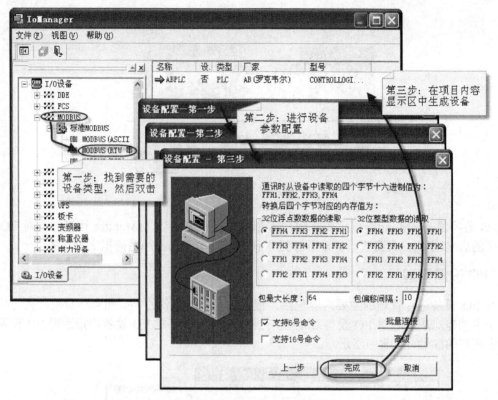

图 9-4　新建 MODBUS 设备

在弹出的设备定义向导对话框中设置各个设备参数。设备创建成功后，会在右侧的项目内容显示区内列出已创建的设备名称和图标。

2. 设备参数

无论对于哪种设备和哪种通信方式，在使用时都需要确切了解该设备的网络参数、编址方式、物理通道的编址方法等基本信息。

3. 修改或删除 I/O 设备

如果要修改已创建的 I/O 设备的配置，在 IoManager 右侧的项目内容显示区内选择要修改的设备名称，双击该设备的图标或者选中该设备的图标后，单击鼠标右键，在下拉菜单中选择"修改"，重新设置 I/O 设备的有关参数。

如果要删除已创建的 I/O 设备的配置，在 IoManager 右侧的项目内容显示区内选择要删除的设备名称，选中该设备的图标后，单击鼠标右键，在下拉菜单中选择"删除"。

4. 引用 I/O 设备

已定义的 I/O 设备在进行数据连接时引用，数据连接过程就是将数据库中的点参数与 I/O 设备的 I/O 通道地址一一映射的过程。在进行数据连接时要引用 I/O 设备名，如图 9-5 所示。

5. 如何开发驱动程序

力控现在支持多个厂家的上千种设备，详细内容请见软件中的驱动列表。对于力控目前暂不支持的设备，可委托力控开发部进行开发。此外，力控提供了 I/O 驱动程序接口开发包（FIOSSDK）。使用 FIOSSDK，用户可以自行开发力控的 I/O 驱动程序，开发过程比较简单。

大多数复杂的处理过程已被封装为标准类库供开发者直接调用。详细情况请阅读 FIOSSDK 相关文档。

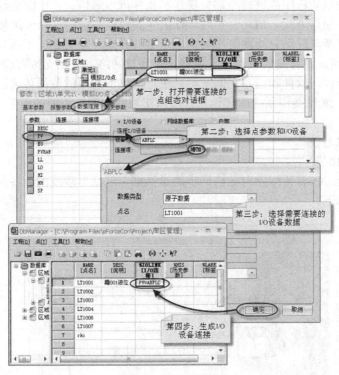

图 9-5　数据连接过程

9.2　I/O 设备通信配置

1. 概述

（1）通信一般概念

① 通信协议。通信协议是指通信双方的一种协商机制，由双方对数据格式、同步方式、传送速度、传送步骤、检纠错方式以及控制字符定义等问题做出统一规定，它属于 ISO/OSI 七层参考模型中的数据链路层，在力控 I/O 驱动程序中，用户可以不关心通信协议内容即可以使用力控组态软件进行通信。

② 设备地址。每个控制设备在总线、通信网络上都有一个唯一的地址。对于通过不同编址进行区分的物理设备，不同设备的编址方式一般不同，需要具体参阅力控驱动帮助。

③ 数据包。在控制设备的通信协议中，数据需要批量传送，往往将相同特性的数据打到一个数据包中，通信过程中，往往要传送多个数据包。例如：工程人员要采集一台 PLC 中 1000 个 I/O 点，这些变量分属于不同类型的寄存器区，I/O 驱动将根据变量所属的寄存器区（个别驱动可以设置包的最大长度，及包的偏移间隔），将这 1000 个 I/O 点分成多个数据包。

（2）物理通信链路

上位机与设备连接的物理通信链路一般分为以下几种。

① 串行通信。软件是通过标准的 RS232、RS422、RS485 等方式与设备进行通信。另外，使用 RS232 互连的计算机串口和设备通信口还可以用 Modem、电台、GPRS/CDMA 等方式通信。

② PC 总线。通信接口卡方式是利用 I/O 设备制造厂家提供的安装在计算机插槽中的专用接口卡与设备进行通信。I/O 卡一般直接插在计算机的扩展总线上，如 ISA、PCI 等，然后利用开发商提供的驱动程序或直接经端口操作和软件进行通信。在 I/O 驱动通信方式设置上一般采用的是同步通信方式。I/O 设备与计算机间的通信完全由这块专用接口卡管理并负责两者之间的数据交换。现场总线网络主要借助于这种方式，如 MB+、LON、PROFIBUS 等。

③ 工业以太网。不管是局域网、广域网还是移动网络，只要支持 TCP/IP 或者 UDP/IP 等标准网络通信协议，软件和设备之间就可以进行网络节点间的数据传递。

④ 软件通信。通过操作系统或其他软件技术实现的程序进程间的通信。如：DDE、OPC、ODBC、API 等。

2. I/O 设备组态步骤

（1）基本参数配置

图 9-6 所示为 I/O 设备配置向导第一步的对话框。对话框涉及的设备参数为设备基本参数，其意义解释如下。

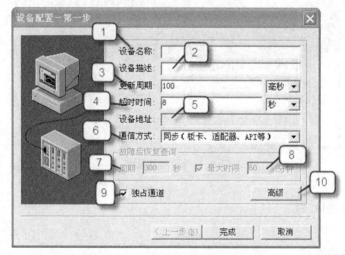

图 9-6 设备向导对话框

① 设备名称。用于指定要创建的 I/O 设备的名称（如："PLC"）。在一个应用工程内，设备名称要唯一。

② 设备描述。是对 I/O 设备的说明。可指定任意字符串。

③ 更新周期。I/O 设备在连续两次处理相同数据包的采集任务时的时间间隔。更新周期的设置一定要考虑到物理设备的实际特性，对有些通信能力不强的通信设备，更新周期设置过小，会导致频繁采集物理设备，对于部分通信性能不高的设备，会增加设备的处理负荷，甚至出现通信中断的情况。更新周期可根据时间单位选择：毫秒、秒、分等。

④ 超时时间。在处理一个数据包的读、写操作时，等待物理设备正确响应的时间。例如，工程人员要通过串口采集一台 PLC 中某个寄存器的变量，超时时间设为 8s。驱动程序通过串口向该 PLC 设备发送了采集命令，但命令在传输过程中由于受到外界干扰产生误码，PLC 设备未能收到正确的采集命令将不做应答。因此驱动程序在发出采集命令后将不能收到应答，它会持续等待 8s 后继续其他任务的处理。在这 8s 期间，驱动程序不会通过串口发送任何命令。超时时间的概念仅适用于串口、以太网等通信方式，对于同步（板卡、适配器、API 等）方式没有实际意义。超时时间可根据时间单位选择：毫秒、秒、分等。

⑤ 设备地址是设备的编号，需参考设备设定参数来配置。

⑥ 通信方式。根据上位机连接设备的物理通信链路，选择对应的通信方式。力控组态软件支持以下几种通信方式。

a. 同步：板卡、现场总线适配器、OPC、API 等通信。

b. 串口：RS232/422/485 通信、电台通信。

c. MODEM：Modem 拨号通信。

d. TCP/IP：TCP Client 方式进行通信。

e. UDP/IP：UDP Client 方式进行通信。

f. 网桥：TCP/UDP Server 方式进行通信，支持 GPRS/CDMA 等。

⑦ 故障后恢复查询周期。对于多点共线的情况，如在同一 RS485/422 总线上连接多台物理设备时，如果有一台设备发生故障，驱动程序能够自动诊断并停止采集与该设备相关的数据，但会每隔一段时间尝试恢复与该设备的通信。间隔的时间即为该参数设置，时间单位为秒。

⑧ 故障后恢复查询最大时限。若驱动程序在一段时间之内一直不能恢复与设备的通信，则不再尝试恢复与设备通信，这一时间就是指最大时限的时间。

⑨ 独占通道。使用 TCP/IP 方式或同步方式时，如果物理设备支持多客户端连接，力控组态软件可以建立多个逻辑设备同时访问，此时把独占通道选上就可以在运行中为每个逻辑设备分别建立独立的通道。

（2）"高级"配置

高级参数在一般的情况下按缺省配置就可以完成通信。在特殊的通信情况下如想改变该参数请详细了解网络及设备特性后，再做修改。单击设备配置向导第一步对话框中的"高级"按钮，将弹出"高级配置"对话框，如图 9-7 所示，该对话框中涉及的参数在大多数应用中无需变动。

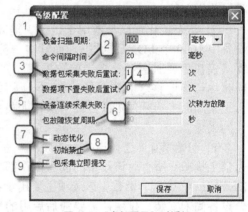

图 9-7 "高级配置"对话框

① 设备扫描周期是指每次处理完该设备采集任务到下一次开始处理的时间间隔。当用户希望对设备的采集过程尽可能的快，即处理完成设备的本次采集任务后，立即开始下一次的采集任务，此时可将该参数设为 0。当用户希望对设备的采集任务的处理间隔进行精确的控制时（例如：通过 GPRS 通信方式进行采集，希望精确控制采集间隔时间以便有效控制通信流量和费用），则需要根据实际情况准确设置该参数。

② 命令间隔周期是指连续的两个数据包采集的最小间隔时间。此设置主要是针对一些通信能力不强的通信设备的设置，如果这种设备采集频率过快，会导致设备的通信负荷过重，有可能造成通信失败。通过给数据包之间设置合适的间隔时间，就可以有效解决此类问题。

③ 数据包采集失败后重试（ ）次。力控驱动程序在采集某一数据包如果发生超时，会重复采集当前数据包，重复的次数即为该参数设置。驱动程序的这种工作方式可以有效避免在电气干扰非常严重的现场条件下，由于偶发的通信误码而影响数据采集的问题。

④ 数据包下置失败后重试（ ）次。力控驱动程序在执行某一数据项下置命令时发生超时，会重复执行该操作，重复的次数即为该参数设置。

命令间隔与更新周期的区别如图 9-8 所示。

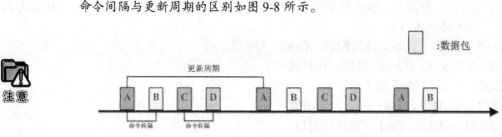

图 9-8 命令间隔与更新周期的区别

⑤ 设备连续采集失败（）次转为故障。驱动程序内部对每个逻辑设备都设置了一个计数器，记录设备连续产生的超时次数（无论是不是同一个数包产生的超时，都会被计数器累计）。当超时次数超出该参数设置后，这个逻辑设备即被标为故障状态。处于故障状态的设备将不再按照"更新周期"的时间参数对其进行采集，而是按照"故障后恢复查询"的"周期"时间参数每隔一段时间尝试恢复与该设备的通信。

⑥ 包故障恢复周期。在一个逻辑设备内如果涉及对多个数据包的采集，当某个数据包发生故障（例如：Modbus 设备中某个数据包指定了无效的地址）时，驱动程序能够自动诊断并停止采集该数据包，但会每隔一段时间尝试与该数据包通信。间隔的时间即为该参数设置，时间单位为秒。

⑦ 动态优化。该参数用于优化、提高对设备的采集效率。例如，工程人员要采集一台设备中 1000 个 I/O 点的数据，而其中一部分变量既不需要保存历史，也不参与脚本逻辑运算，仅在需要时查看一下当前数据值。在这种情况下，工程人员可以选择动态优化选项，同时尽可能地将这部分变量放在同一画面上。这样当操作人员打开该画面时，驱动程序才会采集画面上显示的 I/O 点，当操作人员关闭该画面时，驱动程序会立即停止对这部分 I/O 点的采集。

⑧ 初始禁止。选择该参数选项后，在开始启动力控运行系统后，驱动程序会将该设备置为禁止状态，所有对该设备的读写操作都将无效。若要激活该设备，需要在脚本程序中调用 DEVICEOPEN（）函数。该选项主要用于在某些工程应用中，虽然系统已经投入运行，但部分设备尚未安装、投用，需要滞后启用的情况。

⑨ 包采集立即提交。在缺省情况下，当一个数据包采集成功后，驱动程序并不马上将采集到的数据提交给数据库，而是当该设备中的所有数据包均完成一次采集后，才将所有采集到的数据一次性提交给数据库。这种方式可以减少驱动程序与数据库之间的数据交互频度，降低计算机系统的负荷。但对于某些采集过程较为缓慢的系统（如：GPRS 通信系统），用户对"更新周期"参数的设置一般都较长（可能达到几分钟），如果设备包含的数据包又较多，这种情况下整个设备的数据更新速度就会较慢，此时启用该参数设置，就可以保证每个数据包采集成功后立刻提交给数据库，整个设备的数据更新速度就会大大提高。

3. 通信参数配置

根据在基本参数配置选择的通信方式，单击"下一步"，会进入设备配置第二步。

（1）串行通信配置

I/O 设备驱动程序和控制设备进行通信时，通信发起方一般称为"主"，应答方一般称之为"从"。串行通信一般分为：单主单从（1∶1）、单主多从（1∶N）、多主多从（N∶N）等方式。在单主多从（1∶N）情况下，I/O 驱动程序支持多种不同协议的设备在一条总线上通信。

对于串口通信方式类设备，单击设备配置向导第一步对话框中的"下一步"按钮，将弹出第二步对话框，如图 9-9 所示。

对话框中各项的意义解释如下。

① 串口是指串行端口。可选择范围为"COM1~COM256"。

② 设置。单击该按钮，弹出"串口设置"对话框，可对所选串行端口设置串口参数，如图 9-10 所示。串口参数的设置一定要与所连接的 I/O 设备的串口参数一致。

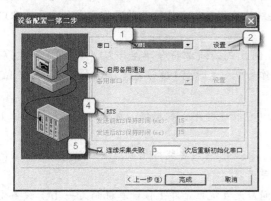

图 9-9　设备配置第二步

图 9-10　"串口设置"对话框

③ 启用备用通道。选择该参数，将启用串口通道的冗余功能。力控的 I/O 驱动程序支持对串口通道的冗余功能。当串口通道发生故障时，如果选择了"启用备用通道"参数，I/O 驱动程序会自动打开备用串口通道进行数据采集，如果备用串口通道又发生故障，驱动程序会切换回原来的串口通道。

启用备用通道/备用串口是备用通道的串行端口。可选择范围为"COM1~COM256"。

启用备用通道/设置是对所选备用串行端口设置串口参数。

④ RTS。选择该参数，将启用对串口的 RTS 控制。

● RTS/发送前 RTS 保持时间是指在向串行端口发送数据前，RTS 信号持续保持为高电平的时间，单位为毫秒。

● RTS/发送后 RTS 保持时间是指在向串行端口发送完数据后，RTS 信号持续保持为高电平的时间，单位为毫秒。

⑤ 连续采集失败（　）次后重新初始化串口。选择该参数后，当数据采集连续出现参数所设定次数的失败后，驱动程序将对计算机串口进行重新初始化，即关闭串口并重新打开串口操作。提示：如果使用 RS485 或 RS422 方式通信，则建议不要使用此功能。

（2）拨号通信配置

对于 MODEM 通信方式类设备，单击设备配置向导第一步对话框中的"下一步"按钮，将弹出第二步对话框，如图 9-11 所示。对话框中的各项意义解释如下。

① 串口是指串行端口。可选择范围为"COM1~COM256"。

② 设置。单击该按钮，弹出"串口参数"对话框，可对所选串行端口设置串口参数，如图 9-12 所示。串口参数的设置一定要与被拨端 MODEM 的串口参数一致。

　　对于多点共线的情况，如在同一 RS485/422 总线上连接多台物理设备时，对应将定义多个 I/O 设备，建议每个设备的更新周期参数设置相同。例如，在一条 RS485 总线上连接了 10 台 PLC 设备，在定义其中 9 个逻辑设备时，都指定更新周期为 50ms，只有 1 个逻辑设备的更新周期设为 1000ms，由于这 10 台设备共用一条 RS485 通信链路，整个系统的采集速度会因为这 1 台更新周期较长的设备受到影响。对于其他不存在通信链路复用的通信方式[如 RS232（包括 MODEM）、以太网（包括 TCP/IP、UDP/IP）、同步（板卡、适配器、API 等）方式等]则不存在这个问题。

　　对于 RS485 通信方式，力控组态软件支持在同一总线上混用多个厂家的多种通信协议的 I/O 设备。在某些场合下（如无线电台），这种方式可以解决在同一信道上，实现多厂家混合通信协议 I/O 设备的多点共线传输问题。在使用这种通信方式时需要注意以下几点。

注意

　　a. I/O 设备的通信协议的链路控制方式必须都符合单主多从（1:N）的主/从（Master/Slave）方式。即由上位计算机作为单一主端向 I/O 设备发送请求命令，各个 I/O 设备作为从端应答上位计算机的请求。

　　b. 各个 I/O 设备的串口通信参数（包括波特率、数据位、奇偶校验位和停止位）必须一致。

　　c. 建议使用有源的 RS485 适配器，RS485 总线安装终端电阻，以避免多个厂家的 I/O 设备在同一总线上混用时产生的电气干扰。

　　d. 总线上使用的各种通信协议之间应无互扰性。即上位计算机向某一 I/O 设备发送请求命令时，总线上采用其他通信协议的 I/O 设备不应对请求产生错误响应，产生干扰报文。

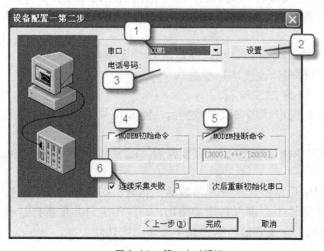

图 9-11　第二步对话框

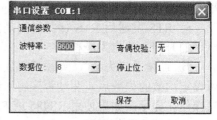

图 9-12　串行端口设置

　　③ 电话号码是指被拨端 MODEM 电话线路的号码。

　　④ MODEM 初始命令。选择该选项，可以在下面的输入框内指定一个初始 AT 命令。该命令在向 MODEM 发送拨号命令前发送。

　　⑤ MODEM 挂断命令。选择该选项，可以在下面的输入框内指定挂断 MODEM 所占线路时发送的 AT 命令，一般情况下挂断命令为："+++,ATH\0xd"。

⑥ 连续采集失败（）次后重新初始化串口。选择该参数后，当数据采集连续出现参数所设定的次数的失败后，驱动程序将对计算机串口进行重新初始化，包括关闭串口、重新打开串口、重新发送拨号命令等。

（3）以太网通信配置

对于通信方式采用 TCP/IP 类设备，单击设备配置向导第一步对话框中的"下一步"按钮，将弹出第二步对话框，如图 9-13 所示。对话框中各项的意义解释如下。

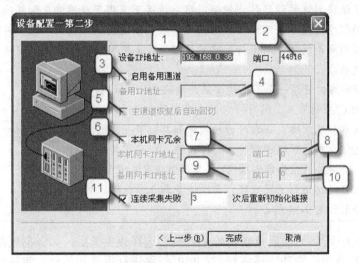

图 9-13　第二步对话框

① 设备 IP 地址。该参数指定 I/O 设备的 IP 地址。

② 端口。I/O 设备使用的网络端口。

③ 启用备用通道。选择该参数，将启用设备的 TCP/IP 通道冗余功能。力控的 I/O 驱动程序支持对 TCP/IP 通道的冗余功能。当 TCP/IP 通道发生故障时，如果选择了"启用备用通道"参数，I/O 驱动程序会自动按照"备用 IP 地址"打开另一 TCP/IP 通道进行数据采集。

④ 启用备用通道/备用 IP 地址是备用 TCP/IP 通道的 IP 地址，与"设备 IP 地址"使用相同网络端口。

⑤ 启用备用通道/主通道恢复后自动切回方式。如果选择该参数，当主通道发生故障并已经切换到备用 TCP/IP 通道后，I/O 驱动程序仍将不断地监视主 TCP/IP 通道的状态，一旦发现主 TCP/IP 通道恢复正常，I/O 驱动程序会自动切回到主 TCP/IP 通道进行数据采集。其中切换回主 TCP/IP 通道有两种模式：网络模式和 CPU 模式。对于网络模式，以能否正常建立主 TCP/IP 通道的 Socket 链接为主通道是否恢复正常的判断依据；对于 CPU 模式，以 I/O 设备中某寄存器值作为标志位来判断主通道是否恢复正常并作为是否切换回主通道的依据。

注意

在工业控制中，为了提高控制系统的可靠性，控制站的电源、CPU 和通信模块往往需要采用冗余的配置方式即设备冗余，它是指两台相同的控制设备之间的相互冗余、包括时间同步、I/O 状态同步等，比如西门子公司的 S7417H 系列 PLC 等。对于有些数据采集系统，有时也会用两个完全一样的设备同时采集数据。冗余的控制设备一般为主、从控制器，控制器主从 CPU 同时连接设备总线，主从设备之间通过网络进行数据同步，防止控制出错，主设备损坏时，从设备自动接管控制权。

⑥ 本机网卡冗余。选择该参数，将启用上位机的双网卡冗余功能。

⑦ 本机网卡冗余/本机网卡 IP 地址是指上位机网卡 IP 地址。

⑧ 本机网卡冗余/本机网卡 IP 地址/端口是指上位机网卡使用的端口。

⑨ 本机网卡冗余/备用网卡 IP 地址是指上位机备用网卡 IP 地址。

⑩ 本机网卡冗余/备用网卡 IP 地址/端口是指上位机备用网卡使用的端口。

为了保证网络的稳定性，控制器很多情况下采用了双网络来和其他节点进行通信，力控驱动程序通过 2 个不同网段的网络和控制器进行通信。双网冗余实现了力控软件与控制器采用两条物理链路进行网络的连接，防止了单一网络出现故障时会造成的整个网络节点的瘫痪。

控制网络的任意一个节点均安装两块网卡，比如 PC 节点和 PLC 控制节点，同时将它们设置在两个网段内。分为主网络和从网络，正常时力控软件和其他节点通过主网络通信，当主网络中断时，力控软件判断网络超时后会将自动网络通信切换到从网，在主网络恢复正常时，力控通信自动切换到主网线路，系统恢复到正常状况。网络拓扑图如图 9-14 所示。

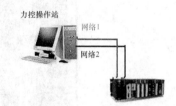

图 9-14　网络拓扑图

⑪ 连续采集失败（　）次后重新初始化链接。选择该参数后，当数据采集连续出现该参数所设定的失败次数后，驱动程序将对 TCP/IP 链路进行重新初始化，包括关闭和重新打开 Socket 链接。

（4）UDP/IP 通信参数

对于通信方式采用 UDP/IP 类设备，单击设备配置向导第一步对话框中的"下一步"按钮，将弹出第二步对话框，如图 9-15 所示。

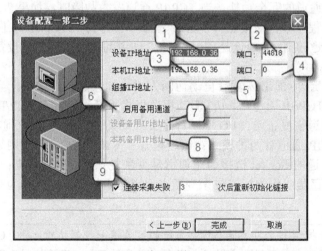

图 9-15　设备配置第二步对话框

参数说明如下。

① 设备 IP 地址。该参数指定 I/O 设备的 IP 地址。

② 设备 IP 地址/端口。I/O 设备使用的网络端口。

③ 本机 IP 地址。计算机连接到 I/O 设备的网卡的 IP 地址。

④ 本机 IP 地址/端口。计算机接收 I/O 设备发送的 UDP 数据包时使用的网络端口，一般需要根据 I/O 设备来指定。

⑤ 组播 IP 地址。如果 I/O 设备使用了组播功能，需要在该项中指定 I/O 设备使用的组播 IP 地址。若 I/O 设备未使用组播功能，该项可以为空。一般地，当 I/O 设备需要主动向网络中的多台计算机同时发送 UDP 数据包时，才需要使用组播功能。

⑥ 启用备用通道。选择该参数，将启用设备的 UDP/IP 通道冗余功能。力控的 I/O 驱动程序支持对 UDP/IP 通道的冗余功能。当 UDP/IP 通道发生故障时，如果选择了"启用备用通道"参数，I/O 驱动程序会自动按照"设备备用 IP 地址"打开另一 UDP/IP 通道进行数据采集。

⑦ 设备备用 IP 地址。备用 UDP/IP 通道的 IP 地址，与"设备 IP 地址"使用相同网络端口。

⑧ 本机备用 IP 地址。计算机连接到 I/O 设备的备用网卡的 IP 地址。

⑨ 连续采集失败（ ）次后重新初始化链接。选择该参数后，当数据采集连续出现该参数所设定的失败次数后，驱动程序将对自身的 UDP/IP 链路控制进行重新初始化。

（5）同步方式配置

采用同步方式通新的设备一般是总线板卡，或者是采用 API 接口进行编制的 I/O 驱动程序。总线板卡包括常见的数据采集板卡、现场总线通信板卡。I/O 驱动程序是通过调用总线板卡驱动程序的 API 函数来和板卡进行通信的，因此对串口等的通信设置参数在同步方式下无效。需要注意的是和板卡通信时，通信地址有十进制和十六进制的写法，具体使用时请详细参考力控驱动帮助。

常见的采用同步方式通信的 I/O 服务程序分为 OPC 通信、DDE 通信、板卡通信、现场总线。

（6）网桥方式配置

对于通信方式采用网桥的设备，I/O 驱动程序需要使用扩展功能组件 CommBridge。

9.3 设备冗余

在系统安全性要求高的场合，往往会使用控制设备冗余。只需在力控软件上进行简单的配置，即可使力控软件和冗余控制设备进行很好的配合。具体过程如下，在 IoManager 的逻辑 I/O 设备列表中选中需要冗余配置的设备，单击右键，在弹出菜单中选中设备冗余，就会弹出根据不同设备的冗余设置对话框，按照实际情况填写后即完成设备冗余配置。如图 9-16 所示。

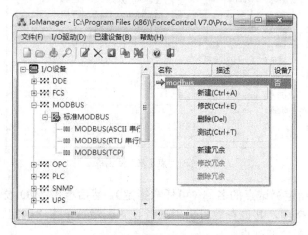

图 9-16 设备冗余配置

9.4 设备通信离线诊断

当在 IoManager 中定义了 I/O 设备后，如果物理 I/O 设备已经连接到计算机上，可以利用 IoManager 提供的设备测试器（IoTester）在不创建数据库的情况下对物理 I/O 设备进行测试。通过 IoTester，可以验证计算机与物理 I/O 设备通道连接的正确性、I/O 设备参数设置的正确性、驱动程序对设备采集数据的正确性等。

在 IoManager 右侧的项目内容显示区内选择要测试的设备名称，单击鼠标右键，在右键菜单中选择"测试"，弹出 IoTester 窗口，如图 9-17 所示。

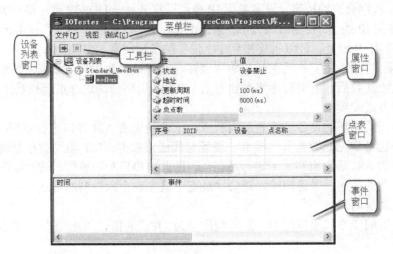

图 9-17 IoTester 窗口

在左侧的设备列表中选择要测试的设备名称（本例为"MODBUS"），然后在右侧中间的点表窗口的空白处双击鼠标左键，弹出"点定义"对话框，如图 9-18 所示。

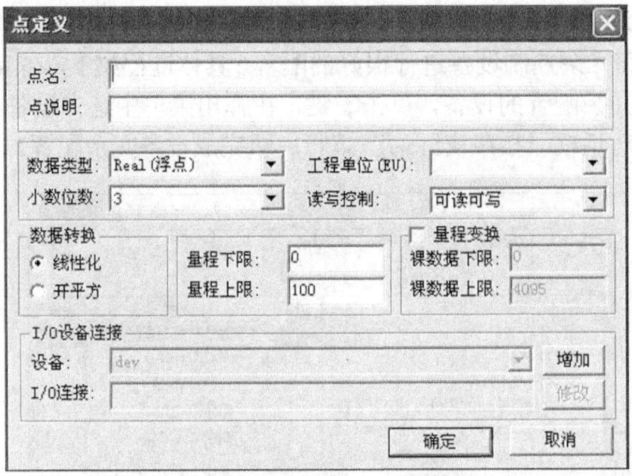

图 9-18 "点定义"对话框

在"点名"项中指定测试点的名称（可任意指定），然后单击"I/O 设备连接"组中的"增加"按钮设置数据连接项。其他参数可采用缺省设置。最后单击"确定"按钮添加一个测试点。可根据需要添加多个测试点。

当所有测试点添加完毕后，选择菜单命令"测试→运行"或单击工具栏上的"运行"按钮，启动 IoTester 测试，并开始与物理 I/O 设备建立通信过程，同时将采集到的数据显示在点表窗口上。在通信过程中产生的事件显示在下方的事件窗口内。

选择 IoTester 菜单命令"视图→显示报文"，可以查看 I/O 设备通信过程中产生的报文信息。

9.5   I/O 设备的运行与监控

I/O 设备的运行系统主要由两部分组成：I/O 驱动程序和 I/O 监控器（IoMonitor）。

I/O 驱动程序负责与物理 I/O 设备之间的数据通信和数据交互。

IoMonitor 是一个监控管理程序，负责控制 I/O 驱动程序的启停，监控 I/O 设备运行状态等。

1. 驱动程序的启动和进程管理

力控的 I/O 驱动是按照设备通道来管理驱动程序进程空间的。一个串口、一个 TCP/IP 网络链接、一块通信接口卡都算做一个通道。在运行时每个通道创建、加载一个独立的进程空间。这种相互独立的进程管理方式可以确保当某一通道出现异常时，不会对其他通道的数据采集产生影响。所有 I/O 驱动程序的运行方式都是后台运行方式，没有程序界面、图标。

当启动力控运行系统时，运行系统可以自动启动 IoMonitor，再由 IoMonitor 完成对所有驱动程序进程的创建、加载与运行。

如果发现 IoMonitor 不能自动启动，需要检查开发系统 Draw 中"系统配置→初始启动程序"中的设置，"IoMonitor"项要确定被选择。如图 9-19 所示。

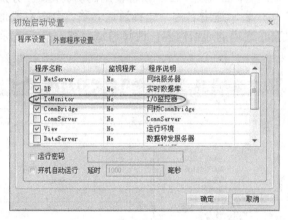

图 9-19   "初始启动设置"对话框

IoMonitor 也可以手工启动。选择开始菜单中"力控 ForceControl V7.0→工具→IO 监控器"命令可以启动 IoMonitor。如果 IoMonitor 已经启动，手工启动时不会启动 IoMonitor 程序新的实例，而是将已经启动的 IoMonitor 进程的窗口置为顶层显现出来。单击 IoMonitor 右上角"关闭"按钮，IoMonitor 并不退出，而是缩小为程序图标隐藏在任务栏。IoMonitor 在任务栏上的图标形式为：🖥。在任务栏上用鼠标单击该图标，可将 IoMonitor 窗口激活并置为顶层窗口显现。"I/O 监视器"窗口如图 9-20 所示。

2. 监控 I/O 设备运行

IoMonitor 提供了丰富的监控功能，可以对 I/O 设备在运行过程中的各种状态及产生的事件进行监视与浏览。

图 9-20 "I/O 监控器"窗口

（1）查看系统状态

选择 IoMonitor 左侧导航器中的"**系统**"，在右侧的信息显示窗口内将显示出"开始时间""当前时间""工程应用路径""数据库（DB）状态"和"冗余状态"等信息。

（2）查看授权信息

选择 IoMonitor 左侧导航器中的"**授权**"，在右侧的信息显示窗口内将显示出系统使用的所有 I/O 驱动程序的 ID 及授权状态。如果授权状态显示为"未授权"，表明该驱动程序为演示使用方式，连续运行时间为 1h。

（3）查看通道

IoMonitor 导航器"通道"下面列出了 I/O 设备使用的所有通道，分别用"COMx""GPRSx""192.168.1.105：9600"……表示通道名称。选择通道名称，会在右侧信息显示窗口内显示出具体的通道信息。可以查看通道的通信内容：选择通道名称，单击鼠标右键，弹出图 9-21 所示的菜单。

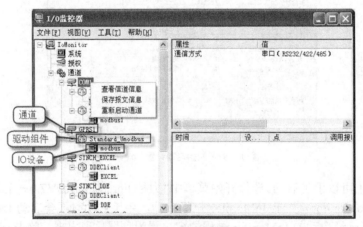

图 9-21 监控菜单

① 选择"查看通道信息"，弹出"信道信息"对话框，如图 9-22 所示。

选择查看方式和信息类型，单击"确定"按钮，IoMonitor 的通道信息窗口会立即开始显示通道信息记录。如果没有通道信息显示，可能是设备状态不正常，通信处于故障状态。

导航器通道名称下面的项为驱动组件名称。选择驱动组件名称，右侧信息窗口内列出该驱动组件的 IOID、类别、说明、版本号等信息。

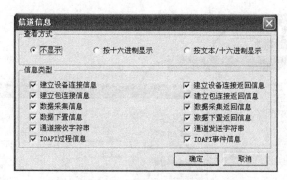

图 9-22 "信道信息"对话框

　　驱动组件名称下面的项为 I/O 设备名称。选择 I/O 设备名称，右侧信息窗口内列出该设备的各种运行状态信息，如状态、地址、设备更新周期、超时时间、总点数、活动点数、活动包数、采集包数、请求次数、应答次数、采集超时次数、平均采集周期、平均采集频率、可写点点数、写操作次数、写操作答应次数、写操作超时次数等。

　　② 选择"保存报文信息"，弹出保存当前选择通道报文的对话框。

　　③ 选择"重新启动通道"，当前通道会被强制重启。

　　（4）查看数据包信息

　　在 IoMonitor 导航器中选择某个 I/O 设备名称，然后单击鼠标右键，选择弹出菜单中的"查看数据包信息"，如图 9-23 所示。

　　弹出"数据包信息"对话框，在对话框上显示所选 I/O 设备包含的所有数据包及连接项的信息，可供 I/O 调试人员查看，如图 9-24 所示。

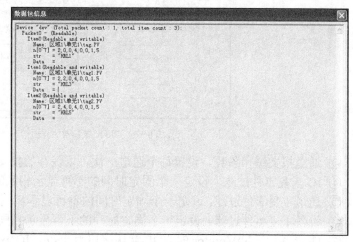

图 9-23 查看数据包信息

图 9-24 数据包信息

　　（5）I/O 配置参数（一般由专业人员设置）

　　在 IoMonitor 菜单栏中选择"工具→选项"（如图 9-25 所示），弹出的登录框需要填入用户名和口令。此处填写的用户必须是当前运行工程的"系统管理员级"的用户。登录成功后弹出"IO 配置参数"界面，如图 9-26 所示。

　　图 9-26 所示界面中的各项意义解释如下。

　　① 报文显示条数。设置报文显示窗口可以显示最新的报文的条数。

　　② 事件显示条数。设置事件显示窗口可以显示最新的事件的条数。

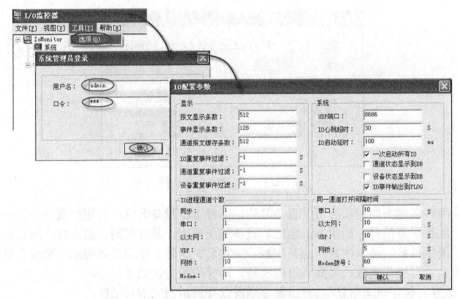

图 9-25 打开 "IO 配置参数" 对话框

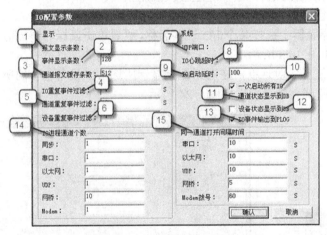

图 9-26 "IO 配置参数" 界面

③ 通道报文缓存条数。设置每个通道一次可以保存的报文条数。

④ IO 重复事件过滤。设定一个固定时间的不再显示相同的 IO 事件。默认-1,不过滤。

⑤ 通道重复事件过滤。设定一个固定时间的不再显示相同的通道事件。默认-1,不过滤。

⑥ 设备重复事件过滤。设定一个固定时间的不再显示相同的设备事件。默认-1,不过滤

⑦ UDP 端口。IOMonitor 的 UDP 默认端口为 8686,IO.exe 的 UDP 端口是在 IOMonitor 端口的基数上加上 IO 的索引,0,1,2,…。

⑧ IO 心跳超时。IOMonitor 和 IO.EXE 之间存在心跳,如果 IO.exe 超过设置时间没有心跳,IOMonitor 会自动重启 IO.exe。

⑨ IO 启动延时。启动 IOMonitor 之后,延时启动 IO。此设置主要解决操作系统刚启动的同时;自启动 ForceControl 工程,造成占用资源(主要是 CPU)过多的问题。

⑩ IOMonitor 启动 IO 的方式。主要分一次全部启动和顺序启动。一次全部启动时,IOMonitor 一次启动所有的时候 IO 可能占 CPU 比较高,但是启动快。顺序启动是指在上一个 IO 启动完成后再启动下一个 IO,这样启动比较慢,但使用 MOXA 那样的串口服务器的虚

拟串口的话最好使用该方式。

⑪ 通道状态显示到 DB。如果选上此项，则需要在数据库里给每个通道定义一个对应的点。点名定义为 "CS_" 加对应通道名称，如 COM1，对应的状态点名为 CS_COM1，如果 COM1 被命名为 "Modbus01"，则对应的状态点名为 CS_Modbus01。运行起来之后，正常显示 1，未连接显示 0。不使用的话最好不要选上，不然 DB 会提示访问不存在的位号。

⑫ 设备状态显示到 DB。如果选上此项，则需要在数据库里给每个设备定义一个对应的点。点名定义为 "DS_" 加对应设备名，如 IO 设备 dev1 对应的状态点名为 DS_dev1。运行起来之后，会有四种状态，分别为 "0：初始状态（未连接）" "1：正常状态" "2：故障状态" 和 "3：超时状态"。不使用的话最好不要选上，不然 DB 会提示访问不存在的位号。

⑬ IO 事件输出到 PLOG。IO 系统事件信息是否输出到 PLog 作为日志保存。

⑭ IO 进程通道个数。可以灵活设置单个 IO 管理的通道个数，但要注意，每个 IO 只能管理相同通信方式的通道。此功能对于使用 CommBridge 通道特别多的时候非常有用，可以非常有效降低系统资源（主要是内存）的使用。

⑮ 同一通道打开间隔时间。IO 对同一个通道连续 2 次打开的间隔时间。最好使用该默认间隔时间，串口或以太网过于频繁的操作可能出问题。

3. 查看 I/O 设备日志

在运行过程中，IoMonitor 会自动将 I/O 设备产生的重要事件记录到力控日志系统中。若要查看这些事件，打开力控日志系统，选择 "系统日志" 大类，在右侧的事件窗口中可以查看所有来自 IoMonitor 的事件信息。

本 章 小 结

1. 工控组态软件对 I/O 设备的主要管理内容包括：根据物理 I/O 设备的类型和实际参数，在力控开发系统中创建对应的逻辑 I/O 设备，并设定相应的参数。

2. 学习对工控组态软件 I/O 设备通信进行配置，对通信协议、设备地址、数据包和物理通信链路进行设置。

3. 学会使力控软件和冗余控制设备进行很好的配合。启用备用通道：选择该参数，将启用设备的 TCP/IP 通道冗余功能。

4. 学会对驱动程序的启动和进程管理，使设备通信进行离线诊断。这种相互独立的进程管理方式可以确保当某一通道出现异常时，不会对其他通道的数据采集产生影响。

5. 学会对 I/O 设备进行运行监控可以对 I/O 设备在运行过程中的各种状态及产生的事件进行监视与浏览。

思 考 题

1. 输入输出设备驱动能组态哪些设备？
2. 举例说明组态 PLC 的方法和步骤。
3. 举例说明组态数字仪表的方法和步骤。
4. 举例说明组态智能模块的方法和步骤。
5. 举例说明组态 I/O 板卡的方法和步骤。
6. 举例说明组态 A/D 板卡的方法和步骤。

第 10 章　后台组件的操作

【本章学习目标】

1．了解后台组件是力控监控组态软件提供的一组工具。

2．了解截图组件可设定手动、定时截取全屏和指定区域的画面等功能。

3．使用带有语音功能的 Modem，在触发条件成立时，拨打指定号码的电话。

4．运用配方组件可以使控制过程自动化程度加深；批次组件使控制过程简单容易。

5．学会运用定时器、计时器和累计器进行时间调度。

【教学目标】

1．知识目标：了解组态工程中的后台组件有截屏组件、E-mail 组件、语音拨号、批次、配方、系统函数组件、定时器、逐行打印、计时器、键盘、累计器、时间调度、ADO 组件、历史数据中心、报警中心、语音报警、手机短信报警、ODBCRouter 后台控制以及逐行打印报警等。

2．能力目标：通过组态软件的截图组件可设定手动、定时截取全屏、指定区域的画面，按照定义好的文件名生成扩展名是.jpg 的图片文件，并存储到指定目录下。

【教学重点】

使用配方组件可以使控制过程自动化程度加深。

【教学难点】

批次组件是针对工业中要求不同的生产方案有规律地轮流执行的工艺，继配方之后提出的一种组件，与配方结合应用，可完成繁琐的控制工程，使控制过程简单容易。

【教学方法】

演示法、实验法、思考法、讨论法。

后台组件是力控监控组态软件提供的一组工具，它们能够实现 Modem 语音拨号、语音报警、逐行打印等功能，随运行系统一起加载运行，它们只有属性设置界面，没有运行界面，后台组件由此得名。使用时，可以把组件的属性连接到数据库变量或中间变量，在动作脚本中实现相应的功能。

力控提供的后台组件有截屏组件、E-mail 组件、语音拨号、批次、配方、系统函数组件、定时器、逐行打印、计时器、键盘、累计器、时间调度、ADO 组件、历史数据中心、报警中心、语音报警、手机短信报警、ODBCRouter 后台控制以及逐行打印报警等。

添加后台组件的方法是在导航栏工程树型菜单中双击"后台组件"，会弹出后台组件列表对话框。如图 10-1 所示。

在后台组件树型菜单中双击需要的组件选项，就会弹出相应组件的属性对话框，设置完属性对话框后单击确定按钮，即可完成后台组件的添加。添加成功的后台组件会在右侧的停靠工具栏中显示。如图 10-2 所示。

图 10-1　添加后台组件　　　　　　　　图 10-2　后台管理

10.1　截图组件

1．功能

用户可设定手动、定时截取全屏或指定区域的画面，按照定义好的文件名生成扩展名是.jpg 的图片文件，并存储到指定目录下。

2．参数设置

打开力控监控组态软件的开发环境，在"工程"导航栏中选择"后台组件"，双击打开后台组件组态对话框，在右侧选择"截屏组件"，并双击弹出组件属性设置对话框。如图 10-3 所示。

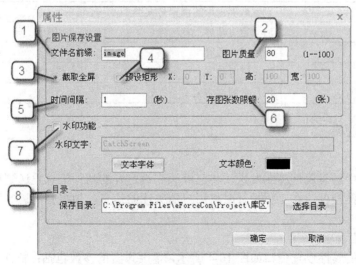

图 10-3　"属性"对话框

（1）文件名前缀。在定时、手动截取屏幕时，用此前缀和时间组成保存图片的文件名。

（2）图片质量。保存图片时可设定图片的图像质量，质量低的图片占用空间也会小一些。

（3）截取全屏。用于截取当前屏幕的显示内容。

（4）预设矩形。使用 X、Y 坐标和高、宽长度设定一个矩形框，坐标是以屏幕左上角为原点，以像素为单位，高和宽的长度也是以像素为单位。

（5）时间间隔。定时截取的时间间隔，以秒为单位。

（6）存取张数限额。选择定时存取，组件将截取的图片存储到指定文件夹，达到限额后，会将最先存储的图片删除，用新的图片替代，实现图片更新。

（7）水印功能。可将设定的文字自动加到生成的图片上面，可以设置文字内容、字体颜色。

（8）目录。指定图片存储的目录，如果指定的文件夹不存在，截图组件会自动生成。

3. 方法及属性

截图组件提供多种属性和方法用来控制组件的各种功能，包括启动、停止等。表 10-1 所示的是属性方法的功能列表，具体用法请参考函数手册。

表 10-1　　　　　　　　　　　　　　　　函数

方法及属性	说明
bCatchFScreen	是否截取全屏（截图分为全屏截取，和预设矩形截取）
bDrawWaterText	是否显示水印文字
bStartCatch	是否开始截图
CatchCurScreen	截取当前屏幕
CatchTime	定时保存时间周期
FileName	文件名前缀
PicQuality	图片质量
PrintCurScreen	截取当前屏幕
PrintSet	设置打印配置
SavePath	图片保存路径
SetCatchRect	设置截屏矩形的位置与大小
StartCatch	启动定时截屏
StartManualCatch	开始手动截屏
StopCatch	停止定时截屏
WaterText	图片上的说明文字

10.2　E-mail 控件

1. 功能

由属性设置中触发属性控制发送，将已经预先设定好的邮件信息发送到指定的用户邮箱内。用户可以用此控件，在工程运行时将用户所关注的信息，如报警消息等及时发送给设定用户。

2. 参数设置

E-mail 控件的属性设置窗口如图 10-4 所示，需要设置的参数包括：邮件服务器地址、收件人地址、发件人地址、是否发送信息到操作日志、是否校验、用户名称、密码、信件标题、信件正文、附件等。

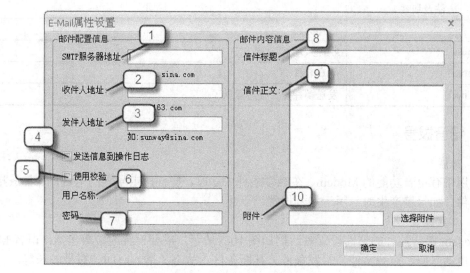

图 10-4　E-mail 控件的属性设置

（1）SMTP 服务器地址。发件人邮箱的 SMTP 服务器地址。如：smtp.sina.com 。

（2）收件人地址。收件人的邮箱地址。如：OK@163.com

（3）发件人地址。发件人的邮箱地址。

（4）发送信息到操作日志。如果选中，在操作日志中可以看到邮件发送是否成功等信息。

（5）使用校验。在发送邮件时，是否到发件人邮箱的邮件服务器，校验发件人的用户名、密码。

（6）用户名称。发件人登录邮箱所在邮件服务器时使用的用户名。

（7）密码。发件人登录邮箱所在邮件服务器时使用的密码。

（8）邮件标题。要发送邮件的标题。

（9）信件正文。要发送的邮件的正文。

（10）附件。可添加和邮件一起发送的附加的文件，只能附加单个文件；如果要附多个，可使用压缩工具。

3. 方法及属性

表 10-2 所示的是属性方法的功能列表，具体用法请参考函数手册。

表 10-2　　　　　　　　　　　　　　　　　　　函数

方法及属性	说明
Content	发送信件的正文
FromAddress	发件人邮件地址
Part	发送信件的附件
Password	用户密码
SendEmail	发送邮件
SmtpAddress	发送邮件 SMTP 服务器地址
State	邮件发送状态

续表

方法及属性	说明
Title	信件标题
ToAddress	收件人地址
UserName	用户名称
UsingCheck	发送邮件是否使用检验

10.3　语音拨号

1. 功能

使用带有语音功能的 Modem，在触发条件成立时，拨打指定号码的电话，并播放指定的语音文件，如报警产生时，用于拨号报警。

2. 参数设置

Modem 语音控件的属性设置对话框如图 10-5 所示，需要设置的参数包括：语音 Modem 线路、电话号码、声音文件、触发条件、挂断条件、状态、播放时间、拨号时长等。

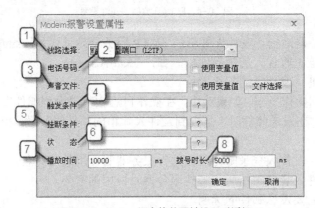

图 10-5　Modem 语音控件属性设置对话框

（1）线路选择。选择要使用的语音 Modem 设备。

（2）电话号码。确保输入的电话号码是真实有效的，如果在分机内要拨打别的分机，则直接输入分机号；如果要拨打外线或者总机转分机的情况，则中间输入逗号进行分隔，如：0,821345611 或 821345611,811。可以直接手动写入字符；也可以选中使用变量，连接到力控字符型变量的值或数据库点的 DESC 属性。

（3）声音文件。当发生报警时所要播放的声音文件，音频文件格式为 PCM、8000Hz、16 位、单声道。可以通过查看声音文件的属性，来判断是否是要求的格式，如果不是，可以使用系统提供的"录音机"工具（「开始」菜单\程序\附件\娱乐）来改变 WAVE 文件的属性（按照 PCM、8000 Hz、16 位、单声的格式重新保存文件）。可直接手动输入文件路径、单击浏览按钮查找声音文件或者选择使用变量,连接到力控字符型变量或数据库点的 DESC 属性。

（4）触发条件。设定开始拨号的条件，可手动输入表达式或连接到变量。触发条件为 1时，开始拨号，开始后触发条件的值被置 0。

（5）挂断条件。条件成立时自动挂断不再拨号，可手动输入条件或连接到力控变量。

（6）状态。在拨打过程中其值为 0；拨打成功其值为 1，由于线路占线或无人接听其值返回 255。可连接到力控变量。

（7）播放时间。声音文件播放的时间长度。

（8）拨号时长。拨号开始后，等待多长时间，开始播放声音文件。

10.4 配方

1. 功能

配方组件是针对工业中要求有不同的生产方案而提出的一种控制工具，对同一个生产过程可以通过改变其配方来生产同一产品的不同配料方案。使用配方组件可以使控制过程自动化程度加深。

2. 参数设置

配方组件设置对话框如图 10-6 所示，需要先设置配方的种类。

① 本地配方。将实时数据库中的变量作为配方原料下置表达式来建立配方。

② 关系数据库配方。调用关系数据库中的数据设置原料、设置表达式来建立配方。

（1）本地配方组件的属性设置窗口如图 10-7 所示。

① 配方管理窗口参数说明如下。

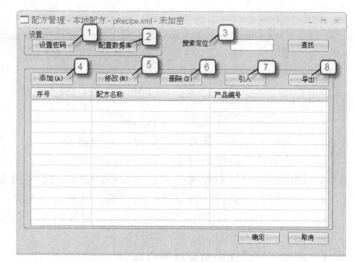

图 10-6 配方组件设置对话框　　　　　　　　图 10-7 配方管理窗口

　　a. 设置密码。设置密码后，再次进入开发环境的配方管理界面前要对密码进行确认，确认后才能进入配方管理属性界面。

　　b. 配置数据库。通过配置数据库可以将执行过的配方中对应的数据下置到设置好的数据库的数据表中，方便以后的查看。若不输入"下置记录表"，则程序执行后将以配方组的名称建表存数据。

　　c. 搜索定位。通过输入"配方名称"或"产品编号"，之后单击"查找"可以定位其在本页的位置。

　　d. 添加。单击"添加"按钮，弹出"设置配方"对话框添加新的配方。

　　e. 修改。选中预先定义好的配方，单击"修改"按钮，可进入选中配方的设置界面对其进行修改。

　　f. 删除。删除选中的配方。

　　g. 引入。将已经配置好的 xml 或 rcp 文件中的配方引入配方组中。

　　h. 导出。将定义好的配方组保存成 xml 文件。

② 设置配方参数。单击"添加"按钮或在空白表格中双击弹出配方设置对话框。如图10-8 所示。

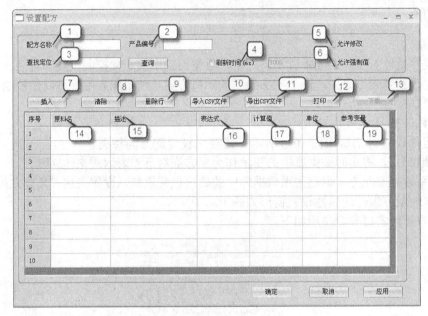

图 10-8 配方设置对话框

a. 配方名称。要建立的配方的名称。

b. 产品编号。按本配方生产所得产品的编号。

c. 查找定位。根据关键字查询本页面内的相关项。

d. 刷新时间。针对参考变量而言，刷新此时的参考变量的值。

e. 允许修改。运行状态下是否允许修改名称、表达式、单位、参考变量的值。

f. 允许强制值。若选中，则在必要时可对原料变量强行置位为一个常数。

g. 插入。插入一行。

h. 清除。清除选中单元格的内容。

i. 删除行。删除选中的行。

j. 导入 CSV 文件。将指定的 CSV 文件引入到配方中。

k. 导出 CSV 文件。将本配方中的数据以 CSV 格式的导出。

l. 打印。打印当前的表格内容。

m. 下载。将配方数据下载到现场并记录到记录表中。

n. 原料名。构成此方案的变量，此变量为数据库变量（建立配方的原料项时原料名是必填项）。

o. 描述。对原料的说明。

p. 表达式。通过表达式可计算原料变量的值，执行下载时将表达式的计算值赋值给原料变量（建立配方的原料项时表达式是必填项）。

q. 计算值。表达式的计算结果。

r. 单位。原料变量的单位。

s. 参考变量。通过对参考变量查看可知原料变量下载到现场的结果，可作为原料下载前的一个参考。

（2）若选择关系数据库配方，其参数设置如下。

① 配方管理界面参数。配置配方数据来源数据库是必要的，如图 10-9 所示。

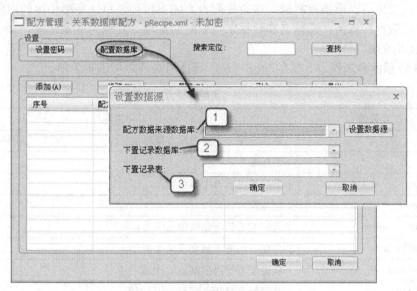

图 10-9　配置配方数据来源数据库

a. 配方数据来源数据库。配方的原料数据点的值通过调用数据库字段来获得。

b. 下置记录数据库。将配方数据下载到记录数据库中。

c. 下置记录表。将配方数据下载到记录数据表中。

② 设置配方参数。单击"添加"，打开"设置配方"对话框，如图 10-10 所示。

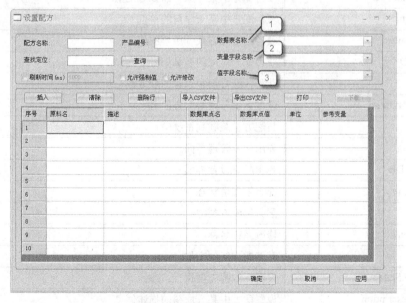

图 10-10　"设置配方"对话框

a. 数据表名称。要调用的数据信息所在的数据表名。

b. 变量字段名称。要调用的数据信息所在字段名，对应于原料表中的数据库点名，需使用字符型字段。

c．值字段名称。调用的数据信息的值字段名。对应于原料表中的数据库点值。

选择好这三项后，添加原料时，在数据库点名的下拉列表里选择要使用的字段的值，之后会自动生成数据库点值，原料名和数据库点名是必选项。其他同本地配方。

3．属性及方法

表 10-3 所示的是属性及方法的功能列表，具体用法请参考函数手册。

表 10-3 函数

方法及属性	说明
AddMaterial	在给定配方中添加配方原料项
AddRecipe	添加配方
DeleteMaterial	删除给定配方中原料项
DeleteRecipe	删除配方
ExcuteRecipeByIndex	将配方的值下载到现场中去
ExcuteRecipeByName	将配方的值下载到现场中去
GetForceValeState	获得配方使用强制值的状态
GetMaterialCount	获得配方 RecipeName 的原料数
GetMaterialDescription	获得配方中某一原料的描述信息
GetMaterialExpression	获得配方中某一原料的表达式
GetMaterialForceValue	获得配方中某一原料的强制值
GetMaterialName	获得配方中某个序号的原料名称
GetMaterialReferVar	获得配方中某一原料的参考变量
GetMaterialUnit	获得配方中某一原料的单位
GetMaterialValue	获得给定配方某一原料的值
GetProductNO	获得配方对应的产品编号
GetRcpCount	获得该配方组中包含的配方数
GetRcpNameByIndex	通过索引号获得配方的名字
LoadFile	将配方组装载到系统中
PopManageDlg	弹出配方管理界面
PopSetRecipeDlg	弹出配方设置界面
RcpEncryptstate	配方组加密状态
RcpType	配方组配方类型
RenameMaterial	修改原料名称
SaveFile	存储配方组到文件
SetForceValueState	设置配方强制值执行状态
SetMaterialDescription	设置配方中某一原料的描述信息
SetMaterialExpression	设置配方中某一原料的表达式
SetMaterialForceValue	设置配方中某一原料的强制值
SetMaterialReferVar	设置配方中某一原料的参考变量

续表

方法及属性	说明
SetMaterialUnit	设置配方中某一原料的单位
SetProductNO	设置配方对应的产品编号

10.5 批次

1. 功能

批次组件是针对工业中要求不同的生产方案有规律地轮流执行的工艺，继配方之后提出的一种组件，与配方结合应用，可完成繁琐的控制工程，使控制过程简单容易。

2. 参数设置

双击后台组件中的"批次"即可弹出"批次设置"界面，确定后在"后台组件管理"中就添加一个批次组件。

（1）"批次设置"对话框参数。双击此批次组件即可弹出"批次设置"对话框，如图 10-11 所示。

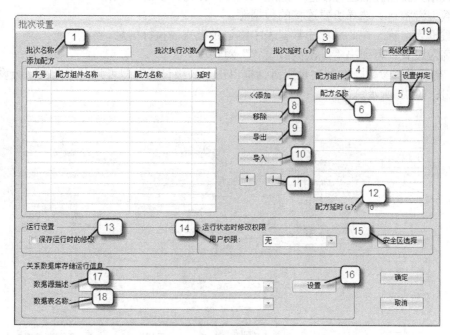

图 10-11 "批次设置"对话框

① 批次名称。所要建立的生产批次的名称。

② 批次执行次数。批次开始执行后，按照顺序执行批次中配方方案的次数。

③ 批次延时。每次开始执行批次后先执行批次延时指定的时间再执行配方方案。

④ 配方组件。在配方组件的下拉列表中会列出已建好的配方组，选中一个配方组，即会在下方配方名称列表中列出配方组中所有的配方。

⑤ 设置绑定。把工程中已建立的配方与批次绑定，绑定的配方会出现在配方组件的下拉列表中。

⑥ 配方名称。在配方组件下拉列表中选中的配方里包含的所有配方。

⑦ 添加。选中需要的配方组中的配方，单击添加即可将配方添加到左侧"添加配方列表"中，配方组中的配方可重复添加，可拖动鼠标同时添加多个配方。

⑧ 移除。选中左侧添加配方列表中的配方，单击移除即可将批次中的指定的配方从左侧列表中删除。

⑨ 导出。单击"导出"可将左侧"添加配方"列表中的项以 xml 配置文件的形式导出，导出的只是批次中配方的配置信息如：批次名称，执行次数，延时，初始脚本，退出脚本，各配方启动条件，结束条件。

⑩ 导入。把配置好的批次 xml 文件导入到系统中，xml 文件格式应与导出文件的格式相同才能导入。

⑪ ↑ ↓ ：使左侧配方列表中选中的配方向上向下移动改变配方的执行顺序。

⑫ 配方延时。每次开始执行配方前先执行配方延时指定的时间再执行配方方案。

⑬ 保存运行时的修改。选中后，在运行时对批次的修改即被保存下来。

⑭ 用户权限。运行状态下只有此用户权限的人才能对批次进行修改。

⑮ 安全区选择。运行状态下只有在安全区内的用户才能对批次进行修改。

⑯ 关系数据库存储运行信息：通过"设置"按钮可以连接数据源。

⑰ 数据源描述。选择所要连接的数据源。

⑱ 数据表名称。在此名称的数据表中将记录批次的执行信息。

⑲ 高级设置。可弹出"批次高级设置"对话框。

（2）高级设置参数。在批次设置对话框单击"高级设置"即可弹出"批次高级设置"对话框。如图 10-12 所示。

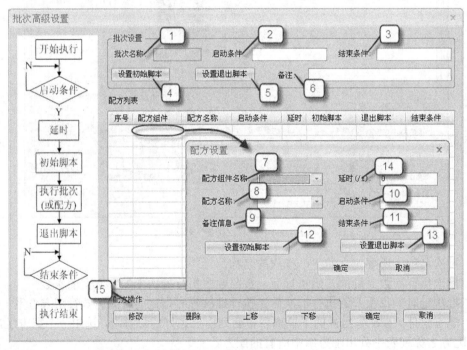

图 10-12 "批次高级设置"对话框

① 批次名称。给出所建批次的名称。

② 启动条件。设置批次启动的条件，只有启动条件满足后，才执行批次中的配方。

③ 结束条件。在批次执行过程中，只有条件满足才结束本次执行自动进入下次执行或结束，否则将处于等待状态，直到条件满足。

④ 设置初始脚本。进入批次运行后，批次的启动条件满足后，先执行批次的初始脚本，执行完后执行批次。

⑤ 设置退出脚本。批次执行完后执行退出脚本，退出脚本执行完后判断批次的结束条件。

⑥ 备注。记录批次的说明信息。

配方列表中给出已经组态好的配方的信息，如需改动可在对应的单元格中单击添加信息配方列表中的信息。

⑦ 配方组件名称。在配方组件名称的下拉列表中会列出已建好的配方组，选中一个配方组，即会在下方配方名称列表中列出配方组中所有的配方。

⑧ 配方名称。已建好的配方组中的配方。

⑨ 备注信息。可输入配方的备注信息。

⑩ 启动条件。在批次启动执行后，进入配方的执行，只有启动条件满足后才开始执行配方方案，否则等待启动条件满足后继续执行配方。

⑪ 结束条件。配方执行完毕后，判断结束条件是否满足，若不满足则等待结束条件满足，配方执行结束，进入下一个配方的执行。

⑫ 设置初始脚本。进入配方运行后，配方的启动条件满足后，先执行配方的初始脚本，执行完后执行配方。

⑬ 设置退出脚本。配方执行完后执行退出脚本，退出脚本执行完后判断配方的结束条件。

⑭ 延时。进入配方运行后，判断配方启动条件，如条件满足则先执行配方延时再执行配方方案。

⑮ 修改、删除、上移、下移。对配方列表中选中的配方进行修改，删除，上移，下移操作。

（3）在批次运行时，可通过 PopManager 函数弹出批次管理界面。如图 10-13 所示。

图 10-13　批次管理界面

① 左侧给出批次的配置信息，双击批次名称可弹出批次的高级设置界面；双击配方名称，

可弹出配方设置界面，可对配方的延时，启动条件，结束条件，备注信息进行修改。如图 10-14 所示。

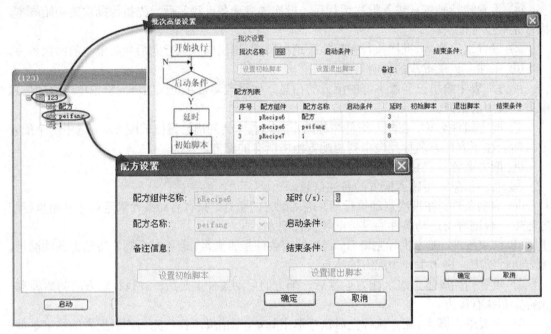

图 10-14　批次的高级设置界面

② 在运行信息框里列出了批次的执行信息，单击鼠标右键，可进行清空和导出操作。

a. 清空：清空批次的执行信息。

b. 导出：将批次的执行信息以 xml 文件的形式导出。

③ 单击编辑按钮，可显示"批次编辑"设置，如图 10-15 所示。

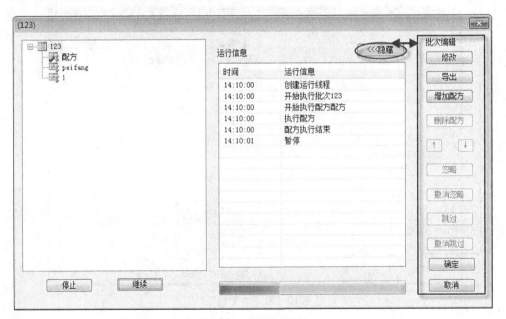

图 10-15　批次编辑设置

a. 修改。可对选定配方的延时，启动条件，结束条件，备注信息进行修改，若选中批次名称单击"修改"，可弹出批次的高级设置界面，对批次及配方的各参数进行修改。

b. 导出。将批次的执行信息以 xml 文件的形式导出"

c. 增加配方。弹出"配方设置"对话框，可选定配方组中的配方进行添加，同时对选定配方的延时，启动条件，结束条件，备注信息进行编辑。

d. 删除配方。删除选定配方。

e. 〔↑↓〕。对选定配方进行下移上移操作。

f. 忽略。对选中配方进行忽略操作时，在批次执行期间不执行此配方，直接执行下一个配方，此操作在批次运行期间有效。

g. 撤消忽略。取消对配方的忽略操作。

h. 跳过。在本次批次执行时，对选中的配方跳过不执行，直接执行下一配方，只在本次批次执行有效。

i. 撤销跳过。取消对配方的跳过操作。

3. **方法及属性**

表 10-4 所示的是属性及方法的功能列表，具体用法请参考函数手册。

10.6 系统函数组件

1. **功能**

封装了一些系统通用函数。

2. **参数设置**

在组态环境，选择工程属性页，打开"后台组件"管理器，选择"系统函数扩展"组件，双击打开系统函数属性页，如图 10-16 所示。单击"确定"按钮，完成组件添加。

图 10-16 系统函数属性页

表 10-4 函数功能

方法及属性	说明
AddRecipe	引入配方
DeleteRecipe	删除配方
GetBatchCycle	获取批次执行次数
GetBatchDelayTime	获取批次延时
GetBatchFinishCondition	获取批次结束条件
GetBatchName	获取批次名称
GetBatchStartCondition	获取批次启动条件
GetRcpComName	获取配方组件名称
GetRecipeDelayTime	获取配方延时
GetRecipeFinishCondition	获取配方结束条件
GetRecipeName	获取配方名称
GetRecipeStart	获取配方启动条件
GetRunSave	获取是否保存运行时的修改

方法及属性	说明
GetUserLevel	获取运行时的修改权限
InsertRecipe	插入配方
IsRun	批次中是否在执行
ModifyBatchCycle	修改批次执行次数
ModifyBatchDelayTime	修改批次延时
ModifyBatchVar	修改批次参数
ModifyRecipeDelayTime	修改配方延时
ModifyRecipeVar	修改配方参数
Pause	暂停批次的执行
PopManager	运行时弹出管理界面
RcpComCount	批次所连接的配方组件的个数
RecipeCount	批次中所加载的配方的个数
ReplaceRecipe	更换配方
Resume	继续批次的执行
Start	启动批次的执行
Stop	停止批次的执行
SwapRecipe	交换配方列表中的两个配方的位置

3. 控件方法

表 10-5 所示的是属性及方法的功能列表，具体用法请参考函数手册。

表 10-5 函数功能

方法	说明
CreatePath	创建文件夹路径
GetDiskSpace	获取指定磁盘的信息，包括该磁盘上的空闲空间大小、总大小、可用大小
GetIP	获取对应适配器的 IP 地址
GetNetGate	获取对应适配器的网关
GetNetMask	获取对应适配器的子网掩码
IsAppActive	判断一个应用程序的活动状态
MsgBox	弹出提示对话框
PathFileExist	判断一个文件或者路径是否存在
Select	选择文件
Color	选择颜色
SelectFileName	选择文件
SelectFilePath	选择文件的路径
SelectFolderPath	选择文件夹的路径
SetIP	设置对应适配器的 IP 地址、子网掩码、网关
SetSystemTime	设置系统时间

图 10-17　定时器控件的属性设置对话框

10.7　定时器

1. 功能

按照设定时间开始倒计时，设定时间到后，停止计时并触发。

2. 参数设置

定时器控件的属性设置对话框如图 10-17 所示，需要设置的参数包括：定时器的定时时间。

3. 属性及方法

表 10-6 所示的是属性及方法的功能列表，具体用法请参考函数手册。

表 10-6　函数功能

属性及方法	说明
GetTime	获得定时器设定的定时时间
RunTime	定时器的运行时间
SetTime	设置定时器的定时时间
Start	定时器开始定时
Status	定时器的状态
Stop	中止正在运行的定时器

10.8　逐行打印

1. 功能

使用针式打印机，并把打印机连接到并口 1 上面，在条件成立时，将链接的变量值用一行打印出来。

2. 参数设置

逐行打印控件的属性设置对话框如图 10-18 所示，其中需要设置的参数包括：控制点、链接变量等。

（1）控制点。可手动写条件语句，也可以连接到力控变量，当条件为 1 时，执行打印。

（2）链接变量。逐行打印的内容。

图 10-18　逐行打印控件的属性设置对话框

单击"增加"按钮，可以增加变量的链接，连接到字符型变量或数据库点的 DESC，可增加多个变量，打印时将变量组合起来，单行打印；"修改""插入"和"删除"按钮可以调整链接的变量。

图 10-19　计时器组件的属性对话框

10.9　计时器

1. 功能

记录组件从开始运行到当前所经过的时间。

2. 参数设置

计时器组件的属性需要在动作脚本中设定和调用，如图 10-19 所示。

3. 属性及方法

表 10-7 所示的是属性及方法的功能列表，具体用法请参考函数手册。

表 10-7 函数功能

属性及方法	说明
Pause	计时器暂停计时
Resume	计时器恢复计时
RunTime	计时器的运行时间
Start	启动计时器计时
Status	计时器的状态
Stop	停止计时器计时

10.10 键盘

1. 功能

作为屏幕键盘使用。

2. 参数设置

键盘控件的属性设置对话框如图 10-20 所示，需要设置的参数包括：键盘类型以及是否初始显示。

（1）键盘类型。可设置三种不同风格的键盘：系统，自定义，数字。

图 10-20 键盘控件的属性设置对话框

（2）初始显示。进入运行状态时是否立即显示键盘控件。

在动作脚本可使用 ShowEx 显示或隐藏，0 时键盘被隐藏，否则显示。如图 10-21 所示。

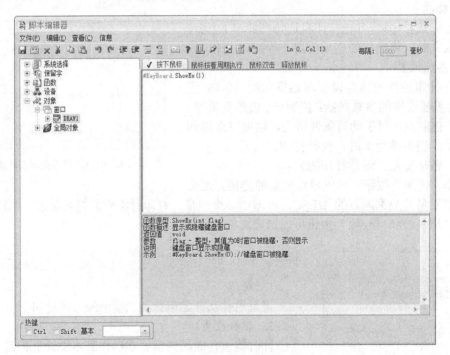

图 10-21 脚本编辑器

10.11 累计器

1. 功能

实现累计功能。

2. 参数设置

累计器控件的属性设置对话框如图 10-22 所示，其中需要设置的参数包括：触发条件、增量、保存方式等。

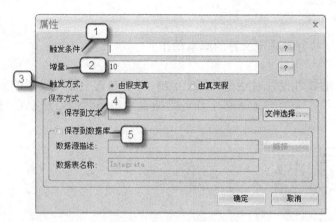

图 10-22 累计器控件的属性设置对话框

（1）触发条件。条件表达式，当条件成立时，触发累计器开始运行，可手动直接填写或连接到力控变量。

（2）增量。累计器的每次增量值，可手动填写或连接到力控变量。

（3）触发方式。可选择两种触发方式，触发条件由假变真时、由真变假时。

（4）保存文本。以 .txt 格式保存成文本文件，运行系统退出时保存到文件中，工程运行取上一次退出保存的数据。

（5）保存到数据库。自定义链接于数据表名，若数据库表不存在，则先创建指定名称的表，运行系统退出时保存到数据库中，运行系统启动取最后一条记录的数据。

3. 属性及方法

表 10-8 所示的是属性及方法的功能列表，具体用法请参考函数手册。

表 10-8 函数功能

属性及方法	说明
Accord	累计器的触发方式
CurrentRunTime	当前运行时间
Gross	累计总量
Increment	增量
ModifyCurrentTime	修改当前运行时间
ModifyGross	修改总量
ModifyStartupTimes	修改累计运行次数
ModifyTotalTime	修改累计运行时间

属性及方法	说明
StartupTimes	累计运行次数
TotalRunTime	累计运行时间
Trigger	触发条件

10.12 时间调度

1. 功能

按照设定的时间执行预先定义好的脚本动作。

2. 参数设置

时间调度控件的属性设置对话框如图 10-23 所示，其中需要设置的参数包括：任务信息，以及添加任务等。力控增加了每个任务类型设置多组时间，所以在时间设定处可增加多个任务。

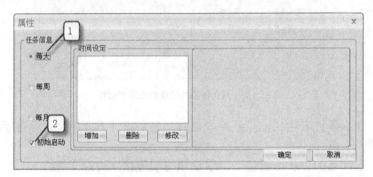

图 10-23　时间调度控件的属性设置对话框

（1）任务信息。选择"每天"，调度脚本会按照时间设定属性，每天执行。选择"每周"，调度脚本按照每周的星期几来执行，需要选中星期几。选择"每月"，调度脚本按照每个月的几号来执行。需要选中日期，如果选中"最后一天"则在每个月的最末一天执行动作。如图10-24 所示。

（2）初始启动。若选中，则系统一进入运行环境就按照预先设定的任务执行脚本动作。

3. 属性及方法

表 10-9 所示为属性及方法的功能列表，具体用法请参考函数手册。

表 10-9　　　　　　　　　　　　　　函数功能

属性及方法	说明
GetEndTime	获得时间调度设定的结束时间的小时数，分钟数和秒数
GetITime	获得时间调度设定的间隔时间
GetLoopFlag	获得时间调度设定的循环标记
GetStartTime	获得时间调度设定的开始时间的小时数，分钟数和秒数
GetType	获得时间调度的设定类型
GetVal	获得时间调度设定的日期数据
PopDlg	弹出配置对话框

属性及方法	说明
SetEndTime	设置时间调度设定的结束时间
SetITime	设置时间调度设定的间隔时间
SetLoopFlag	设置时间调度设定的循环标记
SetStartTime	设置时间调度设定的开始时间
SetType	设置时间调度设定类型
SetVal	设置时间调度设定的日期数据
Start	时间调度开始启动
Status	状态
Stop	中止正在运行的时间调度

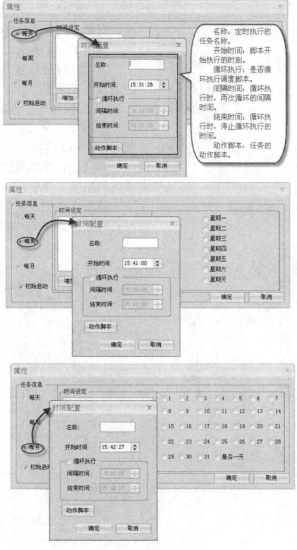

图 10-24 属性对话框

10.13 语音报警

1. 功能

将被关注变量的报警信息转成语音通过声卡播放。

注意　使用语音报警首先要安装 MS Speech 5.1.msi 软件包，这样才能播放出报警声。

2. 参数设置

在力控开发系统的导航栏中依次单击工程→后台组件，打开后台组件列表后，在组件列表选择"语音报警"，双击，弹出"语音报警"组件的属性设置对话框。

图 10-25　"语音格式"页

（1）语音格式参数。进入属性对话框的"语音格式"页，如图 10-25 所示。

① 增加报警。增加组件的关注变量，以及在变量发生报警时的读音格式、读音次数等，如图 10-26 所示。

② 修改报警。修改已经添加的关注变量的语音格式设置。

③ 删除报警。删除已添加的关注变量。

④ 导入。导入已有的语音报警组件的配置文件，xml 格式。

⑤ 导出。将当前的语音报警组件的配置导出到配置文件中，xml 格式。

单击"增加报警"按钮，弹出报警参数设置对话框，如图 10-26 所示。

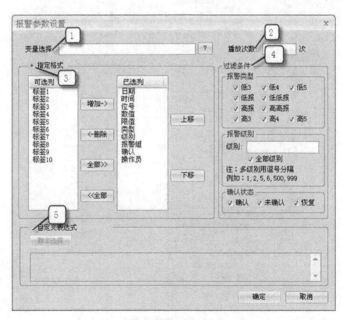

图 10-26　"报警参数设置"对话框

参数含义如下。

① 变量选择。填写、选取要关注的发生报警的变量。

② 播放次数。变量发生报警时，播放与此变量相关的语音次数，设定值为-1，语音会一直反复播放，可设范围为 1～10。

③ 指定格式。可选取预先定义好的项目，并可调整项目的先后顺序，排在上方的项目会先读。

④ 过滤条件。可选取关注变量产生报警时，需要关注的报警类型，如果不选取，此种报警类型发生时，组件会忽略报警，不会读取语音。报警级别、确认状态同样。

⑤ 自定义表达式。可使用力控的脚本编辑器编辑，语音读取时，会读取脚本表达式的返回值，如果要读取字符串，可用：Var.desc+"字符串"，其中 var.desc 是字符型，字符串中只能是英文 A～Z 和 a～z 字母、数字、汉字。

（2）语音设置。进入属性对话框的"语音设置"页，如图 10-27 所示。

① 语速。用滑块调整语速快慢。

② 音量。用滑块调整音量高低。

③ 报警消息播放方式。选取多个关注变量同时报警时，按照选定的顺序播放语音。

④ 声音。选取何种声音，如果使用汉字，推荐使用 "Microsoft simplified Chinese"，否则会不能正常读出汉字。如勾选播放声音项则报警时有声音。如勾选播放说明项则播放时会播放字段说明，例如没选中播放说明时：**，**。；选中后：时间，**，位号，**。

⑤ 测试。测试读取指定字符的读音是否正常。

（3）数据绑定。进入属性对话框的"数据绑定"页，如图 10-28 所示。

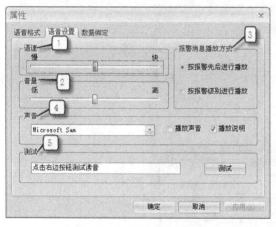

图 10-27 "语音设置"页

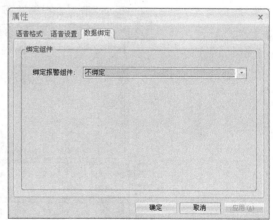

图 10-28 "数据绑定"页

绑定报警组件：设置需要绑定的报警中心。

3. 方法及属性

表 10-10 所示为属性及属性的功能列表，具体用法请参考函数手册。

表 10-10　　　　　　　　　　　　　　　　　函数功能

属性方法	说明
CancelCurPlay	取消当前正在播放的报警，播放下一个报警
CancelPlayList	清除正在播放的报警语音队列，等待播放新的报警语音

续表

属性方法	说明
nRate	设置语速
Read	读取指定字符串
SetVoice	设置是否播放报警语音
Skip	跳过当前正在播放的语音
nVolume	设置音量

10.14 手机短信报警

1. 功能

手机短信控件配合短信模块（西门子，华荣汇）用来给手机发送短消息。

2. 参数设置

（1）"短消息发送设置"对话框参数。在"后台组件"管理中双击手机短信控件，会弹出"短消息发送设置"对话框如图 10-29 所示。

① 手机号码库。可编辑一个手机号码及说明的列表。此列表的成员可以用于变量报警列表成员中手机号码设置的快捷输入。

② 变量名。可自由增加、修改或删除需要监测的变量。双击变量名列表或单击"添加变量"按钮可弹出"变量报警短消息设置"对话框。

③ 通讯设置。设置通讯端口及协议初始化设置。

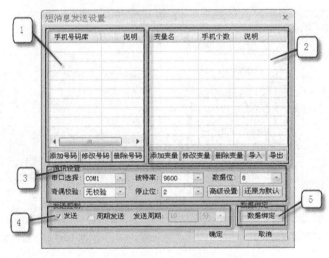

图 10-29 "短消息发送设置"对话框

④ 发送方式。包括一次发送和周期发送两种方式。

⑤ 数据绑定。可绑定其他报警组件。

（2）"变量报警短消息设置"对话框参数。双击变量名列表，可进入"变量报警短消息设置"对话框参数设置，如图 10-30 所示。

① 变量选择。单击 ? 处时弹出"变量选择"对话框，选择变量。注意：变量名不能与变量列表中已存在的项重复，若说明为空，则变量名作为短信头。

② 说明。变量点的说明信息。作为短信头发送出去。

③ 添加号码。添加变量报警时，需要通知的手机用户。双击手机号码列表框出现图 10-31 所示的内容。

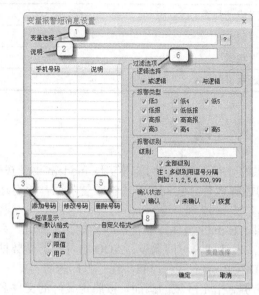

图 10-30 "变量报警短消息设置"对话框

图 10-31 手机号码列表框

④ 修改号码。修改已添加的手机用户。

⑤ 删除号码。删除已添加的手机用户。

⑥ 过滤逻辑与过滤条件说明。有两种逻辑，或逻辑为弱匹配，与逻辑为强匹配。选择"或逻辑"后，各个过滤条件之间为弱匹配关系。例如选择低低报和低级后，只要产生的报警满足其中任一个条件，这个报警就会发送。例如产生一个高报和低级的警告，由于符合低级条件，就会发送。选择"与逻辑"后，各个过滤条件之间为强匹配关系。例如选择低低报和低级后，产生的报警只有完全满足这两个条件，报警才会发送。而确认状态未选，则不参与运算，对报警结果不影响。过滤条件包括报警类型和报警级别。

⑦ 短信显示。默认选择"默认格式"。也可以定义自定义格式。默认格式：选择后，短信内容默认含有报警类型、报警级别和确认状态，数值、限值和用户可以自定。格式为"×× 报警：报警类型，报警级别，确认状态，数值，限值，用户"。

⑧ 自定义格式。需要用户自行填写脚本，显示格式为"×× 报警：脚本运行结果"。

例如：如果 a1.DESC=ABC，填"a1.DESC"，则脚本执行结果是"ABC"，短信内容显示为"×× 报警：ABC"

3. 属性及方法

表 10-11 所示的是属性及方法的功能列表，具体用法请参考函数手册。

表 10-11 函数功能

属性及方法	说明
Cycle	是否处于循环发送状态
Msg	最近一条短信的发送信息内容
PropDlg	弹出属性配置界面
SendMsg	添加短信报警

续表

属性及方法	说明
SendSuccess	最近一条短信的发送成功与否
ShouldSend	有报警时是否发送短信
State	最近一条短信的发送状态
TelNum	最近一条短信的发送手机号码

本 章 小 结

1. 了解后台组件是力控监控组态软件提供的一组工具，它们能够实现 modem 语音拨号、语音报警、逐行打印等功能，随运行系统一起加载运行，它们只有属性设置界面，没有运行界面，后台组件由此得名。

2. 了解力控提供的后台组件有：截屏组件，E-mail 组件，语音拨号，批次，配方，系统函数组件，定时器，逐行打印，计时器，键盘，累计器，时间调度，ADO 组件，历史数据中心，报警中心，语音报警，手机短信报警，ODBCRouter 后台控制，逐行打印报警等。

3. 了解截图组件可设定手动、定时截取全屏、指定区域的画面，按照定义好的文件名生成扩展名是.jpg 的图片文件，存储到指定目录下。

4. 学会使用带有语音功能的 Modem，在触发条件成立时，拨打指定号码的电话，并播放指定的语音文件，如报警产生时，用于拨号报警。

5. 配方组件是针对工业中要求有不同的生产方案而提出的一种控制工具，对同一个生产过程可以通过改变其配方来生产同一产品的不同配料方案。使用配方组件可以使控制过程自动化程度加深。

6. 批次组件是针对工业中要求不同的生产方案有规律地轮流执行的工艺，继配方之后提出的一种组件，与配方结合应用，可完成繁琐的控制工程，使控制过程简单容易。

7. 学会运用定时器、计时器、累计器进行时间调度，还采用语音报警，运用手机短信报警。

思 考 题

1. 如何运用截图组件设定手动、定时截取全屏、指定区域的画面？
2. 如何采用带有语音功能的 Modem 用于拨号报警？
3. 如何采用配方组件使控制过程自动化程度加深？
4. 如何采用批次组件与配方结合应用使控制过程简单？
5. 如何采用运用定时器、计时器、累计器进行时间调度？
6. 如何采用语音报警和运用手机短信报警？

第 **11** 章 运行系统及安全管理

【本章学习目标】

1. 了解力控监控组态软件的运行系统由多个组件组成，进行启动、停止、监视等操作。
2. 了解运行系统主要是使用标准菜单和自定义菜单进行管理。
3. 学会对力控监控组态软件的运行系统参数进行设置。
4. 学会在力控监控组态软件中实现开机自动运行这个功能的配置。
5. 学会力控监控组态软件提供的安全管理的设置。

【教学目标】

1. 知识目标：了解组态工程中的运行系统的作用，具体分析怎样进行标准菜单和自定义菜单的管理，同时了解力控监控组态软件提供的安全管理的设置。
2. 能力目标：通过组态软件的启动、停止、监视等具体操作，掌握使用标准菜单和自定义菜单对运行系统进行管理的方法。

【教学重点】

掌握标准菜单和自定义菜单的使用方法。

【教学难点】

学会力控监控组态软件提供的安全管理的设置。

【教学方法】

演示法、操作法、思考法、讨论法。

力控监控组态软件的运行系统由 View、DB、I/O 程序等多个组件组成。所有运行系统的组件统一由力控监控组态软件进程管理器管理，进行启动、停止、监视等操作。

运行系统 View 用来运行由开发系统 Draw 创建的画面工程，主要完成 HMI 部分的画面监控；区域实时数据库 DB 是数据处理的核心，是网络节点的数据服务器，运行时完成数据处理、历史数据存储及报警的产生等功能；I/O 程序是负责和控制设备通信的服务程序，支持多种通信方式的网络，包括串口、以太网、无线通信等。

力控监控组态软件提供了一系列的安全保护功能以保证生产过程的安全可靠性，在运行系统 View 中，通过设置安全管理功能，可以防止人员意外地、非法地进入开发系统进行修改参数及关闭系统等操作，同时可以避免对未授权数据的误操作。

11.1 运行系统

本节主要介绍力控监控组态软件的运行系统 View。在工程运行之前首先在界面开发系统中设计画面工程，然后再进入运行环境中运行工程。

11.1.1 进入运行系统

进入运行系统的方式有以下三种。

(1) 选择工程管理器工具栏的按钮 。

(2) 单击开发环境中工具栏中的 按钮进入运行系统。

(3) 选择菜单命令"文件→进入运行"。

11.1.2 运行系统的管理

运行系统主要使用菜单来进行管理,菜单是用户与应用程序进行交互的重要手段。缺省情况下 View 提供了一些标准菜单。另外力控监控组态软件提供了自定义菜单功能,用户可以根据需要自行设计运行系统 View 运行时的顶层菜单及弹出菜单。

1. 标准菜单

在缺省情况下,View 提供了图 11-1 所示的标准菜单。

(1) "文件"菜单

"文件"菜单中各项功能如表 11-1 所示。

表 11-1 "文件"菜单功能

下拉菜单	功能	说明
	打开	弹出"选择窗口"对话框,单击要打开的窗口名称,选中后背景色变蓝,单击"确认"按钮,选择的窗口成为当前运行的窗口
	关闭	关闭当前运行的画面
	全部关闭	关闭当前所有运行的画面
	快照	运行系统 View 提供的快照功能可以记录某一时刻的画面内容
	快照浏览	浏览以前形成的画面快照内容。当浏览完毕后,可以返回 View 运行窗口
	打印	将当前运行画面的内容打印到系统默认打印机上
	进入组态状态	系统自动进入到开发系统 Draw,并打开运行系统 View 中的窗口画面
	退出	运行系统 View 程序关闭

例如:当操作人员在画面上观察到某一时刻的生产情况需要记录时,可以使用快照功能将这一时刻的画面内容完全记录下来。对当前运行的画面进行快照操作时,步骤如下。

① 用鼠标单击画面,使其成为当前活动画面。

② 选择菜单命令"文件→快照",弹出图 11-2 所示的对话框,输入快照名称。

图 11-2 "键盘"对话框

③ 输入快照名称后，按下回车键。如果输入的快照名称已经存在，系统提示是否覆盖旧的快照，如图11-3所示。选择"是（Y）"按钮则进行覆盖，选择"否（N）"按钮后需重新输入快照名称。

④ 以上操作完成后，画面这一时刻的内容即被记录，并保存成文件。

若要查看，选择菜单命令"文件→快照浏览"。如图 11-4 所示，在"快照选择"下拉列表中，选择所要浏览的快照名称，所选的快照浏览内容即在快照显示窗口中显示出来。

图 11-3　系统提示对话框

图 11-4　"快照浏览"对话框

（2）"特殊功能"菜单

"特殊功能"菜单中各项功能如表 11-2 所示。

表 11-2　　　　　　　　　　　　　"特殊功能"菜单功能

下拉菜单	功能	说明
特殊功能(S) 通信初始化 事件记录显示 登录(I) 注销(O) 禁止用户操作 漫游图	通信初始化	初始化通信
	事件记录显示	显示"力控监控组态软件日志系统"窗口
	登录	可以进行用户登录
	注销	注销当前登录的用户
	禁止用户操作	当以某一用户身份登录后，可以选择菜单命令"特殊功能/禁止用户操作"，禁止或允许对所有数据的下置操作
	漫游图	漫游图可以预览运行系统 View 中打开的画面，可以选择不同大小的预览画面。在预览时有部分的控件不能在漫游图中显示

（3）"帮助"菜单

"帮助"菜单中各项功能如表 11-3 所示。

表 11-3　　　　　　　　　　　　　帮助菜单功能

下拉菜单	功能	说明
帮助(H) 关于View	关于 View	提供 View 版本号

2. 自定义菜单

（1）相关概念

① 顶层菜单。是指位于窗口标题下面的菜单，运行时一直存在，也称作主菜单。顶层菜单中可以包括多级下拉式菜单。

② 弹出菜单。是指右键单击窗口中对象时出现的菜单，当选取完菜单命令后，立即消失。

③ 分隔线。菜单按功能分类的标志，是一条直线，它使菜单列表更加清晰。

④ 快捷键。快捷键是与菜单功能相同的键盘按键或按键组合，如 F1 键、Ctrl+C 组合键等。

（2）创建自定义菜单

自定义菜单分为两种，一种为主菜单，另一种为右键菜单。其中，主菜单是显示在运行系统标题下的菜单；右键菜单是针对某一图形对象，单击右键时弹出的菜单。

① 在开发系统"工程"导航栏中选择"菜单→主菜单"，或者在导航栏中选择"菜单→右键菜单"，弹出的"菜单定义"对话框如图 11-5 所示。其中各项的意义解释如下。

a."使用缺省菜单"。勾选此项时，系统将不会使用自定义菜单，而是使用标准菜单。

b. 单击"增加/插入"按钮，或者选中一菜单项后单击"修改"按钮，弹出"菜单项定义"对话框，如图 11-6 所示。

图 11-5 "菜单定义"对话框

图 11-6 "菜单项定义"对话框

c. 选中一菜单项后单击"删除"按钮，可以删除选择的菜单项。

d. 通过"↑ ↓ → ←"按钮可以调整菜单项的位置。

② 图 11-6 所示的"菜单项定义"对话框中各项的意义解释如下。

a."分隔线"。表示此菜单项与上一菜单项之间采用分隔线进行分隔。

b. 标题。在菜单中所见到的菜单项文本。

c. 动作。选择运行菜单项时执行的动作，有些动作需要另外的参数。例如：选择打开窗口将提示输入窗口名称。

d. 快捷键。选中此项后，鼠标移到右面输入框中，然后直接按下要选用的键盘按键或键组合。例如：Ctrl+Shift+X。

e. 操作限制。选中此项后，右面将出现"条件定义"按钮，单击该按钮，弹出的对话框如图 11-7 所示。在该对话框中可以输入限制条件的表达式。

f. 选中标记。勾选此项后，在运行系统中，被选择的右键菜单命令前会出现选中标记。

图 11-7 "条件定义"对话框

③ 删除右键菜单。在"工程"导航栏中"菜单"下，选中要删除的菜单，单击右键，在右键菜单中选取"删除"，将删除选中的右键弹出菜单。

④ 使用右键菜单。先定义右键菜单，然后在窗口中选择某一对象，双击后出现"动画连接"对话框，单击"右键菜单"按钮，出现"右键菜单指定"对话框（如图 11-8 所示），输入或选择弹出菜单名称，再选择弹出菜单与光标对齐方式后，单击"确定"返回。在 View 运行时，用鼠标右键单击图形对象将弹出选择的右键菜单名。

11.1.3 运行系统参数设置

运行系统 View 在运行时会涉及许多系统参数，这些参数主要包括运行系统参数、打印参数等，会对 View 的运行性能产生很大影响。

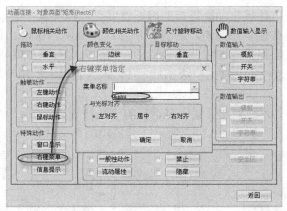

图 11-8　"右键菜单指定"对话框

1. 参数设置

在系统进入运行前，根据现场的实际情况，需要对运行系统的参数进行设置，设置的方法如下。

在开发系统 Draw 中，选择配置导航栏中的"系统配置→运行系统参数"，如图 11-9 所示。图 11-10 所示的是"系统参数设置"对话框的"参数设置"页，其中各项的意义解释如下。

图 11-9　运行系统参数

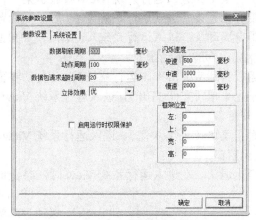

图 11-10　参数设置页

（1）数据刷新周期。运行系统 View 对数据库 DB 实时数据的访问周期，缺省为 200ms，建议使用默认值。

（2）动作周期。运行系统 View 执行脚本动作的基本周期，缺省为 100ms，建议使用默认值。

（3）数据包请求超时周期。在运行系统中，与数据源的请求接收数据包的超时时间超过设定值即为超时，缺省为 120s，建议使用默认值。

（4）触敏动作重复延时时间。在运行系统 View 中，鼠标按下时对象触敏动作周期执行的时间间隔，缺省为 1000ms。

（5）立体效果。设置运行时立体图形对象的立体效果，包括优、良、中、低和差五个级别。立体效果越好对计算机资源的使用越多。

（6）闪烁速度。组态环境中动画连接的闪烁速度可选择快速、中速和慢速三种。而每一种对应的运行时速度是在这里设定的，缺省值分别为 500ms、1000ms 和 2000ms。

（7）启用运行时权限保护。选中此项设置后，当进入运行系统时，需要输入用户管理中设置的用户名和密码。选择了某种用户级别后，只有该级别以上的用户才可以进入运行系统。

2. 系统设置

图 11-11 所示的是"系统参数设置"对话框的"系统设置"页。

（1）"菜单/窗口设置"框如图 11-12 所示。其各项的意义解释如下。

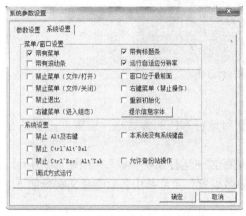

图 11-11 "系统设置"页

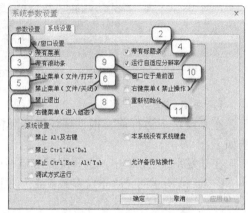

图 11-12 菜单/窗口设置

① 带有菜单。进入运行系统 View 后显示菜单栏。

② 带有标题条。进入运行系统 View 后显示标题条。

③ 带有滚动条。进入运行系统 View 后，如果画面内容超出当前 View 窗口显示范围，则显示滚动条，可以滚动画面。

④ 运行自适应分辨率。运行系统 View 自动将窗口的分辨率调节为 PC 桌面的分辨率。

⑤ 禁止菜单（文件/打开）。进入运行系统 View 时，菜单"文件[F]/打开"项隐藏，以防止随意打开窗口。

⑥ 禁止菜单（文件/关闭）。进入运行系统 View 时，菜单"文件[F]/关闭"项隐藏，以防止随意关闭窗口。

⑦ 禁止退出。在进入运行系统 View 时，禁止退出运行系统。

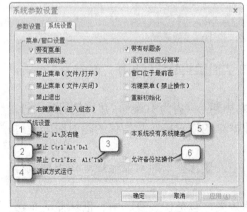

图 11-13 系统设置

⑧ 右键菜单（进入组态）。在运行情况下可以通过右键菜单进入开发系统 Draw。

⑨ 窗口位于最前面。进入运行系统 View 后，View 应用程序窗口始终处于顶层窗口。其他应用程序即使被激活，也不能覆盖 View 应用程序窗口。

⑩ 右键菜单（禁止操作）。在运行情况下右键菜单出现"禁止/允许用户操作"。

⑪ 重新初始化。一些情况下 DB 重启后，View 会重新连接 DB，使界面上数据连续刷新。此功能为特殊应用，需配合相关组件使用。

（2）"系统设置"框如图 11-13 所示。其各项的意义解释如下。

① 禁止 Alt 及右键。在进入运行系统 View 后，系统功能热键 "Alt+F4"、右键失效；运行系统 View 的系统窗口控制菜单中的关闭命令、系统窗口控制的关闭按钮失效。

② 禁止 Ctrl^Alt^Del。在进入运行系统 View 后，操作系统不响应热启动键 "Alt+Ctrl+Del"，可以防止力控监控组态软件运行系统被强制关闭。

③ 禁止 Ctrl^Esc Alt^Tab。在进入运行系统 View 后，操作系统不响应系统热键 "Ctrl+Esc" 和 "Alt+Tab"。

④ 调试方式运行。可以设置调试方式进行脚本调试。

⑤ 本系统没有系统键盘。在进入运行系统 View 后，对所有输入框进行输入操作时，系统自动出现软键盘提示，仅用鼠标单击就可以完成所有字母和数字的输入。此参数项适用于不提供键盘的计算机。

⑥ 允许备份站操作。用于双机冗余系统中，选择此项后，从站也可以操作。

11.1.4　开机自动运行

在生产现场运行的系统，很多情况下要求启动计算机后就自动运行力控监控组态软件的程序。在力控监控组态软件中实现这个功能的配置方法为：在开发系统 "配置导航栏→系统配置→初始启动程序" 下，将开机自动运行功能选中，弹出 "初始启动设置" 对话框，如图 11-14 所示。缺省延时运行时间是 1000ms。

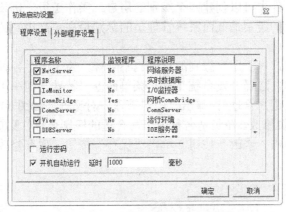

图 11-14　"初始启动设置" 对话框

11.2　安全管理

安全保护是现场应用系统不可忽视的问题，对于有不同类型的用户共同使用的大型复杂应用工程，必须解决好授权与安全性的问题，系统必须能够依据用户的使用权限允许或禁止其对系统进行操作。力控监控组态软件提供的安全管理主要包括用户访问管理、系统权限管理、系统安全管理及工程加密管理。

11.2.1　用户访问对象管理

对开发系统 Draw 上的图元、控件、变量等对象设置访问权限，同时给用户分配访问优先级和安全区，运行时当操作者的优先级小于对象的访问优先级或不在对象的访问安全区内时，该对象为不可访问。也就是说，要访问一个有权限设置的对象，要求具有访问优先级，而且操作者的操作安全区须在对象的安全区内时，方能访问。访问过程如图 11-15 所示。

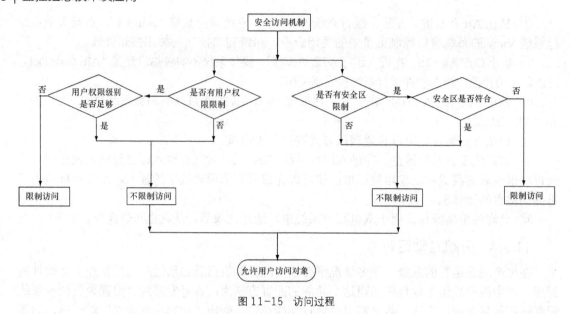

图 11-15 访问过程

（1）用户级别

在力控监控组态软件中可以创建四个级别的用户：操作工级、班长级、工程师级和系统管理员级。其中操作工的级别最低而系统管理员的级别最高，高级别的用户可以修改低级别用户的属性。

因为不同的行业用户对于用户级别的称号也不一样，为了满足各种行业的需求，用户可以修改用户权限的名称。选择开发系统 Draw 菜单命令"特殊功能→用户管理"或"配置"导航栏中"用户配置→用户管理"，弹出"用户管理"对话框（如图 11-16 所示）。级别名称可在"级别名称修改"页修改。在级别名称中填写合适的级别名称，长度限制在 32Byte 之内。级别名称填写完后，单击"修改"按钮。单击"保存"按钮，保存修改后的级别名称并退出"用户管理"对话框。

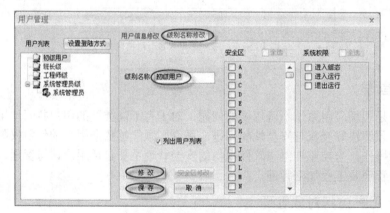

图 11-16 "用户管理"对话框

用户管理界面为树状结构，第一级为用户级别名称，下一级为用户名称。如果没有创建任何用户，或在进入运行系统时没有一个已创建用户登录，系统缺省提供的访问权限为操作工权限。

（2）安全区

在控制系统中一般包含多个控制过程，同时也有多个用户操作该控制系统。为了保护控制对象不接受未授权的写操作，提供了安全区的功能，即将需要授权的控制过程的对象设置安全区，同时给操作这些对象的用户分别设置安全区。每一个用户名可以对应多个安全区，每个安全区也可以对应多个用户名，一个对象也可以对应多个安全区。可以将安全区看作是一组带有同样安全级别的数据库块，有特定的安全区操作权限的操作员可以对任何这个安全区的数据进行写操作。

力控监控组态软件中最多可以设置 256 个安全区，其中前 26 个默认为 A～Z，但所有的安全区的命名都是可以更改的。安全区支持中文名称。安全区名字不能超过 32 个字符的长度（汉字为 16 个汉字）。

在"用户管理"对话框中（如图 11-17 所示），单击 安全区修改 按钮。在"安全区修改"对话框中，选中要改名的安全区单击 改名 按钮，输入新安全区名，单击 确定 按钮，退出"安全区修改"对话框，返回到"用户管理"对话框。

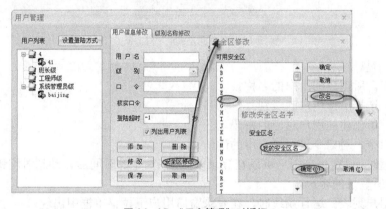

图 11-17　"用户管理"对话框

（3）安全区与用户级别的关系

对于某个对象，既可以用安全区限制对它的操作，也可以用用户级别限制对它的操作，也可以两方面同时限制。

11.2.2　用户级别及安全区的配置方法

1. 创建用户和安全区

若要创建用户和安全区，选择开发系统 Draw 菜单命令"特殊功能→用户管理"或配置导航栏中"用户配置→用户管理"，弹出"用户管理"对话框，如图 11-18 所示。

图 11-18　"用户管理"对话框

2. 用户管理

用户管理对话框如图 11-19 所示。

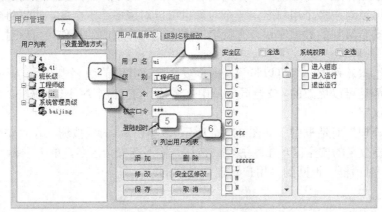

图 11-19 "用户管理" 对话框

（1）用户信息

① 用户名。所创建的用户的名称。

② 级别。选择所建用户的级别。

③ 口令。所创建的用户对应的密码。

④ 核实口令。对口令进行进一步的确认。

⑤ 登录超时。设定每个用户可以在登录以后，在指定的时间后自动超时注销，默认为-1，表示不会注销所登录的客户。

⑥ 列出用户列表。运行系统时，在登录窗口用户下拉菜单框中出现。

⑦ 设置登录方式。与 IE（IIS）发布相关，详细内容请查看 IE 发布相关章节。

（2）添加用户

将用户信息填写完成后，单击 添加 按钮后，会在左侧的对应用户级别的树下面出现所建的用户名，然后再单击 保存 按钮，退出用户管理配置。

（3）修改用户

在左侧的树中选中要修改的用户，此时可以对用户的信息进行修改。修改完成后，单击 修改 按钮，然后再单击 保存 按钮，退出用户管理配置。

（4）删除用户

在左侧的树中选中要删除的用户，单击 删除 按钮，将会在左侧树中删除该用户。

（5）安全区的设置

在安全区的列表框中，选择用户对应的安全区，选中后，安全区的名称复选框中是选中的状态，如图 11-19 所示。

（6）说明

左面用户列表采用树状结构描述用户级别，选中某个用户后右侧列出用户的各种设定（包括安全区和系统权限），修改后单击"修改"按钮修改用户的设定情况。新增加的登录超时功能可以设定用户登录以后多长时间后自动注销登录。为了兼容以前的操作方式默认设置为-1，-1 表示用户登录以后永不超时。用户的安全区和系统权限可以逐个指定，选中的表示有此权限，其上面的全选功能可以全部选择和全部取消选择。

3. 对象安全设置

用户在系统中可访问的对象包括变量、图元和控件。下面分别介绍它们的安全设置。

（1）变量安全级别和安全区设置

① 变量的安全级别的配置。与用户级别相对应，力控监控组态软件变量也有 4 个安全级别，即操作工级、班长级、工程师级和系统管理员级。设置了变量的访问级别后，只有符合此安全级别或高于此安全级别的用户才能对变量进行操作。

变量的访问级别在开发系统 Draw 中进行变量定义时进行指定。

下面以中间变量为例进行配置步骤说明。在开发系统 Draw 工程导航栏中，选择"变量→中间变量"，新建中间变量，在安全级别处选择"工程师级"，如图 11-20 所示。

② 变量的访问安全区的配置。每个变量可以指定属于一个安全区，也可以不指定安全区。指定安全区后只有具有此安全区操作权限的用户登录以后才可以修改此变量的数值。如图 11-21 所示。

图 11-20　工程师级设置

图 11-21　安全区设置

运行系统 View 在初始启动后，若没有任何用户登录，此时 View 对变量数据的访问级别最低，即"操作工级"级别，也就是说，只有具备"操作工级"级别的变量可以被修改。对于设定了更高级别的变量，当要被越权修改时，运行系统 View 会出现图 11-22 所示的提示信息。

单击"确定"，这时出现图 11-23 所示的"登录"对话框。

图 11-22　提示信息

图 11-23　"登录"对话框

若要进行用户登录，也可以选择运行 View 菜单命令"特殊功能→登录（T）"，或用鼠标右键单击 View 工作窗口后在弹出的右键菜单中选择"登录"，这时也会出现图 11-23 所示的"登录"对话框。

在对话框中分别输入用户名和口令（用户名和口令标识不区分大小写），然后单击"确定"按钮。如果用户口令不正确，系统出现图 11-24 所示的提示信息。

在运行系统中，若要修改设置了访问级别的变量，首先需要具有相应级别（或更高级别）的用户权限，才能进行修改。

（2）图元对象动画连接安全区的管理

针对具体的对象，如果对它进行动画连接，那么对该动画所有的写操作，都要受安全区的限制，一种动画连接可以对应多个安全区。

图 11-24　重新输入提示

用户可以组态图元动画连接中的用户安全区。只有用户指定了操作动作的图元才可以指定安全区。每一个图元可以指定多个安全区，运行中只要用户有其中一个安全区的操作权限就可以操作此图元。如果任何安全区都不设置表示没有安全区的保护限制。

设置方法如图 11-25 所示。打开对象的"动画连接"对话框，单击"安全区"按钮，弹出安全区"选择"对话框。

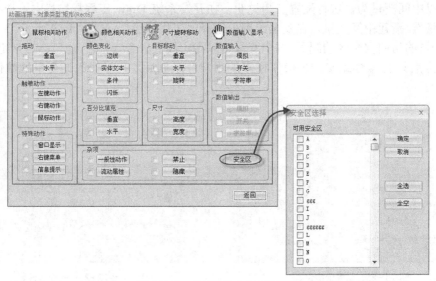

图 11-25　动画连接安全区的设置

图 11-26　"属性"对话框

（3）控件安全级别和安全区设置

力控对部分控件也集成了权限管理，可设置访问权限和安全区。下面以 Windows 控件中的下拉框为例进行说明。双击下拉框控件进入"属性"对话框，如图 11-26 所示，在"权限"框中进行配置。

4. 用户管理和安全区的脚本函数

（1）用户管理的脚本函数

力控监控组态软件提供相关的函数和变量以实现更为灵活的用户管理。这里仅提供简要说明，具体用法请参考函数手册。

① 函数有以下两种。

a. UserPass。用于修改用户口令。调用该函数时将出现一用户口令修改对话框，在该对话框中，用户可以改变当前已登录用户的口令。

b. UserMan。用于增加或删除用户。调用该函数时将出现一用户管理对话框，在该对话框中，用户可以添加新的用户或删除已有用户。

② 系统变量有以下两种。

a. $UserLevel。当前登录的用户的用户级别。

b. $UserName。当前用户名。

③ 下面结合实例来说明用户管理函数和变量的使用。

在 Draw 中的用户管理器中按上面的方法建立 4 个用户，分别为："a"，操作工级，口令"aaa"；"b"，班长级，口令"bbb"；"c"，工程师级，口令"ccc"；"d"，系统管理员级，口

令 "ddd"。

在 Draw 的窗口中创建两个文本，显示内容分别是 "当前用户名称" 和 "当前用户级别"；同时创建两个变量显示文本框 "########"，分别显示系统变量 "$Username" 和 "$Userlevel"。如图 11-27 所示。

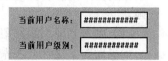

图 11-27 创建文本和变量

接着创建两个按钮 "修改当前用户密码" 和 "添加/删除用户"。

在 "修改当前用户口令" 按钮创建动画连接 "左键动作"，在动作编辑器里输入内容 "Userpass()"；在 "添加/删除用户" 按钮创建动画连接 "左键动作"，在动作编辑器里输入内容 "Userman()"。

进入运行后，以用户 "c" 登录。则画面显示如图 11-28 所示。

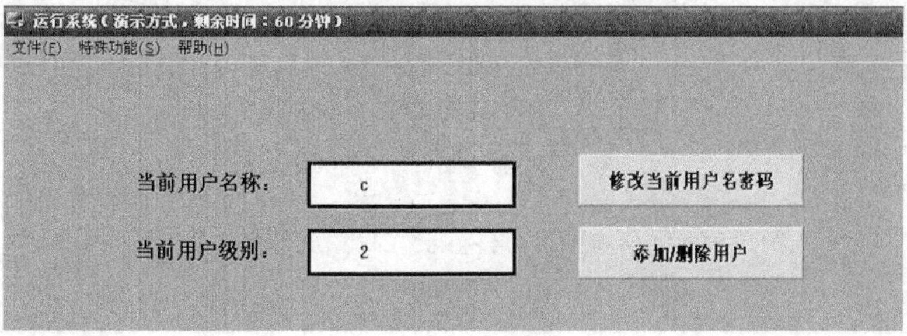

图 11-28 登录界面

当前用户名为 "c"，用户级别为 "2"，表示级别为工程师级。单击按钮 "修改当前用户名密码"，在弹出的对话框中将原口令修改为 "123"，单击 "确定"，在下次登录时，用户 "c" 的口令变为 "123"。

单击按钮 "添加/删除用户"，出现图 11-29 所示的对话框，可以在此添加、修改用户。但要注意的是，因为我们是以用户 "c" 登录的，用户 "c" 的级别为工程师级，因此只能对低于工程师级的用户进行 "添加/删除/修改" 操作。

（2）安全区的脚本函数

力控监控组态软件提供了对安全区操作的函数来对安全区进行更灵活的操作。函数功能如表 11-4 所示，具体用法请参考函数手册。

图 11-29 "用户管理" 对话框

表 11-4　　　　　　　　　　　　　　函数功能

函数	功能
GetVarSecurityArea	得到指定变量对应的安全区名
CheckSecurityArea	检查指定的安全区在当前是否可以操作

11.2.3 用户系统权限配置

在很多情况下，用户工程应用中的组态数据和运行数据都涉及安全性问题。例如，需要禁止普通人员进入组态环境查看或修改组态参数；在系统运行时，某些重要运行参数（如重要的控制参数）不允许普通人员进行修改等。

　　系统权限配置主要是配置进入开发系统的权限、进入运行系统的权限及退出运行系统的权限。

（1）进入开发系统权限的设置

　　如果设置了进入开发系统权限，则只有具有此权限的用户才能进入开发系统对工程应用进行修改和配置。具体配置步骤如下。

　　创建用户时，在"用户管理"对话框的最右侧选择"进入组态"，如图 11-30 所示。

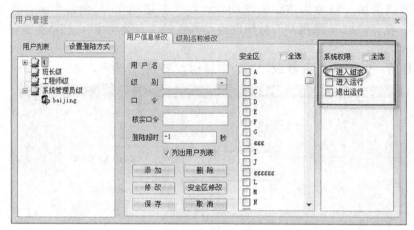

图 11-30　选择"进入组态"

图 11-31　"系统参数设置"对话框

　　选择配置导航栏中的"系统配置→开发系统参数"，弹出图 11-31 所示的"系统参数设置"对话框，将"启用组态时的权限保护"选中，则在进入开发环境时会根据用户管理中的系统权限对进入组态时的用户进行控制。

（2）进入运行系统权限的设置

　　如果设置了进入运行系统权限，则只有具有此权限的用户才能进入运行系统。具体配置步骤如下。

　　创建用户时，在"用户管理"对话框的最右侧选择"进入运行"，如图 11-32 所示。

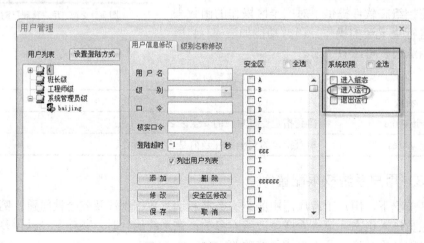

图 11-32　选择"进入运行"

在开发系统 Draw 的配置导航栏中选择"系统配置→运行系统参数",如图 11-33 所示,在"参数设置"页中将"启用运行时权限保护"选中,则进入运行系统时会根据在用户管理中的配置对进入运行系统的用户进行权限控制。

(3)退出运行系统权限的设置

如果设置了退出运行系统权限,则只有具有此权限的用户才能退出运行系统。具体配置步骤如下。

创建用户时,在"用户管理"对话框的最右侧选择"退出运行",如图 11-34 所示。

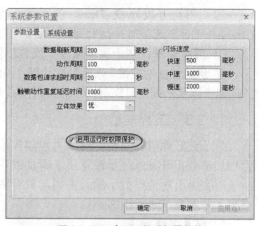

图 11-33 启用运行时权限保护

图 11-34 选择"退出运行"

11.2.4 系统安全管理

系统安全管理包括屏蔽菜单和键盘功能键,操作步骤如下。

(1)在开发系统的"配置"导航栏中,选择"系统配置→运行系统参数",在弹出的对话框中选择"系统设置"页,如图 11-35 所示。

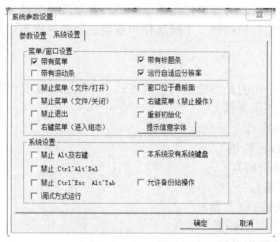

图 11-35 "系统设置"页

（2）当在开发系统 Draw 的系统参数中设置了"禁止退出""禁止 Alt"和"禁止 Ctrl+Alt+Del"选项时，运行系统 View 在运行时将提供以下系统安全性。

① 屏蔽菜单。禁止菜单命令"文件[F]→进入组态状态[M]"和"文件[F]→退出[E]"。

② 屏蔽键盘功能键。系统功能热键"Alt＋F4""Alt＋Tab"、View 的系统窗口控制菜单中的关闭命令以及系统窗口控制按钮的关闭按钮失效。系统热启动组合键"Ctrl＋Alt＋Del"失效。

11.2.5　工程加密

为了更好地进行安全管理，力控监控组态软件提供了工程加密。在开发系统里设置了工程加密后，再进入开发系统时会弹出对话框提示输入密码，只有密码正确后，才能进入开发系统进行组态。

1．设置工程加密

单击菜单命令"特殊功能→工程加密"或配置导航栏中的"系统配置→工程加密"，弹出的对话框如图 11-36 所示。

图 11-36　"工程加密"对话框

2．无加密锁运行

由于工程加密是配合加密锁使用的，如果没有加密锁，设置工程加密时会出现图 11-37 所示的提示。

3．加密运行

加密成功后，在进入组态的时候会出现输入口令对话框，如图 11-38 所示。

图 11-37　无加密锁提示

图 11-38　"输入口令"对话框

11.3　进程管理

当系统进入运行系统时，力控监控组态软件进程管理器会自动启动，可以监控在开发系统"系统配置"的"初始启动程序"中所选择的需要启动的进程程序，同时对这些程序进行启动、停止和监视。

1．管理方式

力控监控组态软件采用的是多进程的管理方式。主要的进程有以下几种。

（1）NetServer（网络服务器）。

（2）DB（实时数据库）。

（3）IoMonitor（I/O 监控器）。

（4）CommBridge（网桥）。

（5）View（运行环境）。

（6）DDEServer（DDE 服务器）。

（7）OPCServer（OPC 服务器）。

（8）ODBCRouter（数据转储组件）。

（9）RunLog（控制策略）。

（10）httpsvr（Web 服务器）。

（11）Commserver（数据交互服务器）

2. 各进程运行时说明

（1）DB（实时数据库）。在任务栏上显示的图标为，运行时的画面如图 11-39 所示。

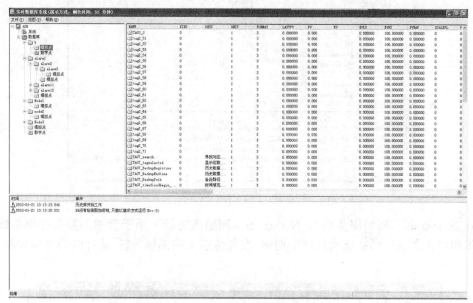

图 11-39　DB 的运行画面

在数据库运行时，可以直接在其运行界面进行调试。例如，将 a1 点的 PV 值设定为 12，具体操作步骤如下。

在 a1 点的参数 PV 值处双击，弹出图 11-40 所示的对话框，在对话框中输入 12，单击"确定"按钮。操作的结果如图 11-41 所示。

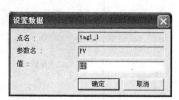

图 11-40　"设置数据"对话框

图 11-41　运行结果

（2）IoMonitor（I/O 监控器）。IoMonitor（I/O 监控器）是用于 I/O 通信状态的监控窗口，在任务栏上显示的图标为▇，运行时的界面如图 11-42 所示。

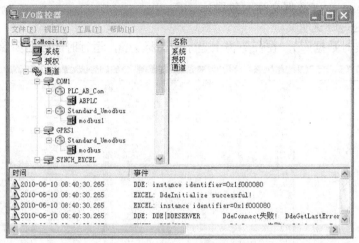

图 11-42　IoMonitor 运行界面

（3）NetServer（网络服务器）。NetServer（网络服务器）用于管理力控监控组态软件的 C/S、B/S 和双机冗余等网络结构的网络通信，在任务栏上的图标为▇，运行时的界面如图 11-43 所示。

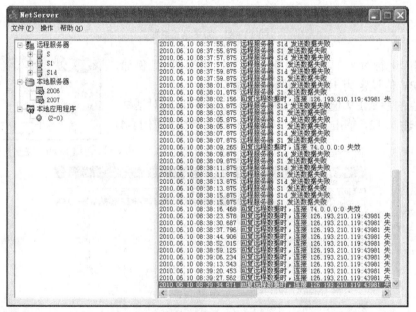

图 11-43　NetServer 运行界面

（4）CommBridge（网桥）。当力控监控组态软件与下位机设备之间采用无线 GPRS/CDMA 通信时，需要使用 CommBridge（网桥）程序，用于 DTU 的登录，在任务栏中的图标为▇，系统运行时的界面如图 11-44 所示。

（5）Httpsvr（Web 服务器）。Httpsvr（Web 服务器）是当采用 B/S 网络结构时，网络服务器端的网络发布管理程序，在任务栏上的图标为▇，运行时的界面如图 11-45 所示。

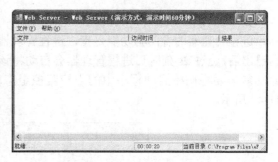

图 11-44　CommBridge 运行界面　　　　　　　　图 11-45　Httpsvr 运行界面

3. 启动与停止进程管理

（1）进程的加载。加载要启动和停止的进程。在力控监控组态软件的开发系统中，"配置"导航栏→系统配置→初始启动程序，来加载进程管理器中要启动和停止的进程，如图 11-46 所示。

（2）进程管理器。启动与停止进程需要在力控监控组态软件进程管理器中进行，对进程的停止有两种方法。

① 停止所有进程。在进程管理器中选择菜单命令"监控→退出"，就可以同时关闭所有进程了。如图 11-47 所示。

图 11-46　初始启动设置　　　　　　　　　　　图 11-47　停止所有进程

② 停止单一进程。在进程管理器中选择菜单命令"监控→查看"，就可以停止所选择的单一进程了。如图 11-48 所示。

图 11-48　停止单一进程

4. 进程管理器的看门狗功能

进程管理器的看门狗功能是指，进程管理器中管理着的程序如果由于人为或其他任何原因退出后，经过 2s 延时后进程管理器会自动将该退出的程序启动，保证了系统运行的连续性。此功能需要将初始启动程序中的力控监控组态软件程序设置的监视程序选为"Yes"，如图 11-49 所示。

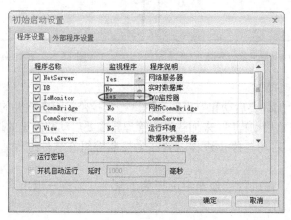

图 11-49 看门狗功能设置

本 章 小 结

1. 力控监控组态软件的运行系统由 View、DB、I/O 等多个组件组成，所有运行系统的组件统一由力控监控组态软件进程管理器管理，进行启动、停止、监视等操作。

2. 力控运行系统主要是使用菜单进行管理。菜单是用户与应用程序进行交互的重要手段，缺省情况下 View 提供了一些标准菜单；另外力控监控组态软件提供了自定义菜单功能。

3. 学会对力控监控组态软件的运行系统参数进行设置，这些参数主要包括运行系统参数、打印参数等。

4. 学会在力控监控组态软件中实现开机自动运行这个功能。配置的方法为：在开发系统中，配置导航栏→系统配置→初始启动程序下，将开机自动运行功能选中，弹出初始启动设置对话框进行配置。

5. 力控监控组态软件提供的安全管理主要包括用户访问管理、系统权限管理、系统安全管理及工程加密管理，对开发系统上的图元、控件、变量等对象设置访问权限，同时给用户分配访问优先级和安全区。

6. 力控监控组态软件提供的系统安全管理包括屏蔽菜单和键盘功能键。

思 考 题

1. 运行系统有哪些功能？怎样进行启动、停止、监视等操作？
2. 怎样操作标准菜单和自定义菜单的功能？
3. 试用开机自动运行这个功能进行配置。
4. 怎样对力控监控组态软件的运行系统参数进行设置？
5. 怎样进行菜单和键盘功能键的屏蔽？

第 12 章 控件及复合组件对象

【本章学习目标】

1. 了解力控监控组态软件（以下简称"力控"）的多种控件及组件。如 ActiveX 控件、Windows 控件、复合组件、后台组件等。

2. 了解 ActiveX 控件技术是完成特定任务的组件或对象的统称，可以将其插入到 Web 网页或其他应用程序中。

3. 学会在力控中使用动作脚本调用控件的属性、方法及事件，如在窗口动作、应用程序动作、数据改变动作、按键动作、一般动作、左键动作等动作脚本中调用。

4. 学会在力控监控组态软件中访问复合组件的属性、方法和事件，通过编写脚本来访问它们。

5. 学会利用力控监控组态软件提供的功能同时加载多幅 BMP、JPEG、GIF 等格式的静态图片进行播放。

【教学目标】

1. 知识目标：了解组态软件多种控件及组件，学会在力控中使用动作脚本调用控件的属性、方法及事件。

2. 能力目标：通过组态软件的操作，学会利用力控监控组态软件提供的功能同时加载多幅不同格式的静态图片进行播放。

【教学重点】

学会对工控组态软件多种控件及组件的配置。

【教学难点】

要允许访问复合组件的属性、方法和事件。

【教学方法】

演示法、实验法、思考法、讨论法。

力控是一个面向对象的开发环境，控件和组件在组态软件内部都作为对象存在，是完成特定任务的一段程序，但不能独立运行，必须依赖于一个主体程序——容器。控件具有各种属性和方法，用户可以通过调用控件的属性、方法来控制控件的外观和行为，接收输入并提供输出。

力控支持 ActiveX 控件、Windows 控件、复合组件、后台组件等多种控件和组件。

12.1 ActiveX 控件

ActiveX 控件技术是国际上通用的、基于 Windows 平台建立在 COM 编程模型上的软件技术。ActiveX 控件以前也叫作 OLE 控件或 OCX 控件，它是一些完成特定任务的组件或对象的统称，可以将其插入到 Web 网页或其他应用程序中（这些应用程序称为控件容器）。力控就是一个标准的 ActiveX 控件容器，诸如 Microsoft VisualBasic 或 IE 浏览器等也都是标准的控件容器。可以在力控中使用一个或多个 ActiveX 控件。

ActiveX 控件主要有三个要素：属性、方法和事件。

① 属性。用于描述控件的特征，可以修改。

② 方法。可以从容器调用的脚本函数，用于改变控件的行为。

③ 事件。通过 ActiveX 容器触发，ActiveX 控件进行响应。

力控允许访问 ActiveX 控件的属性、方法和事件。可以通过编写脚本来访问它们。

12.1.1 使用 ActiveX 控件

1. ActiveX 控件的管理

要在力控画面中置入一个 ActiveX 控件，可双击"工程导航栏→复合组件→其他"下的"ActiveX 容器"，出现"插入 ActiveX 控件"对话框，如图 12-1 所示。

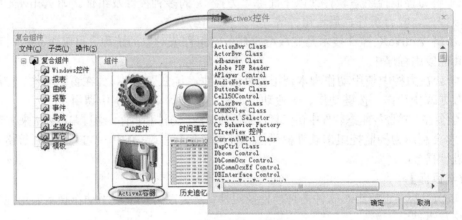

图 12-1　插入 ActiveX 控件

对话框或工具箱中列出的 ActiveX 控件是在当前用户机器上已经注册的 ActiveX 控件。选择"插入 ActiveX 控件"中的 ActiveX 控件，就可以将控件插入到力控画面上使用了。

2. ActiveX 控件的属性、方法和事件

需要查看力控画面上已加入的 AcitveX 控件的方法和属性时，可按如下步骤进行。

图 12-2　属性设置

（1）单击选中要查看的 ActiveX 控件。

（2）在属性工具栏上单击属性设置，如图 12-2 所示。

"属性设置"工具栏具有的六个快捷菜单如表 12-1 所示。

表 12-1　　　　　　　　　　　　　　　　快捷菜单

菜单项	功能
	属性：控件所具有的扩展属性、基本属性和控件属性
	方法：控件所具有的基本方法、自定义方法、控件事件和控件方法
	动画：通过在相关动画中写脚本可以使控件按脚本要求实现这一动画
	属性关联设置：包括关联变量设置、关联属性设置和属性变化脚本
	按类别分类：单击"属性"再点此按钮表示属性按类别排序，"方法"类同
	按字符排序：单击"属性"再点此按钮表示属性按字符排序，"方法"类同

分别单击  、 ，弹出图 12-3 所示的两个对话框。

图 12-3 "属性设置"对话框

对话框上分两页分别列出了该控件的所有属性、方法和事件的名称与格式。

12.1.2 用动作脚本控制 ActiveX 控件

除了可以在控件属性中关联力控的变量、定义 ActiveX 控件事件函数外，还可以在力控中使用动作脚本调用控件的属性、方法、事件，如在窗口动作、应用程序动作、数据改变动作、按键动作、一般动作、左键动作等动作脚本中调用。

用户通过 ActiveX 的调用，可以无限延展力控的功能。一般意义上说，只要是标准的 ActiveX 控件，用户就可以通过加载此控件而获得控件提供的相应功能。本书以 MapInfo MapX V5 控件为例，通过加载此控件，用户可以得到力控与 GIS 结合的性能体验。

1. 举例

（1）从复合组件中找到"ActiveX 容器"，双击它，从弹出的"插入 ActiveX 控件"对话框中选择 MapInfo MapX V5 控件，将此控件添加到力控的窗口。如图 12-4 所示。

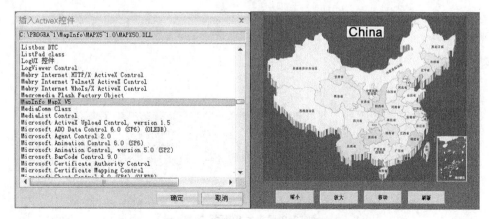

图 12-4 添加 MapInfo MapX V5 控件

（2）对 ActiveX 对象命名。选中 MapInfo MapX V5 控件，单击右键在弹出菜单中选择"对象命名"，弹出的对话框如图 12-5 所示。

或者在属性设置中命名，如图 12-6 所示。

图 12-5 "对象名称"对话框　　　　　　　　　图 12-6 在属性设置中命名

（3）在 ForceControl V7.0 中使用 MapInfo MapX V5 控件。

① 关联变量。将 MapInfo MapX V5 控件的属性与力控的数据库变量关联。

在"属性设置"工具栏上单击 ，在弹出的对话框中找到需要关联变量的 GeoSet（设置当前显示地图）属性，单击其条目后 按钮，找到需要关联的数据库变量 GeoSet.DESC，确

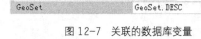

定关联，如图 12-7 所示。

图 12-7 关联的数据库变量

关联之后 MapInfo MapX V5 的 GeoSet 属性值将与 GeoSet.DESC 由"关联属性"来决定同步方式。

② 关联属性。在图 12-7 所示工具栏上单击 ，弹出图 12-8 所示的对话框。

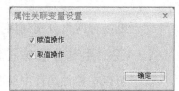

在图 12-8 所示对话框中，勾选"赋值操作"可将属性值实时赋值给数据库变量值；勾选"取值操作"可将数据库变量值实时赋值给属性值；全部勾选，可实现完全同步。实现完全同步后，用户可以通过在运行状态下给 GeoSet.DESC 赋值，来动态更换地图。

图 12-8 "属性关联变量设置"对话框

③ 属性变化脚本。在图 12-7 所示工具栏上单击 ，弹出图 12-9 所示的窗口。

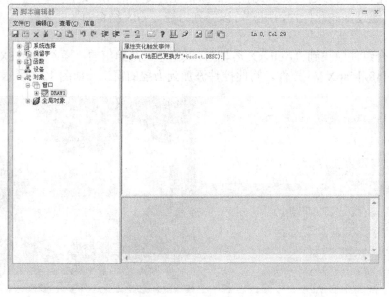

图 12-9 "脚本编辑器"窗口

在图 12-9 所示的脚本编辑器中输入脚本。在运行状态下,当相关属性变化后,脚本编译器中的脚本动作将会被触发。

④ 用按钮动作给 ActiveX 控件的属性赋值。在窗口建立一个按钮,更改文本字符为"放大",在按钮动作脚本中输入"#FcOcx.CurrentTool=1003"。如图 12-10 所示。

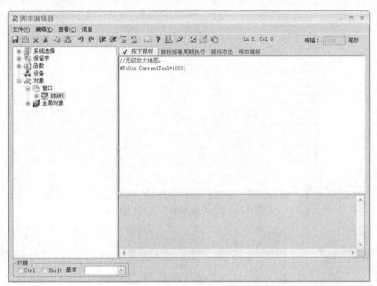

图 12-10　按钮动作设置

在运行状态下单击"放大"按钮,可控制将 GIS 地图进行无级放大。

2. ActiveX 控件的扩展属性

在"属性设置"工具栏中,单击"扩展属性"后的...,可以弹出相关 ActiveX 控件的扩展属性,如图 12-11 所示。

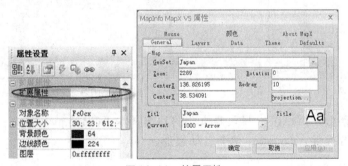

图 12-11　扩展属性

3. 通过按钮使用脚本动作调用控件的方法

在画面上新建一个按钮,选择左键动作,单击"控件",出现控件列表框,双击 Refresh ,则在动作脚本中显示"#FcOcx.Refresh()"。如图 12-12 所示。

运行状态下单击此按钮可实现对 GIS 地图的刷新操作。

4. 使用控件的 MouseMove 事件

在"属性设置"工具栏中选择"方法"页,则会显示 ActiveX 控件方法和事件。如图 12-13 所示。

单击 MouseMove 事件 ,出现图 12-14 所示的"脚本编辑器"窗口。

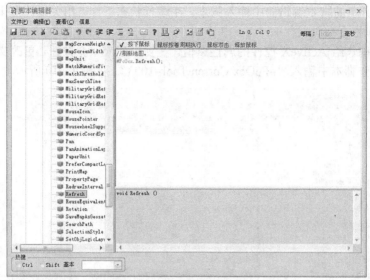

图 12-12 用脚本动作调用控件

图 12-13 属性设置对话框

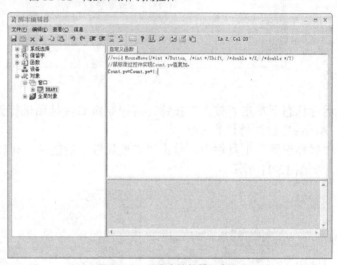

图 12-14 "脚本编辑器"窗口

在"自定义函数"编辑区，写入要执行的动作脚本"Count.pv=Count.pv+1"。工程运行后，鼠标滑过 GIS 控件，Count.pv 值会自动累加。

12.2 复合组件

复合组件是经力控开发人员优化的一组控件组合，复合组件中的每一个组件都能够简单灵活地实现一项功能。复合组件和 ActiveX 控件一样主要有三个要素，即属性、方法和事件。

力控允许访问复合组件的属性、方法和事件。可以通过编写脚本来访问它们。

12.2.1 复合组件基本属性

（1）复合组件的基本属性如图 12-15 所示。其各项的意义解释如下。

图 12-15 复合组件的基本属性

① 对象名称。定义控件名称，例如下拉列表控件命名为 ListBox。

② 位置大小。定义组件的起始位置及大小。

③ 背景颜色。定义组件的背景颜色。

④ 边线颜色。定义组件的边线颜色。

⑤ 图层。定义组件的可见图层。

（2）将复合组件添加到窗口中的方法主要有如下几种。

① 单击开发环境中的下拉菜单"工具→复合组件"。

② 从工程项目树状菜单中选择。如图 12-16 所示。

以上两种方式会弹出复合组件的窗口，找到需要的组件，双击该组件即可添加到窗口画面中。

③ 从工具箱中直接选择需要的组件，单击该组件即可添加到画面中。

图 12-16 工程项目下的复合组件

12.2.2 Windows 控件

1. 下拉列表

下拉列表可以对若干可选项中任何一项进行辨识。当某一项被选中后，后台程序会将其索引号送出，从而可以唯一确定此选中项。下拉列表还具备在运行状态下添加/删除项、将项索引或项名送给某一特定参数、保存/下置列表、查找特定项等功能。总之，力控下拉列表控件完全继承了 Windows 下拉列表的功能特性，通过其属性、方法可以简单灵活地实现用户的列表处理要求。

图 12-17 下拉列表控件的属性设置

（1）参数设置。双击下拉列表控件或右键单击列表控件，从弹出的右键菜单里面选择"对象属性"后，会弹出下拉列表控件的属性设置对话框见图 12-17，其各项的意义解释如下。

① 输入列表成员。设置列表的初始选项。

② 列表框风格。

a. 普通。运行状态时只能选中单个成员选项。

b. 多选。运行状态时可以同时选中多个成员选项。

c. 多选扩展。运行状态时可以同时选中多个成员选项。运行状态时按住 Shift 键单击鼠标左键，可以同时选中多个。

d. 多列。列表成员是否按多列显示。

e. 列宽。列表框每列的宽度，以像素表示。

③ 是否有垂直/水平滚动条。选中复选框则带滚动条。选中多列时，垂直滚动条不再显示。

④ 是否排序。是否按字符排序。

⑤ 文本字体。设置列表文本的显示字体、字形、字号等。

⑥ 权限。设置列表的访问权限和安全区域。

（2）控件事件。如表 12-2 所示。

表 12-2 控件事件

事件	说明
Click	鼠标单击事件
DbClick	鼠标双击事件
Change	数据改变事件

（3）控件方法。如表 12-3 所示。

表 12-3　　　　　　　　　　　控件方法

方法	说明
ListAddItem	添加一行文本为列表框项
ListClear	删除列表框中所有项
ListDeleteItem	删除列表框中指定的成员项
ListFindItem	查找与文本串 Text 相匹配的索引项
ListGetSelection	获取当前选择项的索引号
ListSetSelection	设置当前选择项
ListGetItem	获取字符串信息
ListSetItemData	设置索引号为 Index 的成员项相关联的数据值
ListGetItemData	取索引号为 Index 的成员项相关联的数据值
ListInsertItem	指定位置插入对象
ListSave	将列表框中的内容存盘
ListLoad	从指定的文件中装载列表框
GetListCount	获取列表中元素的个数
IsCurSelection	查看所给索引号的项是否被选中

（4）举例。

① 在窗口中添加一个下拉列表控件。

② 在下拉列表控件的属性对话框进行设置。如图 12-18 所示。

③ 调用 Change 事件，在弹出的脚本编辑器中输入脚本。如图 12-19 所示。

图 12-18　属性设置

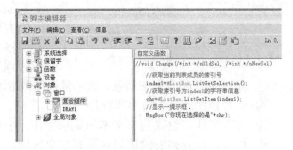

图 12-19　编辑事件脚本

④ 最后运行效果如图 12-20 所示。单击其中任意一个选项会弹出信息框。

2．下拉框

下拉框为下拉列表和文本框（此处叫编辑框）的组合体，可以对若干可选项中某一项进行辩识。当某一项被选中后，后台程序会将其索引号送出，从而可以唯一确定此选中项。下拉框还具备在运行状态下添加/删除项、将项索引或项名送给某一特定参数、保存/下载列表、查找特定项等功能。总之，力控下拉框控件完全继承了 Windows 下拉框（又名组合框）的功能特性，通过其属性、方法可以简单灵活地实现用户的列表选择处理要求。

（1）参数设置。双击下拉框控件，或右键单击下拉框控件并从弹出的右键菜单里面选择"对象属性"后，会弹出下拉框控件的属性设置对话框（见图 12-21）。

图 12-20 最后运行效果

图 12-21 下拉框控件的属性设置对话框

① 输入列表成员。设置列表的初始选项。

② 下拉框风格。

a．下拉。运行状态时编辑框可以输入。

b．下拉列表。运行状态时编辑框不可以输入。

③ 是否有垂直滚动条。选择是运行状态会显示垂直滚动条，反之不显示。

④ 是否排序。是否按字符排序。

⑤ 字体选择。设置列表文本的显示字体、字形、字号等。

⑥ 权限。设置列表的访问权限和安全区域。

（2）控件事件。如表 12-4 所示，具体用法请参考函数手册。

表 12-4　　　　　　　　　　　　　　　控件事件

事件	说明
Change	数据改变事件

（3）控件方法。如表 12-5 所示，具体用法请参考函数手册。

表 12-5　　　　　　　　　　　　　　　控件方法

方法	说明
ListAddItem	添加一行文本为列表框项
ListClear	删除列表框中所有项
ListDeleteItem	删除列表框中指定的成员项
ListFindItem	查找与文本串 Text 相匹配的索引项
ListGetSelection	获取当前选择项的索引号
ListSetSelection	设置当前选择项
ListGetItem	获取字符串信息
ListSetItemData	设置索引号为 Index 的成员项相关联的数据值

方法	说明
ListGetItemData	取索引号为 Index 的成员项相关联的数据值
ListInsertItem	指定位置插入对象
ListSave	将列表框中的内容存盘
ListLoad	从指定的文件中装载列表框
GetWindowsText	获取编辑框中的内容

3. 日期

日期控件用来指定日期，用户通过它的属性、方法可以方便地设置、获取其数据。此控件与时间范围控件配合使用，在需要时间处理的地方具有广泛的应用。

（1）参数设置。双击日期控件，或右键单击日期控件并从弹出的右键菜单里面选择"对象属性"后，会弹出日期控件的属性设置对话框，如图 12-22 所示。

不同的风格设置将显示不一样的日期格式，如图 12-23 所示。

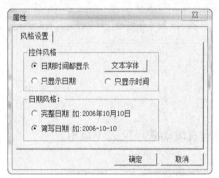

图 12-22　日期控件的属性设置对话框

图 12-23　风格设置

（2）控件属性。如表 12-6 所示，具体用法请参考函数手册。

表 12-6　　　　　　　　　　　　　控件属性

属性	说明
Year	控件的年参数
month	控件的月参数
day	控件的日参数
Hour	控件的时参数
minute	控件的分参数
second	控件的秒参数
DayOfWeek	星期

（3）控件方法如表 12-7 所示，具体用法请参考函数手册。

表 12-7　　　　　　　　　　　　　控件方法

方法	说明
SetTime	设置控件时间
GetTime	取得控件时间

4. 时间范围

时间范围控件用来指定时间范围，用户通过它的属性、方法可以方便地设置、获取其数据。此控件与日期控件配合使用，在需要时间处理的地方具有广泛的应用。

（1）控件属性如表 12-8 所示，具体用法请参考函数手册。

表 12-8 控件属性

属性	说明
Type	控件时间单位
Value	控件时间值

（2）控件方法如表 12-9 所示，具体用法请参考函数手册。

表 12-9 控件方法

方法	说明
SetTime	设置控件时间
GetTime	取得控件时间

5. 复选框

每个复选框具备选中和未选中两种状态。用户可以根据复选框的这种特性从多个复选框中挑选出任意多个来进行辨识及脚本操作。

（1）参数设置。双击复选框控件，或右键单击复选框控件并从弹出的右键菜单里面选择"对象属性"后，会弹出复选框控件的属性设置对话框，如图 12-24 所示。

① 显示文字。设置复选框的文字描述。

② 字体。设置控件显示内容的字体、字形、字号等。

③ 权限。设置控件的访问权限和安全区域。

（2）控件事件如表 12-10 所示，具体用法请参考函数手册。

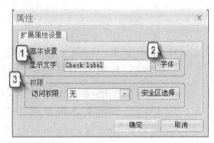

图 12-24 复选框控件的属性设置对话框

表 12-10 控件事件

事件	说明
Click	鼠标单击事件
Change	数据改变事件

（3）控件属性如表 12-11 所示，具体用法请参考函数手册。

表 12-11 控件事件

属性	说明
Title	显示的文字
Color	文本的颜色
State	选中的状态

6. 文本输入

力控复合组件中的文本框用于文本的输入、输出。

（1）参数设置。双击文本框控件，或右键单击文本框控件并从弹出的右键菜单里面选择"对象属性"后，会弹出文本框控件的属性设置对话框，如图 12-25 所示。

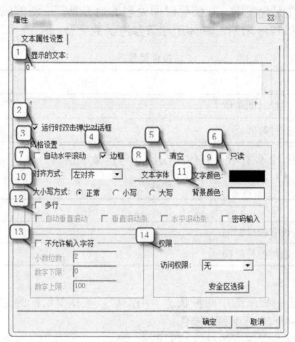

图 12-25　文本框控件的属性设置对话框

① 显示文本。设置文本框的初始显示文本。

② 运行时双击弹出对话框。运行时双击文本控件可以弹出此属性设置对话框。

③ 自动水平滚动。运行状态下输入文本时光标自动水平滚动。

④ 边框。设置文本框是否带有边框。

⑤ 清空。设置运行状态下是否显示初始文本，选中则不显示初始文本。

⑥ 只读。设置文本框的内容是否只读。

⑦ 对齐方式及字体。设置文本的对齐方式以及字体。

⑧ 大小写方式。设置英文字体的大小写状态：选正常将按照原文的英文大小写显示；小写将英文字母转换为小写显示；大写将英文字母转换为大写显示。

⑨ 多行。文本显示方式为多行。

⑩ 自动垂直滚动。运行状态下文本自动垂直滚动。

⑪ 垂直/水平滚动条。设置是否有垂直/水平滚动条。

⑫ 文字颜色/背景颜色。设置文本框显示内容的颜色和文本框的背景颜色。

⑬ 不允许输入字符。勾选后将只允输入、显示数字，且数字符合本项内规定的条件。

⑭ 权限。设置列表的访问权限和安全区域。

（2）控件方法如表 12-12 所示，具体用法请参考函数手册。

表 12-12　　　　　　　　　　　　　　　控件方法

方法	说明
SetFocus	使文本框得到焦点
Invalidate	使文本框中显示和关联变量一致

（3）控件属性如表 12-13 所示，具体用法请参考函数手册。

表 12-13 控件属性

属性	说明
TEXT	显示的文字
BackColor	显示框的背景颜色
FontColor	显示框中输出的字体颜色

7. 多选按钮

多选按钮可以对若干可选项中任何一项进行辩识。例如，用于从多个文本中挑选出用户感兴趣的文本响应动作脚本。当某一项被选中后，后台程序会将其索引号送出，从而可以唯一确定此选中项。

（1）参数设置。双击多选按钮控件，或右键单击多选按钮控件并从弹出的右键菜单里面选择"对象属性"后，会弹出多选按钮控件的属性设置对话框，如图 12-26 所示。

① 成员定义。在标签输入框中输入按钮标签名，单击"增加"按钮即可把此标签添加到按钮列

图 12-26 多选按钮控件的属性设置对话框

表中；选中已添加的按钮，单击"修改"按钮可修改此按钮标签名，单击"删除"按钮可删除此标签名。

② 字体。设置多选按钮显示文字的字体、字形、字号等。

③ 外观。设置按钮的排列方式，并且可以设置每行/列的按钮的个数。

④ 权限。设置控件的访问权限和安全区域。

（2）控件事件如表 12-14 所示，具体用法请参考函数手册。

表 12-14 控件事件

事件	说明
Click	鼠标单击事件
Change	数据改变事件

（3）控件属性如表 12-15 所示，具体用法请参考函数手册。

表 12-15 控件属性

属性	说明
Color	可通过在脚本中执行此属性，在运行状态动态地改变标签的文本颜色
State	选中项的索引号

8. 浏览器

力控复合组件中的浏览器控件，继承了 Windows IE 的大部分功能。用户可以通过浏览器控件访问 WWW 网络。

（1）控件属性如表 12-16 所示，具体用法请参考函数手册。

表 12-16 控件属性

属性	说明
URLPath	可通过在脚本中执行此属性，在运行状态动态地改变标签的文本颜色

（2）控件方法如表 12-17 所示，具体用法请参考函数手册。

表 12-17 控件方法

方法	说明
Default	浏览器默认主页
Forward	网页前进
Back	网页后退
Refresh	网页刷新
SaveAs	弹出文件另存对话框，选择要保存的路径
Print	打印当前页面
PrintView	弹出打印预览界面
PageSet	弹出页面设置对话框
ScriptRun	执行网页中的脚本函数

9．树状菜单

树状菜单控件可以根据用户的需求，随意组建所需的菜单,配置好的菜单最终以树状结构的方式进行显示。树状菜单的每一级父项都支持无限级的子项，每一级的菜单项都可以配置安全区，另外菜单项的各级都支持力控所有的脚本命令。该组件的组态形式灵活，可以设置组件的标题、组件的背景色、菜单项的字体以及字体的颜色和各菜单项的连接方式以及菜单项的图标，同时支持键盘快捷键的操作。

（1）属性参数设置。双击树状菜单控件，或右键单击树形菜单控件并从弹出的右键菜单里面选择"对象属性"后，会弹出多选按钮控件的属性设置对话框，如图12-27 所示。

① 显示菜单标题。菜单运行时的标题显示文本，此项如不勾选即不显示任何文本。

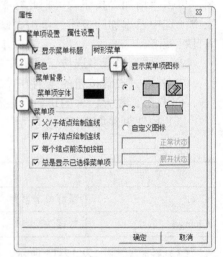

图 12-27 树状菜单控件的属性设置对话框

② 颜色。设置菜单的背景颜色以及字体的颜色。

③ 字体。设置菜单的显示字体及字号。

④ 菜单项。设置菜单项的显示方式，包括各相关结点是否连线、是否添加按钮、是否总是显示已选菜单项。

⑤ 显示菜单项图标。菜单项关闭或打开状态的显示图标，可引用 ico 格式的文件设置自定义图标。

（2）菜单项参数设置如图 12-28 所示。

① 新建项。选中当前菜单项，单击"新建项"按钮，将产生一个和当前项同级别的菜单选项。编辑时的快捷键为 Ctrl + N。

② 新建子项。选中当前菜单项，单击"新建子项"按钮，将产生一个当前项子项的菜单选项。编辑时的快捷键为 Ctrl + U。

③ 编辑。选中当前菜单项，单击"编辑"按钮，将修改当前菜单项的名称。编辑时的快捷键为 Ctrl + E。

④ 删除。选中当前菜单项，单击"删除"按钮，将删除当前的菜单项。编辑时的快捷键为 Ctrl + D。

⑤ 安全性。设置每一个菜单项的安全区。编辑时的快捷键为 Ctrl + S。

⑥ 上下箭头。可以改变选中项在菜单中的位置，将菜单按要求重新排序。

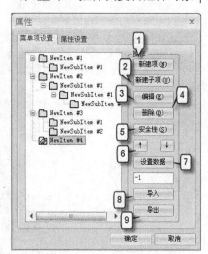

图 12-28 菜单项参数设置

⑦ 设置数据。给当前选中项设置一个初始数据，数据由其下文本框输入，范围为-2147483648~+2147483647。本数据可由控件方法"#TreeMenu.GetSelItemData()"调出。

⑧ 导出。将菜单配置信息导出到磁盘，格式为.XML。

⑨ 导入。将磁盘存储的菜单配置信息备份导入。

（3）控件事件如表 12-18 所示，具体用法请参考函数手册。

表 12-18　　　　　　　　　　　　　控件事件

事件	说明
DbClick	双击菜单项事件
Expand	展开菜单项事件
Change	所选菜单项变化事件

（4）控件方法如表 12-19 所示，具体用法请参考函数手册。

表 12-19　　　　　　　　　　　　　控件方法

方法	说明
GetSelItemData	获得树状菜单中被选中项中附带的数值
GetSelItemName	获得树状菜单中被选中项的名称
GetItemData	获取指定菜单项的数值
SetItemData	设置指定菜单项的数值
DeletItem	删除指定菜单项
ModifyItem	编辑指定菜单项的名称
AddnewChildItem	在指定目录添加子菜单项
AddnewItem	在指定目录添加菜单项

12.2.3　多媒体

1. 幻灯片控件

力控幻灯片控件可以同时加载多幅 BMP、JPEG、GIF 等格式的静态图片，并根据用户的需求按一定的速率对图片进行播放。用户可设置待播放的图片列表，并可设置图片的播放速率。

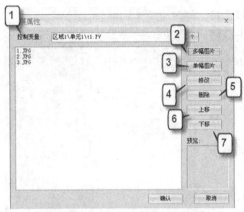

图 12-29 幻灯片控件的属性设置对话框

（1）参数设置。双击幻灯片控件，或右键单击幻灯片控件并从弹出的右键菜单里面选择"对象属性"后，会弹出幻灯片控件的属性设置对话框，如图 12-29 所示。

① 控制变量。控制手动状态下显示第几幅图。为 1 时播放，为 0 时停止。

② 多幅图片。同时导入多幅图片时的播放列表。

③ 单幅图片。导入一幅图片时的播放列表。

④ 修改。选中播放列表里的图片，单击"修改"按钮将替换当前选中的图片。

⑤ 删除。可将一幅图片从播放列表删除掉。

⑥ 上/下移。改变选中图片在播放列表的次序。

（2）控件事件如表 12-20 所示，具体用法请参考函数手册。

表 12-20 控件事件

事件	说明
Click	幻灯片单击事件
Change	所选菜单项变化事件

（3）控件属性如表 12-21 所示，具体用法请参考函数手册。

表 12-21 控件属性

属性	说明
Fact	是否保持图片原始大小
ControlAll	变量变化是否统一控制全部图片

2. 图片显示控件

力控图片显示控件可以打开 BMP、JPEG 等格式的静态图片，并可方便灵活地对图片进行切换、旋转、显示/隐藏、设置透明度等操作。

（1）属性设置。双击图片显示控件，或右键单击图片显示控件并从弹出的右键菜单里面选择"对象属性"后，会弹出图片显示控件的属性设置对话框，如图 12-30 所示。

图 12-30 图片显示控件的属性设置对话框

在图片显示控件的扩展属性窗口中，可以设置初始静态图片。

（2）控件属性如表 12-22 所示，具体用法请参考函数手册。

表 12-22　　　　　　　　　　　　　　　控件属性

属性	说明
Path	图片路径
Fact	是否保持图片大小
Border	是否画边框
LineWidth	边框宽度
Transparency	图片透明度
Rotate	旋转到的角度
HighSpeed	高速缓存
TransparencyBackColor	透明背景色

3. 动画文件播放控件

力控动画文件播放器控件可以播放 GIF 动画文件，当前手机比较流行的 GIF 动画文件均可在力控动画文件播放器中播放。用户可根据自己的需要，使用第三方软件制作出特定的 GIF 文件在力控中播放。

（1）参数设置。双击动画文件播放控件，或右键单击图片显示控件并从弹出的右键菜单里面选择"对象属性"后，会弹出动画文件播放控件的属性设置对话框，如图 12-31 所示。

① 路径。设置动画文件的初始路径。

② 参考速度。动画文件自身的播放速度，只读属性。

图 12-31　动画文件播放控件的属性设置对话框

③ 切换速度。在运行系统中动画文件的播放速度。

④ 保持图片原始大小。选中则按照文件实际大小显示，不选则缩放显示。

⑤ 画边框。设置动画控件的边框及颜色。

（2）控件属性如表 12-23 所示，具体用法请参考函数手册。

表 12-23　　　　　　　　　　　　　　　控件属性

属性	说明
Path	图片路径
Fact	是否保持图片大小
Border	是否画边框
ColorBorder	边框颜色
Speed	播放切换速度

（3）控件方法如表 12-24 所示，具体用法请参考函数手册。

表 12-24   控件方法

方法	说明
Play	播放
Stop	停止

4. 多媒体播放器

力控多媒体播放器控件可以播放 Windows Media Player 所支持的全部文件格式（需安装相关解码器）。可以播放数字媒体内容、调整音频音量和控制音频的声响方式。

总之，力控多媒体播放器控件继承了 Windows Media Player 的基本功能特性，通过其属性、方法可以简单灵活地实现用户的多媒体播放需求。

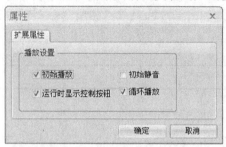

图 12-32 多媒体播放器控件的属性设置对话框

（1）参数设置。双击多媒体控件，或右键单击多媒体控件并从弹出的右键菜单里面选择"对象属性"后，会弹出多媒体播放器控件的属性设置对话框，如图 12-32 所示。

在多媒体播放器的扩展属性窗口中，可以设置多媒体播放器是否初始播放、是否初始静音、是否运行时显示控制按钮和是否循环播放。

（2）控件属性如表 12-25 所示，具体用法请参考函数手册。

表 12-25   控件属性

属性	说明
Path	图片路径
Loop	设置是否循环播放
Volume	设置声音大小

（3）控件方法如表 12-26 所示，具体用法请参考函数手册。

表 12-26   控件方法

方法	说明
Play	播放
Stop	停止
Pause	暂停
Slow	减慢
Fast	加快
Mute	是否静音
SkipForward	前进
SkipBack	后退

5. Flash 播放器

力控 Flash 播放器控件用于播放 Flash 文件。用户可以通过此控件将 Flash 文件嵌入到力控工程中，并可通过控件所提供的属性、方法对 Flash 文件进行播放、停止、暂停、快进、替换、隐藏、禁用等多种操作。

（1）属性设置。双击 Flash 播放器控件，或右键单击下拉列表控件并从弹出的右键菜单里面选择"对象属性"后，会弹出 Flash 播放器控件的属性设置对话框，如图 12-33 所示。

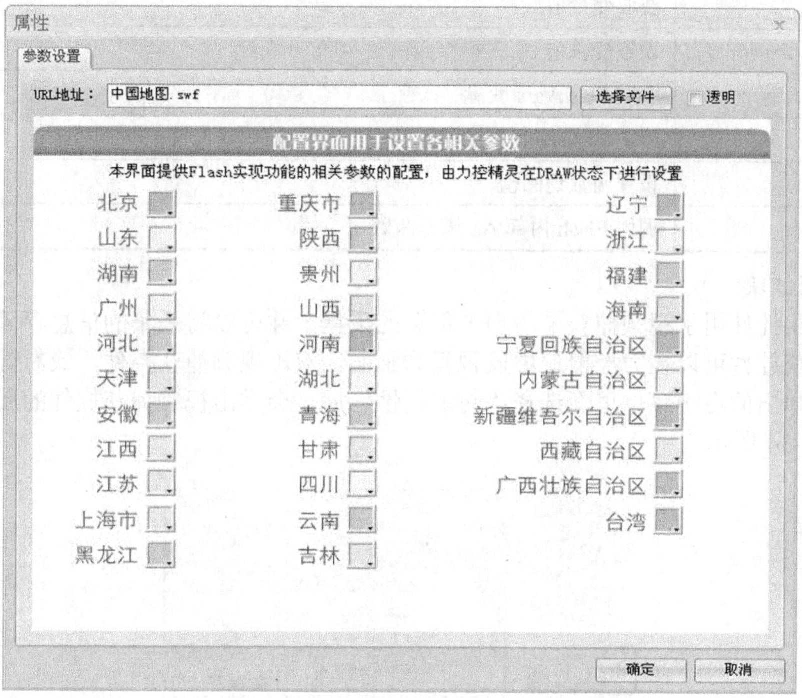

图 12-33　Flash 播放器控件的属性设置对话框

在 Flash 播放器的扩展属性窗口中，可以设置 Flash 播放器初始文件。

（2）控件属性如表 12-27 所示，具体用法请参考函数手册。

表 12-27　控件属性

属性	说明
Path	图片路径

（3）控件方法如表 12-28 所示，具体用法请参考函数手册。

表 12-28　控件方法

方法	说明
Play	播放
Stop	停止
Pause	暂停
Loop	设置是否循环播放
Forward	前进一帧，处于暂停状态
Back	后退一帧，处于暂停状态
GotoFrame	跳转
TotalFrames	总帧数
CurrentFrame	当前帧数

续表

方法	说明
GetVariable	获取变量值
SetVariable	设置变量值
GetFlashVars	获取 FlashVars 变量
SetFlashVars	给 FlashVars 变量设置值
SetReturnValue	设置函数返回值
CallFunction	调用 Flash 内部 AS 脚本函数

6. 视频捕获

视频捕获控件用于视频捕获卡与声卡信息的采集，并可以将采集的信息存储到文件中。利用视频捕获控件可以在力控窗口中监视视频画面。双击视频捕获控件，或右键单击视频捕获控件并从弹出的右键菜单里面选择"对象属性"后，会弹出视频捕获控件的属性设置对话框，如图 12-34 所示。

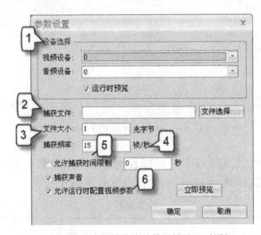

图 12-34　视频捕获控件的属性设置对话框

① 设备选择。设置初始加载的视频设备和音频设备。"运行时预览"用于决定运行状态下是否在视频捕获窗口显示视频图象。

② 捕获文件。输出 AVI 文件的名称。在输入框中直接输入文件名称，或者单击其右边按钮，将出现文件选择框，可以在该选择框中选择想要的输出文件。

③ 文件大小。设置文件初始大小，控件会按此设置预先分配空间，以便加快文件存取速度。

④ 捕获频率。当信息存入文件时，每秒采集的视频帧数。

图 12-35　视频设置对话框

⑤ 允许捕获时间限制。选中该复选框时，将对视频存储定时，达到该时间后将停止存储。输入框中数字为定时时间。

⑥ 允许运行时配置视频参数。决定运行状态下是否弹出视频配置对话框。选中时，在运行时单击视频捕获窗口工具条最后一个按钮会弹出视频设置对话框，如图 12-35 所示。通过该对话框可以指定视频/音频设备、参数设置。

⑦ 捕获 AVI 文件。如果在组态环境时指定了存储路径，单击此按钮后会直接存储，否则会弹出存储路径选择对话框。

⑧ 停止捕获。停止存储 AVI 文件。

⑨ 转储文件。另存为其他文件名的 AVI 文件。

本 章 小 结

1. 力控监控组态软件的控件具有各种属性和方法，用户可以通过调用控件的属性、方法控制控件的外观和行为，接收输入并提供输出。

2. ActiveX 控件技术是国际上通用的、基于 Windows 平台建立在 COM 编程模型上的软件技术，ActiveX 控件以前也叫做 OLE 控件或 OCX 控件，它是一些完成特定任务的组件或对象的统称，可以将其插入到 Web 网页或其他应用程序中（这些应用程序称为控件容器）。

3. 学会在力控中使用动作脚本调用控件的属性、方法和事件，如在窗口动作、应用程序动作、数据改变动作、按键动作、一般动作、左键动作等动作脚本中调用等。

4. 复合组件是经力控开发人员优化的一组控件组合，复合组件中的每一个组件都能够简单灵活的实现一项功能。复合组件和 ActiveX 控件一样主要有三个要素：属性、方法和事件。

5. 力控幻灯片控件可以同时加载多幅 BMP、JPEG、GIF 等格式的静态图片，并根据用户的需求按一定的速率对图片进行播放。用户可设置待播放的图片列表，并可设置图片的播放速率。

思 考 题

1. 举例说明 OLE 控件的作用。

2. Windows 控件有哪些？怎样使用 Windows 控件？

3. 复合组件与其他控件一样有哪三个要素？

4. 使用动作脚本调用控件有哪些动作？

5. 什么叫内部组件？内部组件有哪些？举例说明它的使用方法。

第 **13** 章 外部接口及通信

【本章学习目标】

1. 了解动态数据交换（DDE）是使用共享的内存在应用程序之间进行数据交换。

2. 了解 DDE 有冷连接（Cool Link）和热连接（Hot Link）两种数据交换方式。

3. 了解力控监控组态软件提供了一个专门的 DDE 服务器：DDEServer。它是一个可以独立运行的组件。

4. 了解 NETDDE 是使用 DDE 共享特性来管理通过网络进行程序通信和共享数据的方式的。

5. 了解 OPC 规范包括 OPC 服务器和 OPC 客户端两个部分，OPC 是为了解决应用软件与各种设备驱动程序的通信而产生的一项工业技术规范和标准。

【教学目标】

1. 知识目标：了解动态数据交换（DDE）使用共享的内存在应用程序之间进行数据交换，学会运用 OPC 解决应用软件与各种设备驱动程序的通信。

2. 能力目标：通过组态软件的操作，学会力控监控组态软件应用程序只需编写一个接口便可以连接不同的设备。

【教学重点】

学会运用动态数据交换（DDE）进行应用程序之间的数据交换。

【教学难点】

学会运用 OPC 解决应用软件与各种设备驱动程序的通信。

【教学方法】

演示法、实验法、思考法、讨论法。

在很多情况下，为了解决异构环境下不同系统之间的通信，用户需要力控监控组态软件（简称为"力控"）与其他第三方厂商提供的应用程序之间进行数据交换。力控监控组态软件支持目前 Windows 平台下软件之间的数据通信、数据交换标准（包括：DDE、OPC、ODBC等），同时力控软件提供 API/SDK 可供其他应用程序调用。

13.1　DDE

动态数据交换（DDE）是微软的一种数据通信形式，它使用共享的内存在应用程序之间进行数据交换。它能够及时更新数据，在两个应用程序之间信息是自动更新的，无须用户参与。

两个同时运行的程序间通过 DDE 方式交换数据时它们之间是客户端/服务器关系：数据

通信时，接收信息的应用程序称作客户端，提供信息的应用程序称作服务器。一个应用程序可以是 DDE 客户端或是 DDE 服务器，也可以两者都是。一旦客户端和服务器建立起来连接关系，则当服务器中的数据发生变化后就会马上通知客户端。通过 DDE 方式建立的数据连接通道是双向的，即客户端不但能够读取服务器中的数据，而且可以对其进行修改。

DDE 和剪贴板一样既支持标准数据格式（如文本、位图等），又支持自定义的数据格式。但它们的数据传输机制却不同，一个明显区别是剪贴板操作几乎总是用作对用户指定操作的一次性应答，如从菜单中选择粘贴命令。尽管 DDE 也可以由用户启动，但它继续发挥作用，一般不必用户进一步干预。

DDE 有两种数据交换方式，即冷连接和热连接。

冷连接（Cool Link）：数据交换是一次性数据传输，与剪贴板相同。当服务器中的数据发生变化后不通知客户端，但客户端可以随时从服务器读写数据。

热连接（Hot Link）：当服务器中的数据发生变化后马上通知客户端，同时将变化的数据直接送给客户。

两个程序间建立 DDE 会话中包括很多数据项，每个数据项对应一个 DDE 项目名。如果通过网络与远程机器的 DDE 通信，还要提供远程节点的名称。机器名、应用程序名、主题名和项目名构成 DDE 通信的四要素。

机器名：远程机器名称，若为本机可以忽略。

应用程序名：DDE 服务器的名字，通常使用服务器软件程序的名字。

主题名：DDE 服务器上数据组的名字。可能是数据的文件名或工作表名。

项目名：单个数据项。

力控监控组态软件的系统支持 DDE 标准，可以和其他支持 DDE 标准的应用程序（如：EXCEL）进行数据交换。一方面，力控软件可以作为 DDE 服务器，其他 DDE 客户程序可以从力控的 DDE 服务器中访问力控实时数据库中的数据；另一方面，力控也可以作为 DDE 客户程序，从其他 DDE 服务程序中访问数据。

13.1.1 力控监控组态软件作 DDE 客户端

当力控软件作为客户端访问其他 DDE 服务器时，是将 DDE 服务器当作一个 I/O 设备，并专门提供了一个 DDE Client 驱动程序实现与 DDE 服务器的数据交换。

在使用力控 DDE Client 驱动程序访问其他 DDE 服务器前，首先要清楚 DDE 服务器的应用程序名、主题名、项目名规范等基本信息。

1. 示例 1：EXCEL 作为 DDE 服务器

首先在数据库中创建一个模拟 I/O 点 FI101，FI101 的 PV 参数为实型，FI101 的 DESC 参数为字符型。FI101.PV 和 FI101.DESC 通过 DDE 方式分别连接到 Excel 工作簿 BOOK1.XLS 的单元格 R1C1 和 R1C2，即 Excel 工作簿的第一行左起第一个和第二个单元格（CELL）。

建立 DDE 设备 "EXCEL"。打开 IoManager，在导航器中选择 DDE 设备，配置设备定义参数："设备名称"可任意定义，如 "EXCEL"；"服务名称"参数定义为 "EXCEL"；"主题名称"参数定义为 "BOOK1.XLS"。如图 13-1 所示。

启动 DbManager 程序，选择 FI101 点，进入"数据连接"页。在"数据连接"页左侧列表中选择 "PV" 参数，选择 "I/O 设备"下面的 "EXCEL" 项，单击"增加"按钮，出现对话框，输入 DDE 的项目名 "R1C1"，单击"确定"按钮，该点的 PV "连接项列表"中增加了一项数据连接。如图 13-3 所示。

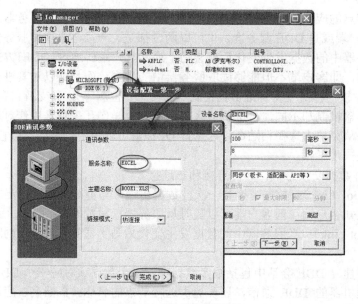

图 13-1　DDE 通信参数设置

注意

　　　　主题名参数的设置要遵照 DDE 服务器说明。对于 Excel 程序，主题名一般为 Excel 打开的文件名称，上例为 "BOOK1.XLS"。但由于操作系统和 Excel 版本的不同，Excel 文件名称是否指定扩展名（比如：是 "BOOK1.XLS" 还是 "BOOK1"）可能会有所不同。一个简单的方法是：以 Excel 在打开文件时应用程序标题为准，图 13-2 所示情况主题名称显然应为 "Book1"。

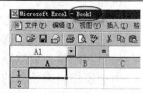

图 13-2　主题名称为 "Book1"

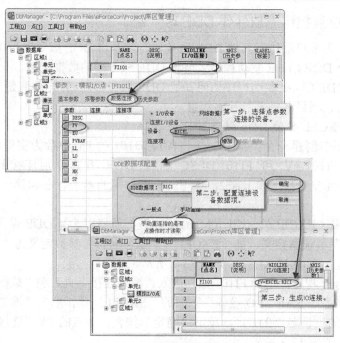

图 13-3　数据连接设置

用同样的方法为 FI101 点的 DESC 参数创建一个数据连接，连接的单元地址为"R1C2"。

上面实例中，FI101.PV 和 FI101.DESC 与 I/O 设备 "EXCEL" 之间建立了数据连接，它们将从名为 BOOK1.XLS 的 Excel 电子表格中的 R1C1 和 R1C2 单元格接收数据。FI101.PV 可以接收实型数值，而 FI101.DESC 可以接收字符型数值。

2. 示例 2：VB 应用程序作为 DDE 服务器

（1）VB 开发环境下的操作过程。

① 新建工程项目，将窗体更名为 "DDEServer"；在窗体中绘制四个标签，分别为 a1.PV、a2.PV、a3.PV 和 a4.PV；在窗体中绘制四个文本，分别为 var1、var2、var3、var4（四个属性值初始为 1.00000）。如图 13-4 所示。

② 文本和标签均不需要做任何设置，窗体 DDEServer 的设置如图 13-5 所示。其中，LinkMode 为 "1-Source（表示程序作为服务端）"；LinkTopic 为窗体的名字（即 DDEServer）。

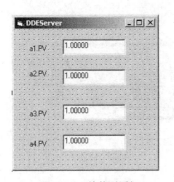 

图 13-4　输值对话框　　　　　　　　　　图 13-5　窗体设置

③ 生成 VB 应用程序（注意应用程序名字不能超过 8 个字符）。

（2）力控监控组态软件开发系统下的组态过程。

① 定义 I/O 设备 DDE。"服务名称"指定为 VB 应用程序名，本例为 "DDE"；"主题名称"指定为 VB 应用程序窗体名称，本例为 "DDEServer"。如图 13-6 所示。

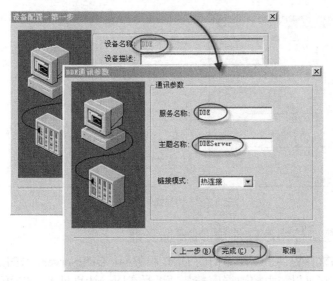

图 13-6　定义 I/O 设备 "DDE"

② 在数据库中创建四个数据库点：a1、a2、a3 和 a4。这四个数据点数据连接项中的 DDE 项分别指定为 VB 窗体中文本框的名字，即"var1""var2""var3"和"var4"。如图 13-7 所示。

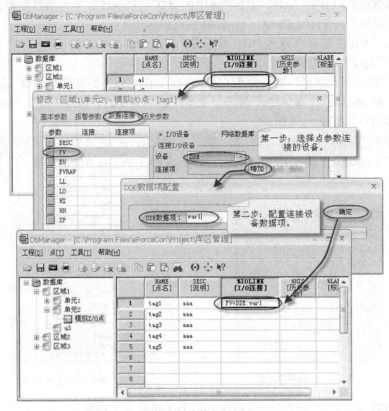

图 13-7　窗体中文本框

首先启动 VB 程序，然后启动力控运行系统，可以实现 VB 程序与力控监控组态软件运行系统之间的 DDE 数据交互，如图 13-8 所示。

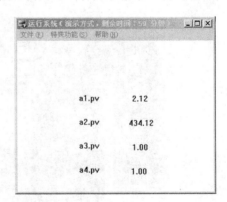

图 13-8　力控软件运行系统

13.1.2　力控监控组态软件作 DDE 服务器

力控监控组态软件提供了一个专门的 DDE 服务器：DDEServer。DDEServer 是一个可以独立运行的组件，它可以与力控数据库安装、运行在同一计算机上，也可以单独安装、运行在其他计算机上通过网络与力控数据库通信。

DDEServer 缺省设置如下。

应用程序名(Application)：PCAuto。

主题名(Topic)：TAG。

DDE 项目（Item）名称：为数据库中的点参数名，如"TAG1.PV"。

当启动力控运行系统时，运行系统可以自动启动 DDEServer。如果发现 DDEServer 不能自动启动，需要检查开发系统 Draw 中"系统配置→初始启动程序"中的设置。如图 13-9 所示，"DDEServer"项要确定被选中。

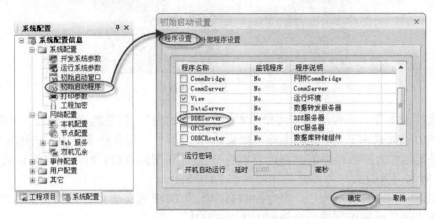

图 13-9　初始启动程序设置

DDEServer 在任务栏上显现的图标形式为：　。单击 DDEServer 右上角"关闭"按钮，DDEServer 并不退出，而是缩小为程序图标隐藏在任务栏。在任务栏上用鼠标单击该图标，可将 DDEServer 窗口激活并置为顶层窗口显现出来，如图 13-10 所示。

图 13-10　顶层窗口

下面说明 DDEServer 工具栏上各个按钮的功用。

① 导航栏。单击该按钮可显示或隐藏左侧导航栏窗口。

② 信息栏。单击该按钮可显示或隐藏下方信息栏窗口。

③ 停止。单击该按钮停止 DDE 服务。

④ 运行。单击该按钮启动 DDE 服务。

⑤ 数据源。首先停止 DDE 服务，然后单击该按钮会弹出"数据源"对话框（如图 13-11 所示）。

图 13-11 "数据源"对话框

在"选择数据源"下拉框中可选择"本地"或"远程"。如果选择"本地"，DDEServer 将从本机的力控数据库中获取实时数据。如果选择"远程"，需要在下面的"IP 地址"和"端口"项中指定运行力控数据库的网络计算机的 IP 地址和网络端口。网络端口缺省采用 2006。

1. 示例 1：EXCEL 作为客户端访问力控 DDE Server

EXCEL 作为 DDE 客户程序，将力控数据库作为 DDE 服务器进行数据交换的过程如下。

（1）在力控数据库中创建一个模拟 I/O 点 TAG1。

（2）启动力控数据库和力控 DDEServer。

（3）用 EXCEL 程序打开一个工作薄，在工作单的单元格内输入"= PCAuto｜TAG！TAG1.PV"。

2. 示例 2：VB 应用程序作为客户端访问力控 DDE Server

操作步骤如下。

（1）用 VB 新建工程项目，将窗体命名为"DDEClient"；在窗体中绘制四个标签，分别为 Label1、Label2、Label3、Label4；在窗体中绘制四个文本，分别为 Text1、Text2、Text3、Text4。如图 13-12 所示。

（2）标签不需要做任何设置，文本框的属性设置如图 13-13 所示。

图 13-12 文本输入框

图 13-13 属性设置

力控 DDEServer 的应用程序名为"PCAuto"，主题名为"Tag"，数据连接项为数据库点参数名，如图 13-14 所示。

① LinkItem 为 "a1.PV（数据库变量名）"。

② LinkMode 为 "0，1，2，3"。

③ LinkTopic 为 "PCAuto | Tag"

LinkMode 初始为 0，当力控已启动可设置为 1。

Text2、Text3、Text4 的 LinkItem 的分别为 a2.PV、a3.PV、a4.PV，其他设置和 Text1 一样。

（3）在 Form_Load()中编写脚本程序，如图 13-15 所示。

图 13-14　数据库点参数名

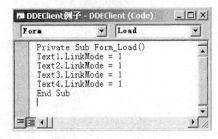

图 13-15　文本框脚本

将各个文本设置为自动连接方式，运行时应先启动力控 DDEServer。

（4）在力控数据库中创建四个数据库点，分别为 a1、a2、a3 和 a4（与 VB 中文本 LinkItem 的属性值一致）。

（5）首先启动力控软件，再启动 VB 程序，可以观察 VB 程序与力控软件间的数据交互过程。如图 13-16 所示。

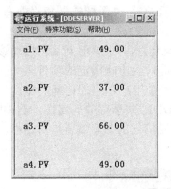 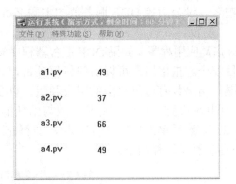

图 13-16　力控运行程序

13.1.3　远程 NETDDE 配置

NETDDE 使用 DDE 共享特性来管理通过网络进行程序通信和共享数据的方式。当 DDE 服务器程序与 DDE 客户端程序分别运行在网络上不同的网络节点计算机上时，就可以使用 NETDDE 技术。

在 Windows NT/2000/XP 等操作系统上，可以使用操作系统自带的 NETDDE 功能。

下面以服务器端运行力控 DDEServer，客户端运行 EXCEL 为例，说明具体配置方法。

需要注意的是，NETDDE 的使用必须保证服务器端与客户端的网络连接正常，能够互相找到对方的网络名称。

1. 服务器端设置

服务器端需要对 Windows 设置 DDE 共享。

（1）添加 DDE 共享。要打开 DDE 共享，请单击 Windows 系统菜单"开始"，单击"运行"，键入"ddeshare"后确定。选择"共享"菜单下的"DDE 共享"，单击"添加共享"按钮，弹出"DDE 共享属性"对话框。如图 13-17 所示。其中各项的意义解释如下。

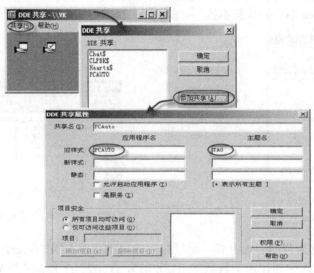

图 13-17 "DDE 共享属性"对话框

① 共享名。可任意指定。

② 应用程序名。设为力控 DDE 服务器的应用程序名称"PCAUTO"。

③ 主题名。设为力控 DDE 服务器的主题名称"TAG"。"新样式"和"静态"等参数不必设置。

④ 允许启动应用程序。如果 DDE 服务器程序没有运行，则 DDE 对话将启动该应用程序。

⑤ 项目安全。指出用户可以访问任何项目，还是只能访问指定的项目。

⑥ 权限。指出具有访问权限的用户和组，以及每个用户和组的访问类型。

（2）信任共享设置。用于查看和修改与信任的 DDE 共享有关的属性。选中刚才建立的共享"PCAuto"，然后单击按钮"信任共享"，弹出"受信任的共享属性"对话框，如图 13-18 所示。其中各项意义解释如下。

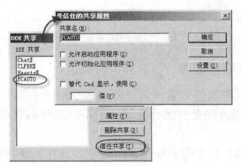

图 13-18 "受信任的共享属性"对话框

① 允许启动应用程序。当某个客户端的 DDE 应用程序尝试初始化一个 DDE 对话时，服务器端的 DDE 应用程序将自动启动。若不选，则只有服务端的 DDE 程序运行时，DDE 对话才能成功。

② 允许初始化应用程序。若选择该项，则允许建立到当前 DDE 的新连接；若不选，则只运行当前 DDE 对话。

（3）设置访问权限。单击"受信任的共享属性"对话框中的"设置"按钮，弹出的对话框如图 13-19 所示。

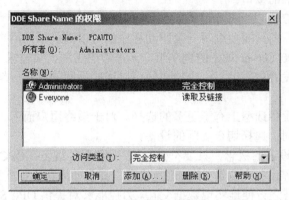

图 13-19 "DDE Share Name 的权限"对话框

可以设置为 everyone 完全控制，或者用户根据需要设置访问权限。

上述设置完成后，启动力控 DDEServer。

2. 客户端设置

客户端启动 EXCEL，在单元格内键入"=\\网络机器名\ PCAuto |TAG!tagname.pv"。

13.2 OPC

力控支持 OPC 标准，既可以作为 OPC 客户程序，从其他 OPC 服务器程序中访问数据；也可以作为服务器端，供其他 OPC 客户程序访问。

与 DDE 类似，当力控作为 OPC 客户端访问其他 OPC 服务器时，是将 OPC 服务器当作 I/O 设备。因此力控 OPC 客户端采用的是 I/O 驱动形式。

13.2.1 OPC 概述

在计算机控制的发展过程中，不同的厂家提供不同的协议，即使同一厂家的不同设备之间与计算机通信的协议也不同。在计算机上，不同的语言对驱动程序的接口有不同的要求。这样又产生了新的问题：应用软件需要为不同的设备编写大量的驱动程序，而计算机硬件厂家要为不同的应用软件编写不同的驱动程序。这种程序可复用程度低，不符合软件工程的发展趋势。在这种背景下，产生了 OPC 技术。

OPC 是"OLE for Process Control"的缩写，即把 OLE 应用于工业控制领域。

OLE 原意是对象连接和嵌入，随着 OLE 2 的发行，其范围已远远超出了这个概念。现在的 OLE 包含了许多新的特征（如统一数据传输、结构化存储和自动化），已经成为独立于计算机语言、操作系统甚至硬件平台的一种规范，是面向对象程序设计概念的进一步推广。OPC 建立于 OLE 规范之上，它为工业控制领域提供了一种标准的数据访问机制。

OPC 规范包括 OPC 服务器和 OPC 客户端两个部分，其实质是在硬件供应商和软件开发商之间建立了一套完整的"规则"。只要遵循这套规则，数据交互对两者来说都是透明的，硬件供应商无需考虑应用程序的多种需求和传输协议，软件开发商也无需了解硬件的实质和操作过程。

13.2.2 OPC 特点

OPC 是为了解决应用软件与各种设备驱动程序的通信而产生的一项工业技术规范和标准。它采用客户端/服务器体系，基于 Microsoft 的 OLE/COM 技术，为硬件厂商和应用软件开发者提供了一套标准的接口。

综合起来说，OPC 有以下几个特点。

（1）计算机硬件厂商只需要编写一套驱动程序就可以满足不同用户的需要。硬件供应商只需提供一套符合 OPC Server 规范的程序组，无需考虑工程人员需求。

（2）应用程序开发者只需编写一个接口便可以连接不同的设备。软件开发商无需重写大量的设备驱动程序。

（3）工程人员在设备选型上有了更多的选择。对于最终用户而言，选择面更宽一些，可以根据实际情况的不同，选择切合实际的设备。

（4）OPC 扩展了设备的概念，只要符合 OPC 服务器的规范，OPC 客户端都可与之进行数据交互，而无需了解设备究竟是 PLC 还是仪表。甚至如果在数据库系统上建立了 OPC 规范，OPC 客户端便可与之方便地实现数据交互。力控能够对提供 OPC Server 的设备进行全面支持。

13.2.3 OPC 基本概念

OPC 服务器由三类对象组成，相当于三种层次上的接口，即服务器（Server）、组（Group）和项（Item）。

1. 服务器对象

拥有服务器的所有信息，同时也是组对象的容器。一个服务器对应于一个 OPC Server，即一种设备的驱动程序。在一个 Server 中，可以有若干个组。

2. 组对象

拥有本组的所有信息，同时包容并逻辑组织 OPC 数据项。

OPC 组对象提供了客户组织数据的一种方法。组是应用程序组织数据的一个单位，客户端可对之进行读写，还可设置客户端的数据更新速率。当服务器缓冲区内数据发生改变时，OPC 将向客户端发出通知，客户端得到通知后再进行必要的处理，而无需浪费大量的时间进行查询。OPC 规范定义了两种组对象：公共组（或称：全局组，Public）和局部组（或称：局域组、私有组，Local）。公共组由多个客户端共有，局部组只隶属于一个 OPC 客户端。全局组对所有连接在服务器上的应用程序都有效，而局域组只能对建立它的 Client 有效。一般说来，客户端和服务器的一对连接只需要定义一个组对象。在一个组中，可以有若干个项。

3. 项

项是读写数据的最小逻辑单位。一个项与一个具体的位号相连。项不能独立于组存在，必须隶属于某一个组。组与项的关系如图 13-20 所示。

在每个组对象中，客户可以加入多个 OPC 数据项。

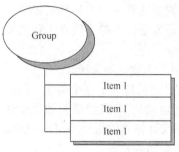

图 13-20 组与项的关系

OPC 数据项是服务器端定义的对象，通常指向设备的一个寄存器单元。OPC 客户端对设备寄存器的操作都是通过其数据项来完成的。通过定义数据项，OPC 规范尽可能地隐藏了设备的特殊信息，也使 OPC 服务器的通用性大大增强。OPC 数据项并不提供对外接口，客户不能直接对之进行操作，所有操作都是通过组对象进行的。

应用程序作为 OPC 接口中的 Client 方，硬件驱动程序作为 OPC 接口中的 Server 方。每一个 OPC Client 应用程序都可以接若干个 OPC Server，每一个硬件驱动程序可以为若干个应用程序提供数据。其数据结构如图 13-21 所示。

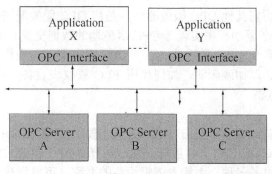

图 13-21　数据结构

客户端操作数据项的一般步骤如下。

（1）通过服务器对象接口枚举服务器端定义的所有数据项。如果客户端对服务器所定义的数据项非常熟悉，此步可以忽略。

（2）将要操作的数据项加入客户定义的组对象中。

（3）通过组对象对数据项进行读写等操作。

每个数据项的数据结构包括三个成员变量：数据值、数据质量和时间戳。数据值是以 VARIANT 形式表示的。应当注意，数据项表示同数据源的连接而不等同于数据源，无论客户端是否定义数据项，数据源都是客观存在的。可以把数据项看作数据源的地址，即对数据源的引用，而不应看作数据源本身。

13.2.4　OPC 体系结构

OPC 规范提供了两套接口方案，即 COM 接口和自动化接口。COM 接口效率高，通过该接口，客户端能够发挥 OPC 服务器的最佳性能，采用 C++语言的客户端一般采用 COM 接口方案；自动化接口一般为采用 VB 语言的客户所采用。自动化接口使解释性语言和宏语言编写客户端应用程序变得简单，然而自动化客户运行时需进行类型检查，这一点则大大牺牲了程序的运行速度。

OPC 服务器必须实现 COM 接口，是否实现自动化接口则取决于供应商的主观意愿。

1. 服务器缓冲区数据和设备数据

OPC 服务器本身就是一个可执行程序，该程序以设定的速率不断地同物理设备进行数据交互。服务器内有一个数据缓冲区，其中存有最新的数据值、数据质量和时间戳。时间戳表明服务器最近一次从设备读取数据的时间。服务器对设备寄存器的读取是不断进行的，时间戳也在不断更新。即使数据值和质量戳都没有发生变化，时间戳也会进行更新。

客户端既可从服务器缓冲区读取数据，也可直接从设备读取数据。从设备直接读取数据速度会慢一些，一般只有在故障诊断或极特殊的情况下才会采用。

2. 同步和异步

OPC 客户端和 OPC 服务器进行数据交互可以有两种不同方式，即同步方式和异步方式。同步方式实现较为简单，当客户端数目较少而且同服务器交互的数据量也比较少的时候可以采用这种方式；异步方式实现较为复杂，需要在客户端程序中实现服务器回调函数。然而当有大量客户端和大量数据交互时，异步方式能提供高效的性能，尽量避免阻塞客户端数据请求，并最大可能地节省 CPU 和网络资源。

13.2.5　力控 OPC 作客户端

当力控作为客户端访问其他 OPC 服务器时，是将 OPC 服务器当作一个 I/O 设备，并专门提供了一个 OPC Client 驱动程序实现与 OPC 服务器的数据交换。通过 OPC Client 驱动程序，可以同时访问任意多个 OPC 服务器，每个 OPC 服务器都被视作一个单独的 I/O 设备，并由工程人员进行定义、增加或删除，如同使用 PLC 或仪表设备一样。下面具体说明 OPC Client 驱动程序的使用过程。

1. 定义 OPC 设备

在力控开发系统导航器窗口中双击"I/O 设备组态"，启动 IoManager。选择"OPC"类中的"MICROSOFT OPC CLIENT"并展开，然后选择"OPC CLIENT 3.6"并双击弹出"设备配置"对话框，在"设备名称"中输入逻辑设备的名称（可以随意定义），在"更新周期"中指定采集周期，如图 13-22 所示。原理见 I/O 驱动相关章节。

然后单击按钮"下一步"，出现"OPC 服务器设备定义"对话框。如图 13-23 所示。其中各项的意义解释如下。

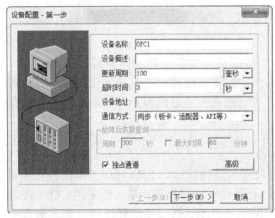

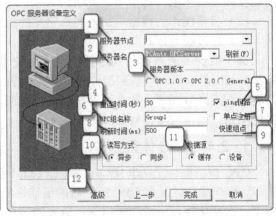

图 13-22　定义 OPC 设备名称和更新周期　　　　图 13-23　"OPC 服务器设备定义"对话框

（1）服务器节点。服务器节点设置只使用在网络上，当 OPC Sever 需要通过网络访问时使用。要求写出正确的计算机名或 IP 地址，以便连接网络上的 OPC Server。

（2）服务器名。是你所要访问的 OPC Server 的名称。当没有选项时单击"刷新"按钮，便可以自动搜索计算机系统中已经安装的所有 OPC 服务器。

（3）服务器版本。选择 OPC 的版本。当 1.0 和 2.0 都刷新不到时，选择 General。

（4）重连时间（s）。失去 OPC Server 连接后，多长时间后重新连接。

（5）OPC 组名称。填写 OPC 组名。

（6）刷新时间（ms）。是控制 OPC Server 访问外部设备的时间。

（7）ping 链路。勾选后系统会先进行 ping 链路操作，链路 ping 不通不连接 OPC Server。

（8）单点注册。选择注册方式。

（9）快速组点。驱动支持快速组点。

（10）读写方式。选择通信方式。当选择"同步"方式时，数据采集速度取决于设备组态第一步的"更新周期"设置。

（11）数据源。数据源的类型，一般情况下请选择"缓存"。

（12）高级。单击"高级"按钮，可进入图13-24所示的界面。其中各项的意义解释如下。

① 冗余方式和冗余节点 IP。用于配置冗余 OPC，填写冗余 OPC 的 IP 地址。

② 启动异步刷新。选择异步方式时勾选此选项，系统会每隔 5s 发送一次刷新请求，要求OPC Server 向客户端回发所有数据。

单击"确定"按钮即可完成配置。

图13-24 高级配置

2. 数据连接

对 OPC 数据项进行数据连接与其他设备类似。

下面以 Schneider 公司的一个仿真 OPC 服务器"OPC Factory Simulator Server"（服务器名：Schneider-Aut.OFSSimu）为例，说明对 OPC 数据项进行数据连接的过程。

（1）首先在 PC 机上安装 OPC Factory Simulator Server 程序，然后按照上文所述的过程定义一个 OPC Factory Simulator Server 的 OPC 设备，假设设备名为"OPC"。

（2）启动数据库管理工具 DbManager，然后创建一个模拟 I/O 点，并切换到"数据连接"页，在"连接 I/O 设备"的"设备"下拉框中选择设备 OPC1。单击"增加"按钮，出现的对话框如图 13-25 所示。其中各项的意义解释如下。

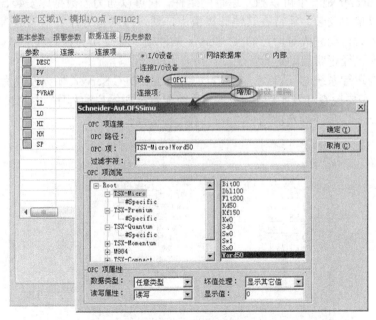

图13-25 增加连接项

① OPC 项连接/OPC 路径。OPC 路径（AccessPath）是 OPC 服务器端提供的一个参数，

用于指定对应的 OPC 项的数据采集方式。例如，OPC 服务器在采集某个 RTU 上的数据时，可以通过 COM1 上的高速 MODEM 进行，也可以通过 COM2 上的低速 MODEM 进行。通过 OPC 路径参数，可以指定采用 COM1 还是 COM2 进行采集。对于没提供该功能的 OPC 服务器，可将该参数置为空。

② OPC 项连接/OPC 项。OPC 服务器中的基本数据项，一般用字符串表示，可唯一标识一个数据项。

③ OPC 项连接/过滤字符。用于指定浏览 OPC 项的过滤字符。例如："A*"，表示浏览所有以字母"A"开头的 OPC 项。

④ OPC 项浏览。该部分列出全部 OPC 项以供选择。左侧对话框内容为 OPC 项的树状层次结构，右侧对话框内容为具体的 OPC 项，单击 OPC 项，会自动将形成的 OPC 项的标识填到"OPC 项连接/OPC 项"输入框内。对于不支持浏览功能的 OPC 服务器，无法进行 OPC 项浏览，此时只能手工在"OPC 项连接/OPC 项"输入框内指定 OPC 项标识。

⑤ OPC 项属性/数据类型。指定所选的 OPC 项的数据类型。

⑥ OPC 项属性/读写属性。指定所选的 OPC 项的读写属性。

⑦ OPC 项属性/坏值处理。指定所选的 OPC 项出现坏值（由质量戳确定）时的处理方式。如果选择"显示其他值"，可指定一个固定值表示坏值。如果选择"保持原值"，则保持为上一次采集到的值。

⑧ OPC 项属性/显示值。当"OPC 项属性/坏值处理"指定为"显示其他值"时，该参数用于指定表示坏值的固定值。

13.2.6　力控 OPC 作服务器

力控软件提供了一个自有的 OPC 服务器：力控 OPC Server。其他 OPC 客户端程序通过力控 OPC Server 可以访问力控实时数据库。

力控 OPC Server 是一个可以独立运行的组件。它可以与力控数据库安装、运行在同一计算机上；也可以单独安装、运行在其他计算机上，通过网络与力控数据库通信。

在安装力控时自动完成对力控 OPC Server 的注册。在使用力控 OPC Server 前，要保证力控实时数据库已经正常启动运行。

当启动力控运行系统时，运行系统可自动启动力控 OPC Server。如果发现力控 OPC Server 不能自动启动，需要检查开发系统 Draw 中"系统配置→初始启动程序"中的设置。如图 13-26 所示，"OPCServer"项要确定被选中。

图 13-26　"程序设置"页

力控 OPC Server 也可以手工启动。选择开始菜单中"力控 Force Control V7.0→扩展组件→OPC Server"命令可以启动 OPC Server。力控 OPC Server 没有程序窗口，仅以程序图标形式显示在任务栏上，在任务栏上显现的图标形式为：▓。在任务栏上用鼠标右键单击该图标，弹出的 OPC Server 菜单如图 13-27 所示。其中各项的意义解释如下。

（1）配置数据源。选择该菜单命令，弹出"DB 数据源设置"对话框，如图 13-28 所示。

图 13-27 OPC Server 菜单

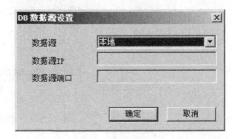

图 13-28 "DB 数据源设置"对话框

其中"数据源"可指定"本地"或"远程"两种方式：如果力控实时数据库与力控 OPC Server 都运行在本机，选择"本地"方式；如果力控实时数据库运行在其他网络节点上，选择"远程"方式，并在"数据源 IP"参数项中指定力控实时数据库所在的网络节点的 IP 地址，在"数据源端口"参数项中指定网络端口（缺省为 2006）。

（2）配置点列表。选择该命令，弹出"点表设置"对话框，如图 13-29 所示。对话框左侧列出了数据库中的点，可以使用中间的按钮">"或">>"将单个点或全部点选到点列表中作为 OPC Server 中的点，其他 OPC 客户端可以浏览到。也可将已选点移除。

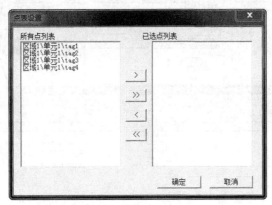

图 13-29 "点表设置"对话框

（3）注册。选择该菜单命令，对力控 OPC Server 进行 OPC 注册。

（4）注销。选择该菜单命令，对力控 OPC Server 进行 OPC 注销。

（5）退出。选择该菜单命令，退出力控 OPC Server 程序。

不同厂家提供的 OPC 客户端程序数据项定义的方法和界面都可能有所差异。下面以某厂家的的 OPC 客户端为例说明力控 OPC Server 的使用。

（1）启动力控 OPC Server（首先要保证力控实时数据库已经启动运行）。运行某厂家提供的 OPC 客户端，选择"OPC"菜单中的"connect"项，弹出"服务器选择"对话框，选择列表中的力控 OPC Server，英文名称为"PCAuto.OPCServer"，单击"OK"按钮。画面如图 13-30 所示。

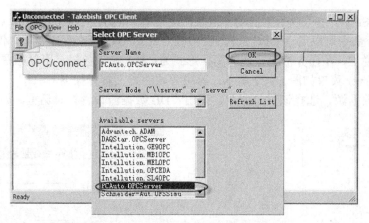

图 13-30　"服务器选择"对话框

（2）选择菜单中的 OPC 选项，选择"Add Item"，在"Browse items"中，左边是力控数据库中的所有点，右边是点参数，选择要连接的点及其参数，单击"Add Item"按钮加入到 OPC 客户端，OPC 客户端便按照给定的采集频率对力控 OPC Server 的数据进行采集。如图 13-31 所示。

选择菜单"OPC"下的"Write Value to Item"项，可以对可读写变量的可读写的域进行修改。

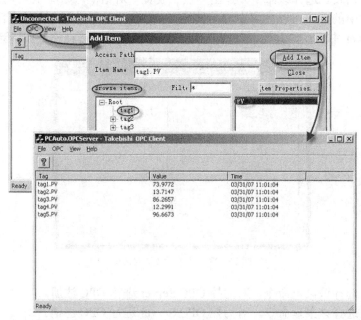

图 13-31　数据采集

13.2.7　网络 OPC

当 OPC 服务器与 OPC 客户端运行在不同的网络节点上时，服务器与客户程序之间通过 DCOM 方式进行通信。DCOM 是 Windows 操作系统提供的一种组件通信技术。OPC 程序在实现 DCOM 通信时，需要对运行 OPC 服务器与客户端的 Windows 操作系统的 DCOM 进行配置，下面以力控 OPCServer 为例介绍配置过程。

1. 第三方防火墙设置

如果运行 OPC 程序的 Windows 系统（包括 OPC 服务器端和客户端）启用了第三方防火墙产品，必须首先对防火墙产品进行正确的设置，才能保证 OPC 网络通信正常。下面以天网防火墙为例，说明设置过程。

（1）启动天网防火墙设置界面，如图 13-32 所示。

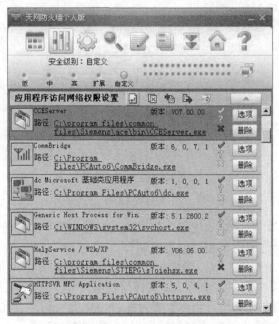

图 13-32　天网防火墙设置界面

（2）添加 svchost.exe、OpcServer.exe、OpcEnum.exe 和 mmc.exe。如图 13-33 所示。

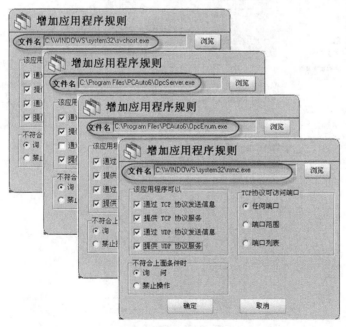

图 13-33　添加程序

2. OPC 服务器端采用 Windows 2000 Professional 系统

（1）在 Windows 菜单"开始"中选择"运行"，在编辑框中输入"dcomcnfg"，单击"确定"后弹出"分布式 COM 配置属性"对话框，进入"默认安全机制"属性页进行定义，如图 13-34 所示。

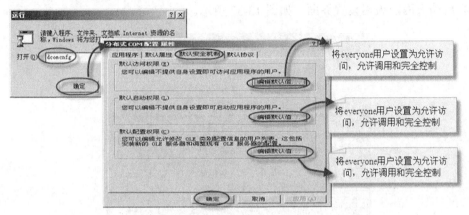

图 13-34 "默认安全机制"属性页

对"默认访问权限""默认启动权限"和"默认配置权限"进行设置，将 everyone 用户设置为"允许访问""允许调用"和"完全控制"。

（2）回到首页"应用程序"页，然后选中"OpcEnum"，单击"属性"按钮，在弹出对话框的"安全性"属性页中选中"使用自定义访问权限""使用自定义启动权限"和"使用自定义配置权限"，并分别进行编辑，全部设置为 everyone 允许访问、允许设置、完全控制等。然后在"身份标识"属性页中选中"交互式用户"。如图 13-35 所示。

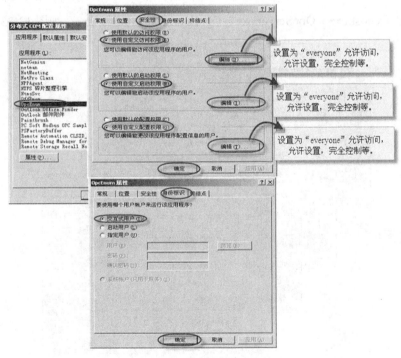

图 13-35 属性设置

（3）再回到"分布式 COM 配置属性"对话框中，选中 PCAuto OPC Server 进行属性配置。同样，在"安全性"属性页中选中"使用自定义访问权限""使用自定义启动权限"和"使用自定义配置权限"，并分别进行编辑，全部设置为 everyone 允许访问、允许设置、完全控制等。然后在"身份标识"属性页中选中"交互式用户"。如图 13-36 所示。

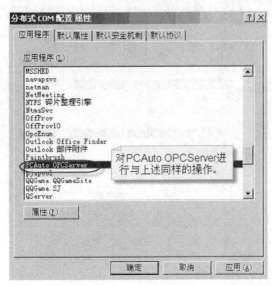

图 13-36　配置 PCAuto OPC Server

对于 OPC 客户端，如果采用了 Windows 2000 Professional 系统，也要采用上述配置方法。

3. OPC 服务器端采用 Windows 2000 Server 系统

（1）在 Windows 菜单"开始"中选择"运行"，在编辑框中输入"dcomcnfg"，单击"确定"后弹出"分布式 COM 配置属性"对话框，保持"默认属性"页的缺省设置。如图 13-37 所示。

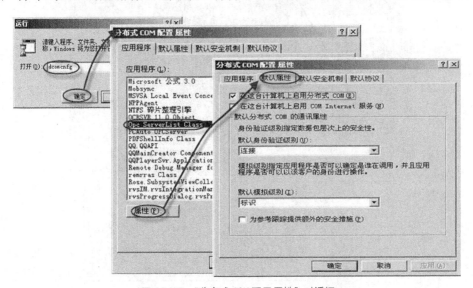

图 13-37　"分布式 COM 配置属性"对话框

（2）进入"默认安全机制"属性页进行设置，分别修改"默认启动权限"和"默认修改权限"。如图 13-38 所示。

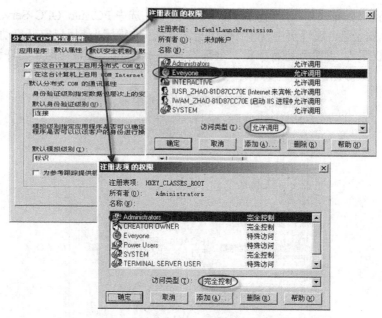

图 13-38 "默认安全机制"属性页设置

（3）保持"默认协议"为缺省设置。

（4）回到首页"应用程序"页，选择"OPC Serverlist Class"，单击"属性"按钮。保持"常规"页参数为缺省设置。在"身份标识"选项中，选择"交互式用户"。如图 13-39 所示。

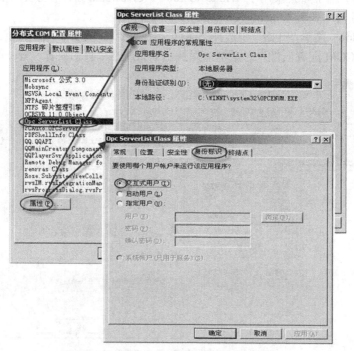

图 13-39 "常规"页设置

选择"安全性"页，分别编辑各项"使用自定义访问权限"。分别添加 everyone 用户，访问类型是"允许访问"。如图 13-40 所示。

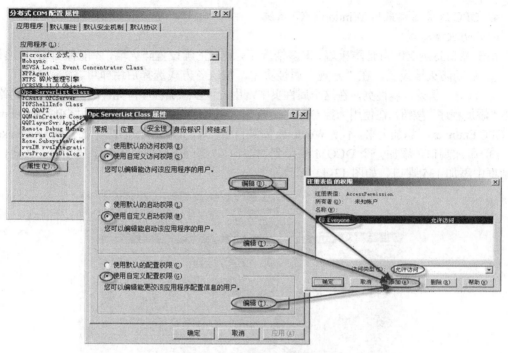

图 13-40 "安全性"页设置

（5）回到首页"应用程序"页，选择"PCAuto OPC Server"，单击"属性"按钮。保持"常规"页的缺省设置。"身份标识"页，选择"交互式用户"。如图 13-41 所示。

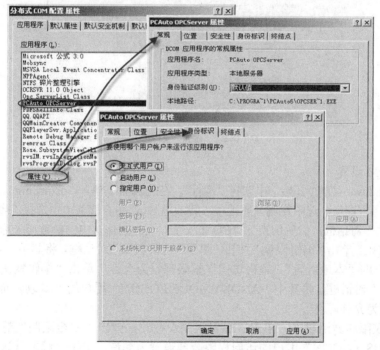

图 13-41 "身份标识"页设置

对于 OPC 客户端，如果采用了 Windows 2000 Server 系统，也要采用上述配置方法。

4. OPC 服务器端采用 Windows XP 系统

（1）防火墙配置

由于 Windows XP 自带防火墙，很多情况下，只有正确设置防火墙，才能保证 OPC 通信。

① 启动防火墙设置，在"常规"属性页中，按缺省方式选择启用即可。

② 选择"例外"属性页，在这个属性页中，用户可以添加程序，允许这些程序访问网络。单击"添加程序"按钮，在使用力控 OPC Server 时，需要把力控安装目录下的"OPC Server.exe"和"OPC Enum.exe"添加上来（不是 Windows 安装目录"\WINNT\system32"下的 OPCEnum.exe）。

③ 添加端口。添加一个 DCOM 要用到的端口，"例外"属性页的"添加端口"按钮，在对话框中添加 135 端口。如图 13-42 所示。

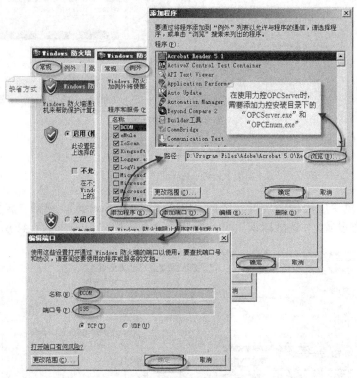

图 13-42 "例外"属性页设置

（2）DCOM 设置

① 在 Windows 菜单"开始"中选择"运行"，在编辑框中输入"dcomcnfg"，单击"确定"，启动"组件服务"窗口。选中左侧导航器中"我的电脑"，在右键菜单中选择"属性"项，弹出"我的电脑属性"对话框，然后切换到"COM 安全"页。其他页中的参数可采用缺省设置。

a. 访问权限。单击"编辑限制"按钮，弹出"访问权限"对话框，将其中"ANONYMOUS LOGON"用户的"本地访问""远程访问"权限都设为允许。单击"编辑默认值"按钮，弹出"访问权限"对话框，将其中"ANONYMOUS LOGON"用户的"本地访问""远程访问"访问权限都设为允许。

b. 启动权限和激活权限。单击"编辑限制"按钮，弹出"安全限制"对话框，将其中"ANONYMOUS LOGON"用户的访问权限全部设置为允许。单击"编辑默认值"按钮，弹出"安全限制"对话框，将其中"ANONYMOUS LOGON"用户的访问权限全部设置为允许。如图 13-43 所示。

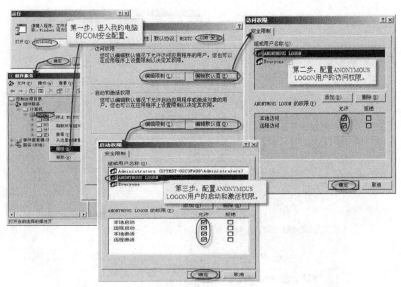

图 13-43 安全性设置

② OPC Enum 配置。在"组件服务"窗口左侧导航器中展开"我的电脑",选择下面的"DCOM 配置",在右侧列表中选中"OpcEnum",单击右键,在右键菜单中选择"属性"项,在弹出的"OpcEnum 属性"中选择"常规"属性页,将其中的"身份验证级别"设置为"无";切换到"标识"页,选中"交互式用户"选项。如图 13-44 所示。

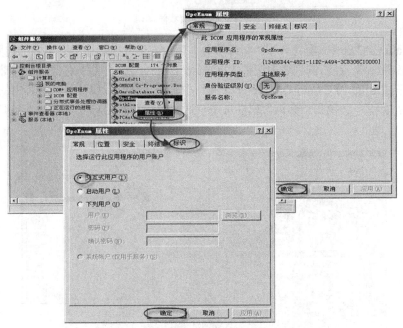

图 13-44 "常规"页和"标识"页设置

切换到"安全"属性页,将所有的权限都选择自定义,并进行编辑:编辑"启动和激活权限",将"ANONYMOUS LOGON"用户的权限设为"允许";编辑"访问权限",将"ANONYMOUS LOGON"用户的权限设为"允许";编辑"配置权限",将"ANONYMOUS LOGON"用户的权限设为"允许"。如图 13-45 所示。

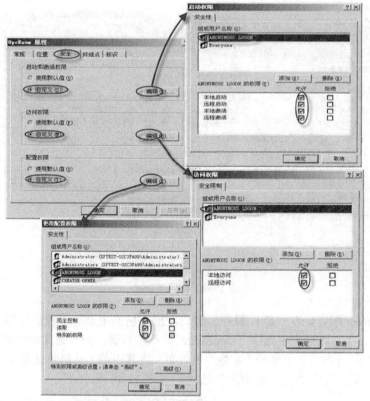

图 13-45　配置权限

③ PC Auto OPC Server 配置。在"组件服务"窗口左侧导航器中展开"我的电脑",选择下面的"DCOM 配置",在右侧列表中选中"PCAuto OpcServer",单击右键,在右键菜单中选择"属性"项。在弹出的"PCAuto OpcServer 属性"中选择"常规"属性页,将其中的"身份验证级别"设置为"无";切换到"标识"属性页中,选择"交互式用户"。如图 13-46 所示。

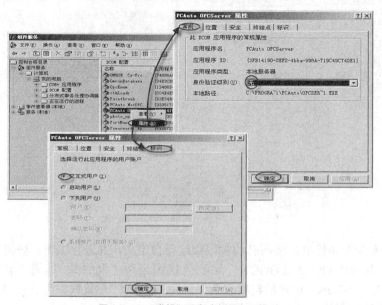

图 13-46　"常规"页和"标识"页设置

　　切换到"安全"属性页,"启动和激活权限"选择"自定义"选项,并添加"ANONYMOUS LOGON"用户组,添加用户组权限。在"访问权限"中选择"自定义"选项,并添加"ANONYMOUS LOGON"用户组,添加用户组权限。如图 13-47 所示。

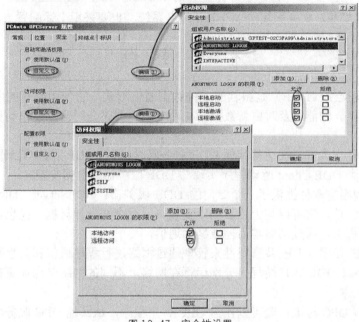

图 13-47　安全性设置

　　④ 如果通过网络可以访问到 OPC Server,也能看到数据点,但数据点不随服务器变化,可以进行以下设置。Windows XP sp2 网络设置, 进入"开始菜单→设置→控制面板",选择"管理工具"选项,进入"本地安全策略"。在本地安全设置中,选择"安全设置→本地策略→用户权利指派",选择"拒绝从网络访问这台计算机"的属性中删除 guest 用户,设置完如图 13-48 所示。

图 13-48　本地安全设置

> 在 OPC Client 端系统，只要设置 Windows 防火墙、DCOM 的"我的电脑"和 OPC Enum 部分就可以了，具体情况参照有关的 OPC Client 的资料。

对于 OPC 客户端，如果采用了 Windows XP 系统，也要采用上述配置方法。

本 章 小 结

1．动态数据交换（DDE）是微软的一种数据通信形式，它使用共享的内存在应用程序之间进行数据交换。它能够及时更新数据，在两个应用程序之间信息是自动更新的，无须用户参与。

2．当力控软件作为客户端访问其他 DDE 服务器时，是将 DDE 服务器当作一个 I/O 设备，并专门提供了一个 DDE Client 驱动程序实现与 DDE 服务器的数据交换。

3．力控监控组态软件提供了一个专门的 DDE 服务器：DDEServer。DDEServer 是一个可以独立运行的组件。它可以与力控数据库安装、运行在同一计算机上；也可以单独安装、运行在其他计算机上，通过网络与力控数据库通信。

4．NETDDE 使用 DDE 共享特性来管理通过网络进行程序通信和共享数据的方式。当 DDE 服务器程序与 DDE 客户端程序分别运行在网络上不同的网络节点计算机上时，就可以使用 NETDDE 技术。

5．力控支持 OPC 标准：既可以作为 OPC 客户程序，从其他 OPC 服务器程序中访问数据；也可以作为服务器端，供其他 OPC 客户程序访问。OPC 服务器由三类对象组成，相当于三种层次上的接口，即服务器（Server）、组（Group）和数据项（Item）。

思 考 题

1．组态软件怎样解决与不同系统之间的通信问题？

2．举例说明开发系统与 EXCEL 数据的组态。即用组态软件开发的应用系统中能使用 EXCEL 表格中的数据。

3．OPC 能解决什么问题？怎样使用 OPC 技术？

4．举例说明开发系统与用 VB 语言建立的数据库的组态。

5．举例说明开发系统与 SQL 数据的组态。

第14章 力控组态软件的应用

【本章学习目标】

【本章学习目标】

1．了解力控组态软件应用在加油站进销存监控系统的设计。
2．了解力控组态软件应用在工业锅炉控制系统。
3．了解力控组态软件应用在工业除尘控制系统。
4．了解力控组态软件应用在高炉煤气采集控制系统。
5．了解力控组态软件应用在智能楼宇的太阳能监控系统。

【教学目标】

1．知识目标：了解工控组态软件设计具体项目监控系统的步骤，掌握使用组态软件制作监控画面的方法。

2．能力目标：通过实践操作与每一个步骤的了解，初步形成对工控组态软件制作各项目的过程，学会制作设置，培养学习兴趣。

【教学重点】

学习使用力控组态软件制作控制目标的监控画面。

【教学难点】

针对各种控制系统学会运用力控软件制作监控设置。

【教学方法】

实践操作和演示，进行互动讨论的方法。

14.1 加油站进销存监控系统

通过网络化管理和信息的集成实现对罐区油罐的运行管理，监测油罐的液位、压力、温度等运行参数，进行计量换算和补偿，控制加油阀门。多年以来，力控根据油品计量技术的发展，设计出了针对不同应用环境场合的罐区计算机监控管理系统，该罐区管理软件可集成各家不同的检测控制产品，已广泛应用于各种油品罐区的监控管理，功能强大可靠。罐区监测管理系统基本构成如图 14-1 所示。

14.1.1 油品参数检测控制

油品参数检测方法可分为以下几种。

（1）液位计量法（ATG 法）。采用高性能的雷达液位计（如：ENRAF 公司的液位计）进行液位检测，液位的测量精度为±1mm。

（2）静压计量法（HTG 法）。采用高精度智能压力变送器测量油品介质作用在罐底部的静压，以此来测量液位和质量。

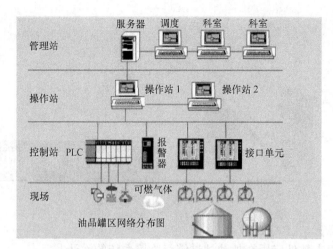

图 14-1　力控加油站及罐区进销存自动测量监控管理系统

（3）混合计量法（HTMS 法）。采用高性能的雷达液位计和高精度智能差压变送器进行测量，综合了上述两种方法的优点，可测量质量、密度、水高、液位和油温。由于现场总线技术的发展使得智能变送器可以在同一总线上进行双向多信息数字通信，并且为油库广域网或局域网提供基本的数字网，可以实现现场仪表远距离组态、零点及量程校正和故障在线诊断，降低了安装成本，是油品计量系统未来发展的方向。

油品罐区参数检测的基本配置如图 14-2 所示。

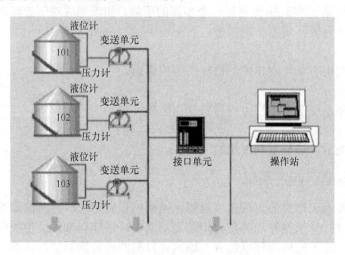

图 14-2　油品罐区参数检测的基本配置

油品的自动发放、接收采用性能可靠的 PLC（如：GE、FANUC、OMRON）控制相应的阀门完成。

为了保证计量的准确性，采用高性能的质量流量计来检测进出流量。为了保证油品罐区的安全采用专用报警器对可燃气体的浓度进行监测。

14.1.2　计算机监控管理

罐区的系统监控管理软件可完成以下功能。

1．自动监控计量

（1）自动计量各油罐液位、密度、油温、水高等数据。

（2）自动报警。对液位高、低限，可燃气体超标，油温高、低限，密度超限等各种异常情况进行报警，报警可采用声光等形式。

（3）自动监控。可显示油品罐区的动态流程。根据液位的不同可自动进行油品的发放、接收，液位超限或有异常情况时，发放、接收可自动终止。

（4）参数修改。可方便地修改各种油品设置参数，如安全高度、报警限等。

油品灌区进出监控示意如图 14-3 所示。

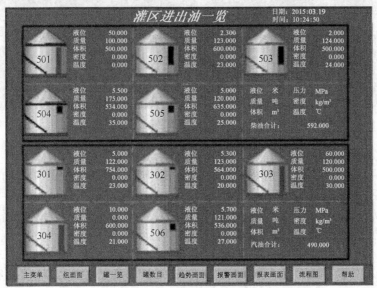

图 14-3　油品灌区进出监控示意图

2．计量管理。

（1）库存管理。统计管理油库各类油品的库存。

（2）作业管理。管理统计各油品及各油罐的作业记录。

（3）数据查询。可按油品或油罐查询各类数据，并可随时查看历次的所有计量数据及库存。

（4）权限管理。可对不同级别的用户设置不同的访问级别。

3．历史参数查询

（1）通过各种参数历史曲线查询各种油品参数的历史数据。

（2）可查询各个不同时间发生的历史报警。

4．报表打印

（1）油品计量（班、日、月、季、年）报表。

（2）油品计量作业分户账。

（3）油品计量作业测试报表。如图 14-4 所示。

5．网络管理

（1）在可接入 Internet 的任意地方，利用标准的浏览器可实时地监视动态流程和油品计量数据。并且限制了用户对过程控制的任何修改，以使现场安全得到保证。

（2）油品计量数据可通过企业内部 Intranet 网访问。

（3）监控软件的网络服务程序基于 TCP/IP 协议，采用 Peer to Peer 和 Client/Server 相结合的分布式体系结构，支持实时数据共享和分布式数据库，易于扩展。

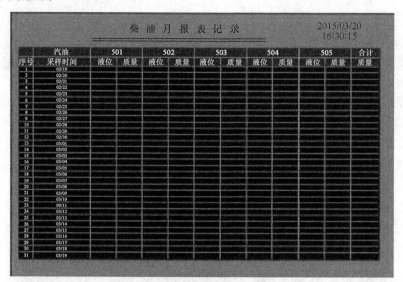

图 14-4　油品计量作业测试报表

6. 关系数据库接口

监控软件具备和大型关系数据库的接口，允许访问其他支持 ODBC 接口的数据库系统或数据文件，包括 Oracle、SQL Server、MS-Access、Sybase、FoxPro、文本文件等，并可将实时过程数据或历史过程数据写入到这些数据库系统或数据文件中，也可从数据库系统或数据文件中获取数据，为企业的信息化管理打下坚实的基础。

7. 远程通信

油品罐区监控管理系统可与远方调度指挥中心联网，实现数据远传，支持电话线、以太网等多种方式。

14.1.3　系统特点

（1）系统软件采用开放组件式设计方法，采用当前最先进的软件设计方法，操作简单易学。

（2）系统硬件要求。586 以上，32MB 内存，操作系统 Windows 2000/98/NT。

（3）油品参数的计算符合国家计量检定规程。

14.2　工业锅炉控制系统

工业锅炉是生产过程中的重要动力设备。在石油化工领域，它的主要作用是向各生产装置提供所需要的合格蒸汽，其控制质量的优劣不仅关系到锅炉自身运行的效果，而且还将直接影响到相关装置生产过程的稳定性。

下面以林源炼油厂热电分厂锅炉控制系统改造项目为例，介绍力控®组态软件在工业锅炉控制系统中的应用。

14.2.1　现场条件与改造内容

热电分厂 3#、4#锅炉原控制系统的操作站为两台 INTEL 工控机、WINDOWS XP 操作系统，组态软件为 INTOUCH6.1，下位机 PLC 是 GE FANUC90-30 PLC。针对原系统不同程度存在的一些问题，提出了改造的要求，归纳起来主要有以下三个方面的内容。

（1）更新操作站，实现双机冗余操作，具有在线热备份功能，解决 Y2K 问题。双机冗余方案如图 14-5 所示。

（2）更换组态软件，增加报表打印、班组核算、流量计算、报警参数查询等功能。在保持原操作画面风格的情况下，重组监控画面，方便参数修改。

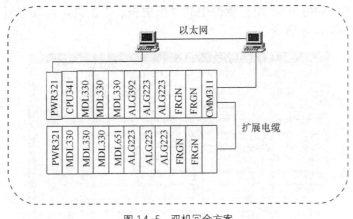

图 14-5 双机冗余方案

（3）压力等采集点和控制点。根据锅炉运行状况，能够随时进行手动、自动及串级三种控制方式的无扰动切换。

14.2.2 系统设计

用 KP 工业控制机替换原系统操作站，用力控®组态软件替换原来的 INTOUCH5.1 软件，从根本上解决 Y2K 问题。

1. 硬件连接方法

保留原有的 GE FANUC90-30 PLC 可编程序控制器，利用其 CMM311 可配置口和电源模块 SWP321 分别与两台 KP 机连接。其中，电源模块 SWP321 经 SNP 接口与 1#操作站的 RS232 串口连接。SNP 接口与 RS232 串口连接的方法如图 14-6 所示；而通信模块 CMM311 则直接与 2#操作站 RS232 串口连接，连接方法如图 14-7 所示。CMM311 是专用通信模块，它支持 GE Fance CMM 通信协定、RTU（Modbus）通信协定及 SNP 协议等。

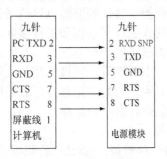

图 14-6 SWP321 接线图

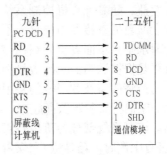

图 14-7 CMM311 通信模块接线图

2. 双机冗余操作策略

两台操作站中，一台作为主机，另一台作从机。当系统首次启动时，只有主机与 PLC 建立通信，从机只有与 PLC 间的物理通信链路，但不与 PLC 通信，从机通过主机读取 PLC 的数据，操作人员在从机上发出的控制命令也经主机下达给 PLC。正常情况下，操作人员无论在哪个操作站上都能够正常操作，当从机发现主机出现故障时，便启动与 PLC 通信的程序，由从机变成主机，同时发出系统报警，从而实现双机实时数据库的冗余热备用。

14.2.3 软件设计说明

操作站组态的软件设计说明如下。

（1）报表打印。利用力控®组态软件中的"历史报表"工具，可以方便地实现报表打印功能。组态画面如图 14-8 所示。

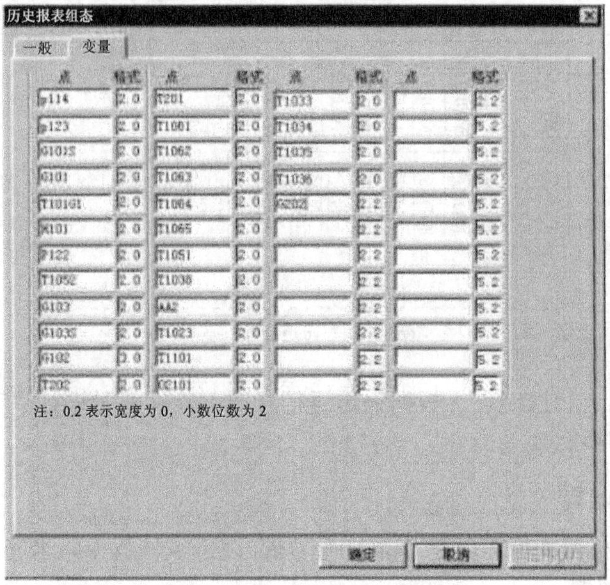

图 14-8 报表打印组态画面

在"数据表"上可以设定报表打印的时间范围、时间间隔和时间输出的格式。"点"是 DB 中的变量参数名，填写时必须和 DB 数据库中的变量相对应；"格式"是用来定义报表中数据长度和小数的位数，如 5.2 为 5 位字符长，小数点后有 2 位小数。

（2）班组核算。班组核算制是目前国内各企业普遍采用的一种经济管理方式。它是把实际生产中的有关参数取出来，然后按企业确定的核算公式进行计算，从而得到本班组一定时间内的经济效益。随着计算机控制系统的普遍应用，管控一体化的要求也日益增加。用数采系统得到的生产数据直接参与核算，不仅消除了烦琐的人工计算过程和工作强度，而且极大地提高了管理水平。下面着重介绍在该系统中实现班组核算的一般方法。

班组核算是根据送出的蒸汽数量和消耗的煤、油、水等数量，经过核算公式计算，得出一段时间内的经济效益及各岗位的费用支出，然后根据用户的要求定时打印班组核算表，并利用数据库 DB 把相关参数保存起来，极大地方便了企业对生产的监督。

例如锅炉控制系统部分的班组核算公式有以下几条。

① 本班有上煤时。耗煤量=上煤量−[交班（存煤量+存粉量）−接班（存煤量+存粉量）]。

② 本班没有上煤时。耗煤量=接班（存煤量+存粉量）−交班（存煤量+存粉量）。

③ 单位成本。单位成本=（煤耗量×单价+耗电量×单价+除盐水耗量×单价+瓦斯消耗量×单价+耗油量×单价+耗天然气量×单价+耗风量×单价+耗气量×单价+折旧+工资+低值易耗+耗液态烃量×单价+材料消耗+工资附加费+财产保险+劳保）/总发汽量。

④ 贡献毛利。贡献毛利=总发汽量×（蒸汽单价−单位成本）。

从以上几个公式可以看出，这样直接可以看到本月的贡献毛利，从而得到实际的经济效益。如表 14-1 所示。

表 14-1   3＃炉班组核算一览表

	位号	名称	数值	备注		位号	名称	数值	备注
1		1#炉主蒸汽流量计	0.000	输入	24		4#炉粉仓粉位高度	0.000	输入
2		1#炉总发汽量	0.000	输入	25		存粉容积	0.000	输入
3		2#炉主蒸汽流量计	0.000	输入	26		存粉量	0.000	
4		2#炉总发汽量	0.000	输入	27		3#炉煤他煤位高度	0.000	输入
5		3#炉主蒸汽流量计	0.000		28		存煤容积	0.000	输入
6		3#炉总发汽量	0.000	输入	29		存煤量	0.000	
7		4#炉主蒸汽流量计	0.000	输入	30		4#炉煤仓煤位高度	0.000	输入
8		4#炉总发汽量	0.000	输入	31		存煤容积	0.000	输入
9		1-4#炉总发汽量	0.000		32		存煤量	0.000	
10		1#炉仓水流量累计	0.000	输入	33		3-4#炉煤耗量	0.000	
11		2#炉仓水流量累计	0.000		34		1-2#炉煤耗量	0.000	输入
12		3#炉给水流量累计	0.000		35		1-2#炉耗天然气量	0.000	输入
13		4#炉给水流量累计	0.000	输入	36		1-4#炉耗风量	0.000	输入
14		1#炉除盐水消耗量	0.000	输入	37		1-4#耗汽量	0.000	输入
15		2#炉除盐水消耗量	0.000	输入	38		工资	2344770	输入
16		3#炉除盐水消耗量	0.000	输入	39		工资附加费	4371500	输入
17		4#炉除盐水消耗量	0.000	输入	40		折旧	1249946	输入
18		1-4#炉除盐水消耗量	0.000	输入	41		低值	1815000	输入
19		1-4#炉总耗量	0.000	输入	42		财产保险	4198500	输入
20		3-4#炉上煤及白石总量	0.000	输入	43		劳保	1922.000	输入
21		3#炉粉仓粉位高度	0.000	输入	44		材料消耗	0.000	输入
22		存粉容积	0.000	输入	45		1-2#炉耗液态烃量	0.000	输入
23		存粉量	0.000		46		单位成本	-9999.00	
48		1-4#瓦斯流量累计	0.000	输入	47		贡献毛益	0.000	输入
49		1-4#瓦斯消耗量	0.000	输入			低值	1815000	输入

14.2.4　PLC 控制算法设计

锅炉设备是一个复杂的控制对象，主要输入变量是负荷、锅炉给水、燃料量、减温水、送风和引风等；主要输出变量是汽包水位、蒸汽压力、炉膛负压、过剩空气等。因输入变量与输出变量相互关联，如果蒸汽负荷发生变化，必将会引起汽包水位、蒸汽压力和过热蒸汽温度的变化。所以说锅炉是一个多输入、多输出且相互关联的控制对象，本控制系统将其分为送风系统、炉膛负压系统、磨煤热风系统、汽包水位系统、汽包压力和主汽温度系统几部分。锅炉对象简图如图 14-9 所示。

以汽包水位系统为例，受控变量是汽包水位，操纵变量是给水流量。它主要考虑汽包内

图 14-9　锅炉对象简图

部的物料平衡，使给水量适应锅炉的蒸发量，维持汽包中水位在工艺允许范围之内，这是保证锅炉、汽轮机安全运行的必要条件之一，是锅炉正常运行的重要指标。

1. 汽包水位的动态特性

（1）蒸汽负荷（蒸汽流量）对水位的影响，即干扰通道的动态特性。主要是在蒸汽量突然增加时，产生假水位现象。

（2）给水流量对水位的影响，即控制通道的动态特性。当给水时，给水温度和汽包内的水温相差很大，所以给水量增加后使汽包中汽泡含量减少，导致水位下降。

（3）锅炉排污、吹灰等对水位也有影响。

2. 控制方法

基于汽包水位的特性，采用了串级控制系统。因本系统受控对象有较大滞后，主控制器采用 PID 控制。

（1）减少干扰对主回路的影响，可由副回路控制器予以校正。

（2）由于副回路的存在减少了相位滞后，从而改善了主回路的响应速度。

（3）对控制阀特性的变化具有较好的鲁棒性。

（4）副回路可以按照主回路的需求对对象实施精确控制。

实际 PLC 的控制程序采用主副回路进行串级控制，即主回路的输出做为副回路的设定值，经副回路输出作用于被控对象。也可以不用副回路只用主回路形成单回路调解，或手动操作完成。

3. 主调节器

主调节器控制回路框图如图 14-10 所示。

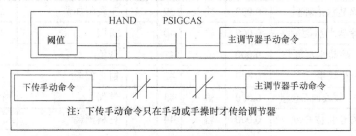

图 14-10　主调节器控制回路框图

4. 串级控制回路算法

串级控制回路框图如图 14-11 所示。

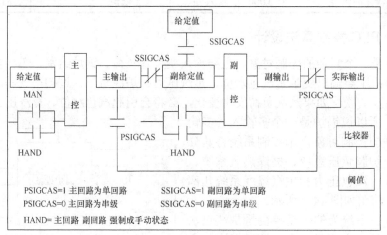

图 14-11　串级控制回路框图

5. 副调节器

副调节器回路框图如图 14-12 所示。

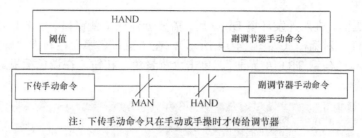

图 14-12　副调节器回路框图

6. PLC 程序

本系统共有 6 个 PID 回路，除了炉膛负压和磨煤热风外均为主、副串级控制，程序的控制算法也是一样的，只有每个程序中的变量不同，每部分程序主要由两个 PID 回路构成，第一个为主回路，第二个为副回路。

7. 系统运行情况

该系统自动化程度较高，大大降低了操作者劳动强度，降低了成本，经过近 2 年的运行，用户给予了很高评价，认为利用力控®开发的上位机监控程序功能完善，综合性强，人机界面友好，实用性好。

14.3　工业除尘控制系统

1. 新建组态软件工程项目

打开力控组态软件，进入力控工程管理器。方法是：单击"开始→所有程序→力控 7.0"，如图 14-13 所示；或直接在桌面双击力控工程管理图标。

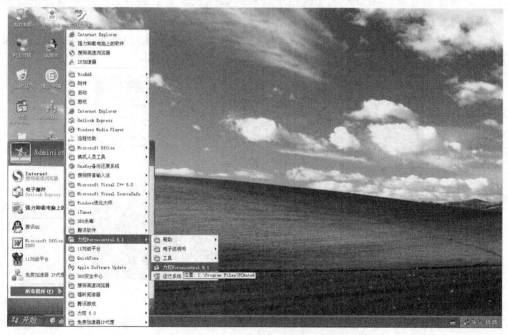

图 14-13　进入力控工程管理器

2. 建立工程组态画面

在进入力控开发系统后，可以为每个工程建立无数个画面，在每个画面上可以组态相关的静态或动态图形。

（1）创建新画面。进入开发环境 Draw 后，需要创建一个新窗口。单击"文件[F]→新建"，将出现"窗口属性"对话框（如图 14-14 所示），在"窗口名字"栏写上"除尘系统画面"，在"说明栏"上写"马钢 TRT 主界面"。单击"背景色"按钮，在调色板里选择其中一种颜色作为窗口背景色。

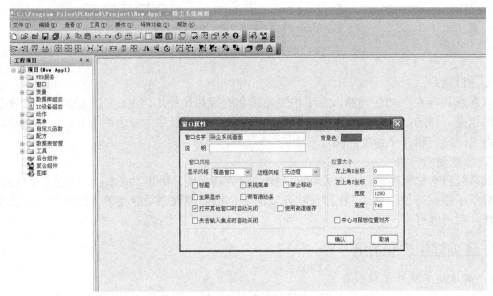

图 14-14 "窗口属性"对话框

（2）创建图形对象。在力控组态应用中，现场数据采集到安装有力控组态软件的计算机中，操作人员通过力控组态仿真画面对其进行监控。

单击"除尘系统画面"窗口，出现 Draw 的工具箱。首先在画面里画出各个除尘罐设备的图形，如图 14-15 所示。

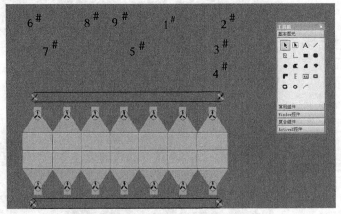

图 14-15 开发系统中设备的图形

单击"工具箱→线"等工具，画出 ⊙▭▭▭▭⊙，如图 14-16 所示。在用"工具箱 →A"在除尘罐适当的位置标注号码。

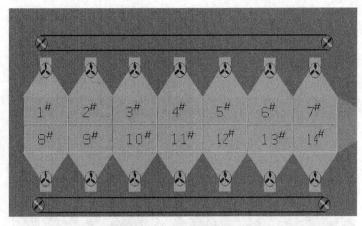

图 14-16 除尘罐设备标号

在"工具箱"中选取"风机"图形，如图 14-17 所示。

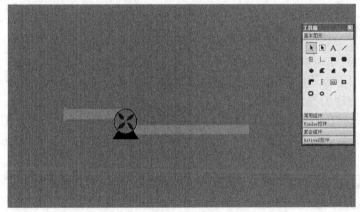

图 14-17 添加风机图形

单击"工具箱"中"A"对进行标注。建立各个显示状态，如图 14-18 所示。

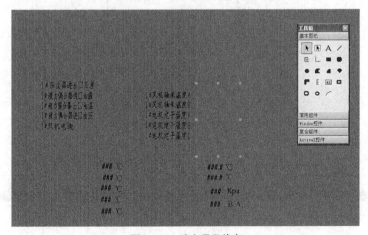

图 14-18 建立显示状态

打开工具箱中的"A"，设置数值显示字符。得出的系统运行画面如图 14-19 所示。

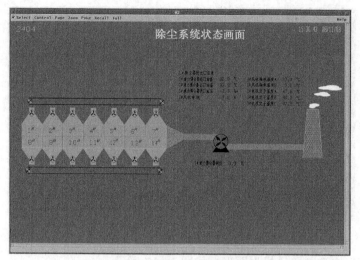

图 14-19 除尘系统运行画面

14.4 高炉煤气采集控制系统

1. 新建组态软件工程项目

（1）打开力控组态软件，进入力控工程管理器。单击"开始 →所有程序→力控 7.0"，或直接在桌面双击力控工程管理图标。

（2）新建工程。在力控工程管理界面，单击"新建"按钮新建一个工程，工程名称为"智能楼宇太阳能应用系统"，如图 14-20 所示。如果有需要，可以先改变保存工程的路径，然后单击"确定"按钮。

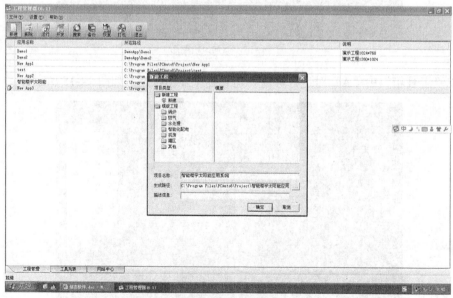

图 14-20 新建工程

（3）把选中工程设置为当前工程。在力控工程管理器界面，选中"智能楼宇太阳能应用系统"工程，然后单击"设置→设置为当前工程"，这样就把该工程项目声明为当前工程了，如图 14-21 所示。

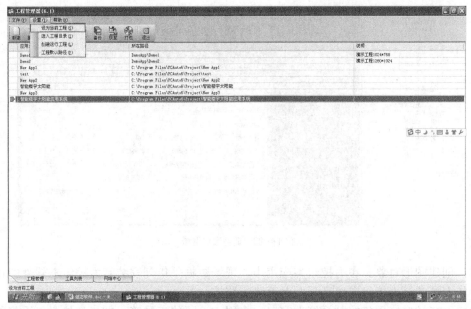

图 14-21 声明为当前工程

（4）进入当前工程开发环境。在力控工程管理界面，单击"开发"按钮，如图 14-22 所示。

图 14-22 进入工程开发环境

2. 建立工程组态画面

在进入力控开发系统后，可以为每个工程建立无数个画面，在每个画面上可以组态相关的静态或动态图形。

（1）创建新画面。进入开发环境 Draw 后，需要创建一个新窗口。单击"文件[F]→新建"，将出现"窗口属性"对话框，在窗口名字栏写上"高炉煤气采集控制系统主界面"，在说明栏上写"高炉煤气采集控制系统主界面"。单击"背景色"按钮，在调色板里选择其中一种颜色作为窗口背景色。如图 14-23 所示。

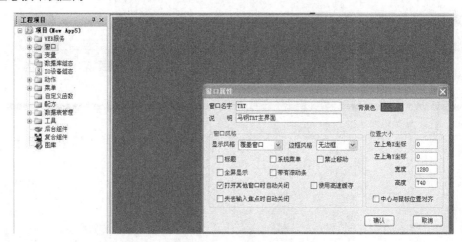

图 14-23　调色窗口背景

（2）创建图形对象。在力控组态应用中，现场数据采集到安装有力控组态软件的计算机中，操作人员通过力控组态仿真画面对其进行监控。

单击"高炉煤气采集控制系统"窗口，出现 Draw 的工具箱，在"高炉煤气采集控制系统"画面里画出各个设备的图形。

单击"工具→图库"，选择"罐"选项，拉出一个图形元件代表高炉，在"工具箱"中选中"A"，在窗口中打出"高炉"。如图 14-24 所示。

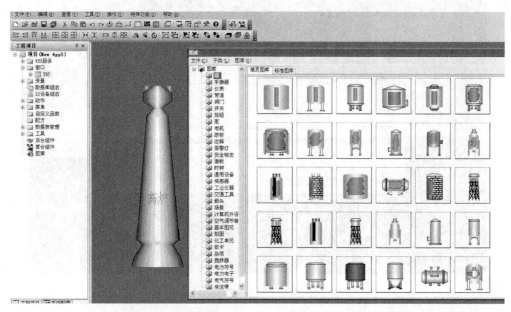

图 14-24　制作高炉图形

选择合适图形拼合制作高炉图形。如图 14-25 所示。

单击"工具→图库→阀门"，选择阀门图形并复制。如图 14-26 所示。

单击"工具箱"中的"A"，对各个阀门进行标注。如图 14-27 所示。

建立高炉煤气输送方向及气压数值显示，用"工具箱"里的"A"，在内容里打入"###"，另用"A"输入 B kPa，如图 14-28 所示。

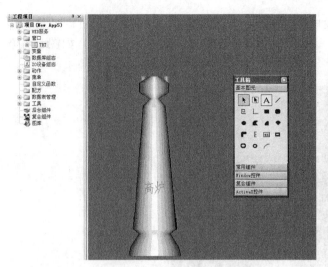

图 14-25 初成高炉图形

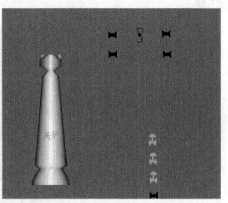

图 14-26 选择阀门图形

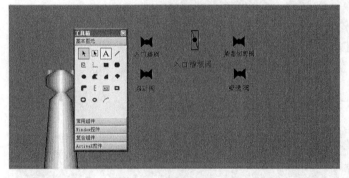

图 14-27 对各个阀门进行标注

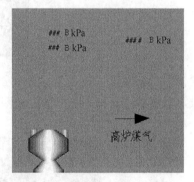

图 14-28 建立气压数值显示

进行管道连接，在"工具箱"中选中"管道"进行连接，在管道上单击右键选择"图形后置"。如图 14-29 所示。

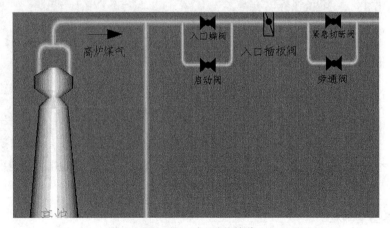

图 14-29 建立连接管道

利用高炉煤气与管道煤气的压力差，在高炉煤气输送到管道煤气的中间建立透平机发电机，充分利用煤气的压力差余能发电。

因此，在"图库"中选择一个"发电机"图形，按对高炉的方法画出发电机，对发电机的各个参数、温度等需要显示的数据，利用"工具箱"中"A"建立图形界面。如图 14-30 所示。

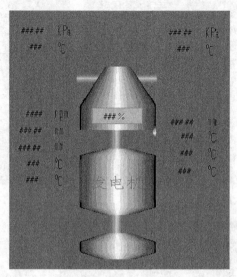

图 14-30　制作发电机图形

最后，画出系统整体图如图 14-31 所示。

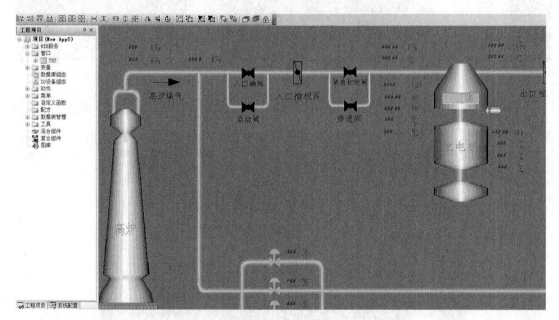

图 14-31　系统整体图

3. 建立界面菜单栏

单击"工具箱"里"增强型按钮"，得出控制按钮图形，右键点击"增强型按钮"，设置各个控制按钮名称。如图 14-32 所示。

同理画出其他按钮图形，如图 14-33 所示。

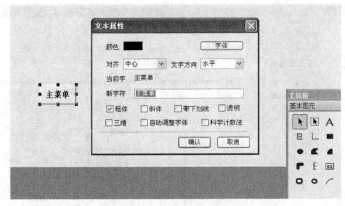

图 14-32 制作控制按钮图形

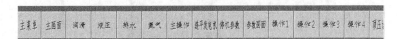

图 14-33 按钮图形

从而得出高炉煤气控制系统整体监控画面图。

14.5 智能楼宇太阳能监控系统

基于力控 PCAuto 组态软件的设计与实现主要包括以下几个步骤：画面创建、动画连接、I/O 设备设置、创建实时数据库和数据连接。

1. 画面创建

在工具栏中单击"选择图库"选择需要的图形、器件（见图 14-34）；单击"查看"选中"工具箱"，利用工具箱中曲线连接各个器件，如图 14-35 所示。

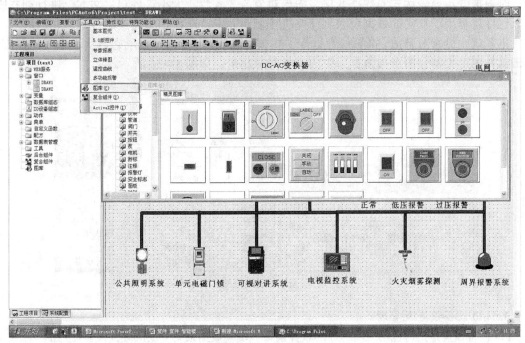

图 14-34 选择图库

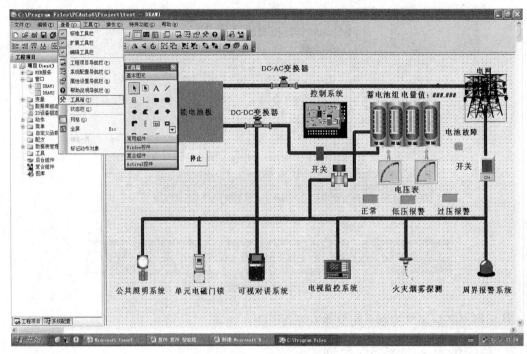

图 14-35　连接各个器件

根据系统的特点，设计了太阳能控制系统的主界面，界面包括了系统开关、蓄电池组、太阳能电池板、压力测量、一些负荷、报警灯、DC-DC 变换器、DC-AC 变换器、电网等。

2．动画连接

动画连接是指画面中图形对象与变量或表达式的对应关系。建立了动画连接后，在系统运行时根据变量或表达式的数据变化，图形对象改变颜色、大小等外观，文本会进行动态刷新。这样就将现场真实的数据反映到计算机控制换面中，从而达到监控的目的。

本系统中分别对开关、报警灯等进行了相关动画连接，从而可以动态地实现系统的控制。双击器件图形把器件图形与数据库中的变量对应起来，如图 14-36 所示。

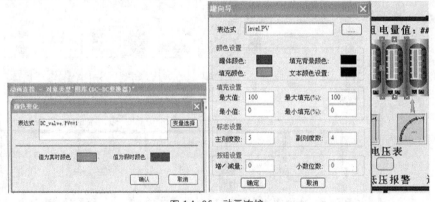

图 14-36　动画连接

3．I/O 设备设置及管理

I/O 设备设置是指对包括应用程序的软件设备和现场数据采集交换的硬件设备在内的、广义上的 I/O 设备驱动程序进行配置，使其与组态软件建立通信，构成一个完成的系统。在被监控系统中对蓄电池的电量 level、DC-DC 变换器运行开关 DC_valve、DC-AC 变换器运行开关 AC_valve、电网供电开关 in_el 等进行定义、地址分配、通信方式的选定等操作，在控制系统中建立仿真 PLC。

配置 I/O 设备的过程在图形开发环境 Draw 的导航器中进行，按照设备安装对话框的提示完成 I/O 设备名称，以及生成的设备名称用于数据连接过程。在系统运行时。力控通过内部管理程序自动启动相应的 I/O 驱动程序，I/O 驱动程序负责与 I/O 设备的实时数据交换。

4. 创建实时数据库

实时数据库 DB 是整个系统的核心，它负责整个系统的实时数据处理和历史数据的存储、数据统计处理、报警信息处理和数据服务请求处理，完成与过程数据采集的双向数据通信。

设置系统总体控制按钮。如图 14-37 所示。

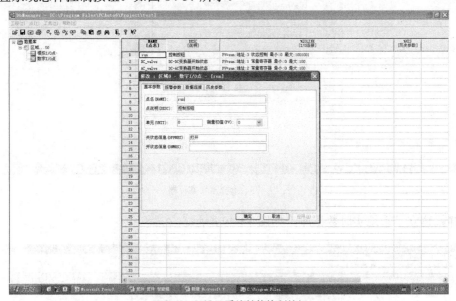

图 14-37　设置系统总体控制按钮

单击"数据连接"，连接项选择"状态控制"。如图 14-38 所示。

图 14-38　数据连接

设置开关、警报器、指示灯等数据点（如图 14-38 所示），但在"数据连接"中连接项中选择常量寄存器，如图 14-39 所示。

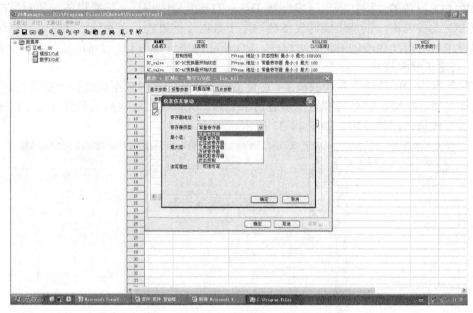

图 14-39　选择常量寄存器

这样就建立了系统实时数据库。如图 14-40 所示。

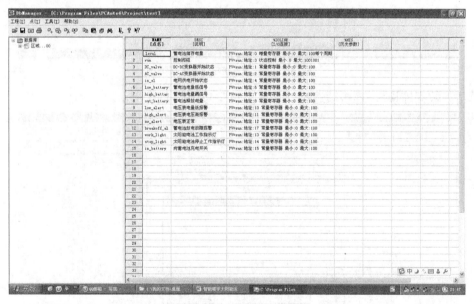

图 14-40　系统实时数据库

5. 程序设计

（1）当白天太阳能电池板处于工作状态时，工作状态灯为绿色，太阳能控制系统检查蓄电池电量。

① 若蓄电池电量为低电量状态，电压表显示低电压，出现低电压报警。此时蓄电池需要

充电：向蓄电池充电开关打开，DC-DC 变换器开关打开，DC-AC 变换器开关关闭，电网供电开关关闭，楼宇负荷的电量由太阳能电池板供应，并且向蓄电池充电。

② 若蓄电池电量为满电量状态，电压表显示高电压，出现高电压报警。为防止蓄电池损坏，此时不需要再向蓄电池充电：向蓄电池充电开关关闭，DC-DC 变换器开关依然打开，为楼宇负荷供电；DC-AC 变换器开关打开，太阳能电池板把多余电量向电网输送。

③ 若蓄电池电量一般，DC-AC 变换器开关关闭，电网供电开关关闭，太阳能电池板通过 DC-DC 变换器为蓄电池充电并向楼宇负荷供电。

（2）在夜间或连续阴雨天气，太阳能电池板出于停止工作状态时，工作状态灯为红色，太阳能控制系统检查蓄电池电量。

① 若蓄电池电量为低电量状态，电压表显示低电压，出现低电压报警，说明蓄电池电量不足以维持楼宇负荷，电网供电开关打开，为楼宇负荷供电。

② 若蓄电池电量为一般状态，蓄电池为楼宇负荷供电，电网供电开关关闭。

③ 若蓄电池电量保持满状态，电压表显示高电压，出现高压报警。因当太阳能电池板停止工作时，蓄电池不会一直保持满状态，所以会触发警报，显示蓄电池放电故障，电网供电开关打开，为楼宇负荷供电。

单击"动作"中"应用程序动作"，完成监控画面的制作。如图 14-41 所示。

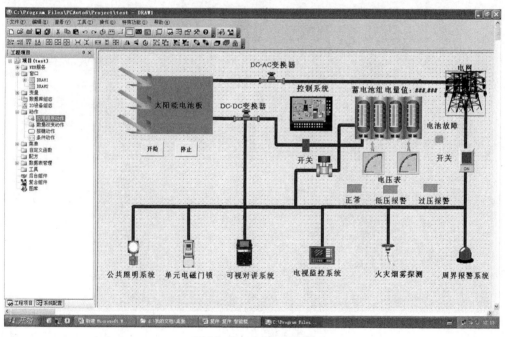

图 14-41　应用程序动作

本 章 小 结

1. 学习力控组态软件的具体制作方法，了解对应各控制项目运用力控软件各项条款制作监控界面，设定控制要求，完成组态范围和具体能够达到的组态功能。

2. 初步学习力控组态软件：怎样进入开发环境，学习创建新画面、创建图形对象、定义 I/O 设备、创建实时数据库、创建数据库点、数据连接、制作和建立动画连接和最后达到仿真运行。

3. 力控组态软件经过组态监控画面后，最终要通过计算机连接的现场总线与传感器、数据采集装置、控制器和执行器联系，将计算机的自动控制策略现场控制各种自动控制系统，结合控制室键盘、鼠标和触摸屏的操作，能够监控和管理工程。

4. 经过操作力控组态软件，能够体会到运用组态软件能够方便、灵活地开发环境，提供各种工程、画面模板，大大降低了组态开发的工作量，使得能够开发应用各种自动控制系统，实现工程上的自动控制和监控。

思 考 题

1. 力控组态软件的制作需要经过哪些步骤？
2. 力控组态软件制作中有演示、开发和正式条款分别表示什么？
3. 力控组态软件完成控制系统的组态应用包括哪几个方面的内容？
4. 力控组态软件的开发环境中的图形库有哪些图形？可以组合哪些图形？
5. 力控组态软件由哪几部分组成？主要技术指标有哪些？
6. 力控组态软件定义的 I/O 设备通信和控制有哪些类型？

第 15 章　实训组态项目

【本章学习目标】

1. 学习工控组态软件的创建、保存和查询等基本方法。
2. 实践工控组态软件的定义 I/O、创建数据库、制作动画连接等操作。
3. 实训工控组态软件与现场 PLC 等设备的联接和互相联系。
4. 实训力控组态软件具体完成一个监控画面。

【教学目标】

1. 知识目标：学习工控组态软件的基本操作方法，学习力控组态软件的定义 I/O、创建数据库、制作动画连接等操作。
2. 能力目标：通过力控组态软件的组态操作，学会将计算机监控画面与现场传感器、变频器和 PLC 等设备的联接，形成对组态软件的感性认识，培养学习兴趣。

【教学重点】

运用工控组态软件制作具体的监控画面。

【教学难点】

使得所实训的计算机监控画面动态运行起来。

【教学方法】

实践法、操作法、动画法、讨论法。

【实训项目】

1. 实训智能楼宇供配电系统的监控组态。
2. 实训智能小区安全保卫系统的监控组态。
3. 实训智能楼宇的消防系统的监控组态。
4. 实训智能楼宇的综合布线。
5. 实训智能楼宇的空气调节系统的组态。
6. 实训智能楼宇的物业管理系统。
7. 实训智能楼宇的可视对讲系统。

15.1　智能楼宇供配电系统的监控组态

1. 软件功能

力控软件结合通信技术、计算机及网络技术，可以完成电力设备在正常及事故情况下的监测、保护和控制，可以完全以动态图形的方式对工企业配电情况进行监控，通过网络电力仪表的采集、控制与通信功能，将线路运行参数与开关状态上传，从而达到"四遥"功能、故障自动应变处理、系统故障预防等功能，软件实现的主要功能如下。

（1）图形监控。变电站或电网的地理位置图、厂站电气设备的布置图。设备的电气一次实时单线图、电气设备的柜面布置图。系统仪表单元的列表和实时状态、实时电流、电压和能耗的曲线。故障报警的详细清单表格、跳闸设定的曲线对比图等。

（2）报警、故障处理。在发生故障情况下，可以按照供电线路实际运行情况与系统供电安全运行条件要求的逻辑功能进行自动判断及处理，通过对线路电力参数的监测，实时分析线路供电安全性，当任何参数不符合所设定的初步范围时，系统可提出报警，并可按要求进行逻辑功能控制。

（3）配电信息化。可以将配电信息以图形化的方式在内部局域网和互联网上浏览，软件可以把日常管理工作中的各项信息分别纳入到系统数据库中，来完成远程集中抄表，开关的操作记录、故障记录、电力运行参数的统计、报表的填写及打印等各项工作。

2. 系统设计

HS-NET 自动化系统总体上采用分层分布式体系结构，按照纵向分为远程管理层、设备控制层和现场设备层三大部分，总体体系结构如图 15-1 所示。

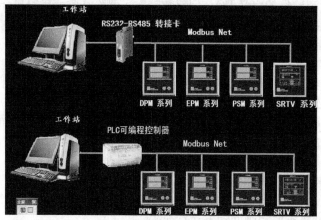

图 15-1　总体体系结构图

① 远程管理层。管理层是由 3 台计算机和 1 台打印机组成的。正常情况下用 1 台计算机监控管理，其他两台作为冷机备用。在异常或紧急情况下，启用其他两台备用计算机用来保证远程管理的正常工作。

② 设备控制层。设备控制层是由威达电 HMI 工控机、UPS 及光纤转换器组成的。设备控制层属于"中介层"，起到向下采集控制、向上通报管理的作用。在设备控制层安装了三维力控组态软件 PCAUTO，与现场设备层利用 RS-485 接口，采用 Modbus 或 Profibus-DP 等通信协议进行数据的传输；与远程管理层利用计算机网卡，采用 TCP/IP 以太网协议进行数据的远程传输。

③ 现场设备层。现场设备层主要由配电柜、断路器，网络仪表、通信模块和通信线组成。根据选用的总线方式不同设计方案也有所不同。总体的设计思想是要实现现场配电设备的联网，现场设备层的配电设备应具有 RS-485 通信端口或者不带通信接口的元器件选配智能化通信模块，将配电设备的各个参数上传给设备控制层，控制层怎么来采集各个参数并解析给用户，需要一个数据采集、解析、显示的应用软件包提供集成功能，三维力控的 PCAuto 组态软件为我们提供了实现这一功能的条件，在此软件平台上组建自己的配电设备，在设备控制层上对每个配电设备进行地址编排，可以很清楚地知道配电设备的物理地址，方便故障查询、线路维修；在远程管理层的管理软件，为了能够实时的监控，提高可靠性、减少数据冗余，实质是控制层软件的一个 WEB 发布，大量数据的访问通过 SQL Server 来远程访问。

整个系统的灵活性，考虑采用各种功能模块，各功能模块可以独立装入或卸出，并可以灵活组合，进一步增强了系统的扩展性以及同其他系统的互连性。

整个监控系统通信子系统采用设备（通信口）与协议解析分层的设计原则。它们之间有标准的模块接口，增强了系统的可组态性和可扩展性。

监控系统中接入的器件应是具有通信功能的电子器件或块，例如网络电力仪表、双电源、变频器、软启动器、开关输入输出模块以及智能断路器等。采用 Modbus、Profibus-DP、DviceNet、LonWorks 等通信协议，实现对配电设备的"遥控、遥调、遥信、遥测"四遥功能，具有友好的人机界面，操作简单快速，配置直观简便。在上位机上不仅可以看到所有的电参数（三相电压、电流、功率、电能等）、线路运行参数、开关（分合闸）状态，而且可以通过上位机对各种配电设备进行控制操作，例如，智能断路器的分合闸操作，整定参数的设定修改，电动机的起停、正反转以及速度的设定修改，操作简单快速。各种故障报警、趋势曲线、数据报表，操作记录能在屏幕上清楚地显示，减轻了工作人员的工作强度；同时对电能质量和设备故障及时检测、分析，使值班人员能在事故初始阶段及时处理，减少电网事故造成的损失，是现代配电自动化的最佳选择。

综上所述，可以看出问题的关键是软件部分，一是配电设备数据的采集，需要开发下位机的驱动程序，二是友好界面的显示，需要开发组态界面，因此软件部分的开发分两大部分。

（1）下位机驱动程序的开发与实现（非标准的 MOD-BUS 总线协议需要用户开发驱动程序）。

（2）上位机组态界面的开发与实现。下面重点介绍如何利用力控实现人机界面、实时报警、故障查询、远程监控、管理自动化等上位机组态系统功能。

3. 力控组态软件的监控系统

（1）力控的数据流。如图 15-2 所示，力控的通用版基本组件为 I/O 服务程序（I/O Server）、区域数据库 DB，人机界面（VIEW）。数据流过程如下：I/O 连接项配置完成后，硬件设备寄存器的内容通过 I/O 通信采集到 DB 的点参数里（缺省为 PV），完成 VIEW 的数据库变量组态后，DB 的点参数自动映射到 VIEW 数据库变量里，便完成了整个数据的采集过程。

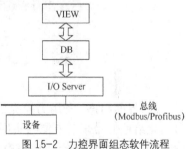

图 15-2　力控界面组态软件流程

力控与 I/O 设备之间一般通过以下几种方式进行数据交换：串行通信方式（支持 Modem 远程通信）、板卡方式、网络节点方式、适配器方式、DDE 方式、OPC 方式等。对于采用不同协议通信的 I/O 设备，力控提供具有针对性的 I/O 驱动程序，实时数据库借助 I/O 驱动程序对 I/O 设备执行数据的采集与回送。实时数据库与 I/O 驱动程序构成服务器/客户结构模式。一台运行实时数据库的计算机，通过若干 I/O 驱动程序，可同时连接任意多台 I/O 设备。无论对于哪种设备，都需要确切知道设备及该点的物理通道的编址方法。I/O 设备配置完成后，能在浏览器的目录树列出 I/O 设备的设备数据源，此后，即可以使用配置过的设备名称进行数据连接。系统投入运行时，力控通过内部管理程序自动起动相应的 I/O 驱动程序执行与 I/O 设备的实时数据交换。

（2）系统组态。在应用与开发时，总体分为 3 个步骤进行力控的系统组态，实现人机界面功能。

① 设备的配置（I/O 组态）。主要说明下位机名称、数据更新周期、设备地址以及通信方式（在此采用串口（RS-232/422/485 方式）。采用串口 COM1，设置波特率 9600、数据位 8位、奇偶校验无、停止位 2 位，如图 15-3、图 15-4 所示。

② 实时数据库的组态。根据不同器件的通信协议，将器件参数一一组态到实时数据库中，并且通过数据连接项连接到每个下位机器件上，图 15-5 所示为系统参数设置。

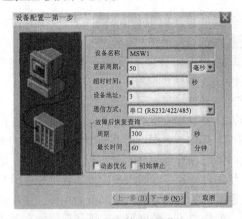

图15-3 设备配置第一步操作图

图15-4 设备配置第二步操作图

系 统 参 数 设 置

101线报警界限设置			102线报警界限设置			201线报警界限设置		
报警变量	高报警界限值	低报警界限值	报警变量	高报警界限值	低报警界限值	报警变量	高报警界限值	低报警界限值
A相电压	0	0	A相电压	0	0	A相电压	0	0
B相电压	0	0	B相电压	0	0	B相电压	0	0
C相电压	0	0	C相电压	0	0	C相电压	0	0
A相电压	0	0	A相电压	0	0	A相电压	0	0
B相电压	0	0	B相电压	0	0	B相电压	0	0
C相电压	0	0	C相电压	0	0	C相电压	0	0

202线报警界限设置			203线报警界限设置			204线报警界限设置		
报警变量	高报警界限值	低报警界限值	报警变量	高报警界限值	低报警界限值	报警变量	高报警界限值	低报警界限值
A相电压	0	0	A相电压	0	0	A相电压	0	0
B相电压	0	0	B相电压	0	0	B相电压	0	0
C相电压	0	0	C相电压	0	0	C相电压	0	0
A相电压	0	0	A相电压	0	0	A相电压	0	0
B相电压	0	0	B相电压	0	0	B相电压	0	0
C相电压	0	0	C相电压	0	0	C相电压	0	0

图15-5 系统参数设置

③ 界面组态。利用力控提供的组态工具给用户一个友好的界面，使用户充分感受到配电自动化给他们带来的方便与实用，图15-6所示为供配电系统的低压一次接线图的组态界面，图15-7所示为配电室一次系统的组态界面，图15-8所示为供配电监控管理系统的组态界面，图15-9所示为日负荷曲线组态界面。

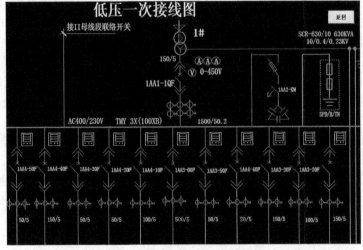

图15-6 低压一次接线图的组态界面

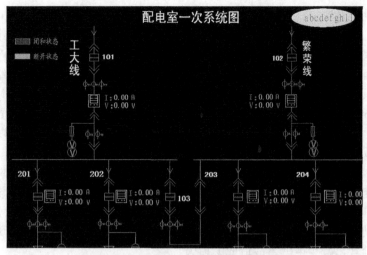

图 15-7 配电室一次系统的组态界面

图 15-8 供配电监控管理系统的组态界面

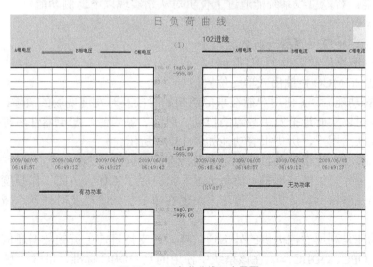

图 15-9 日负荷曲线组态界面

（3）系统功能及实现

① 友好的人机界面。HS-NET 智能网络配电与远程监控系统基于北京三维力控科技有限公司的 PCAUTO 组态软件，系统采用动态数据交换技术（DDE）和 WINDOWS API 驱动编程，使系统具有良好的可靠性和可扩充性，可根据用户需求组建智能配电网络系统。系统中接入的器件是具有通信功能的电子器件或者不带通信接口的元器件选配智能化通信模块，采用 Modbus、Profibus-DP、DviceNet、LonWorks 等现场总线通信协议，实现对配电设备的"遥控、遥调、遥信、遥测"四遥功能，具有友好的人机界面，操作简单快速，配置直观简便。在上位机上不仅可以看到所有的电参数（三相电压、电流、功率、电能等）、线路运行参数、开关（分合闸）状态，而且可以通过上位机对各种配电设备进行控制操作。例如，智能断路器的分合闸操作、整定参数的设定修改、电动机的起停、正反转以及速度的设定修改，操作简单快速。各种故障报警、趋势曲线、数据报表、操作记录能在屏幕上清楚地显示，减轻了工作人员的劳动强度；同时能对电能质量和设备故障及时检测、分析，使值班人员能在事故初始阶段及时处理，减少电网事故造成的损失。

② 遥调功能。智能设备的通信系统能通过上位机远程下载各进线、联络或主要出线回路从站设定值，如针对某一回路框架断路器进行保护参数设定等。

③ 遥测功能。智能总线系统能通过上位机远程测量各个回路从站（控制单元）的电量参数。

a．主进回电路。三相电流、三相电压、有功功率、功率因数、有功电能、无功电能等。

b．配电回路。三相电流、相电压/线电压、有功功率、有功电能等。

c．出线回路。三相或单相电流等。

d．电动机回路。三相或单相电流、相电压/线电压、功率因数等。

e．其他。电网频率、谐波分量等。

具体可遥测的参数根据设计需要确定。

④ 遥控功能。智能总线系统能通过上位机对各个从站实现以下功能。

a．配电回路。控制开关的分闸、合闸。

b．电动机控制电路。电动机的起动、停止、复位等操作。

具体可遥控的功能根据设计需要确定。

⑤ 遥信功能。智能总线系统能通过上位机对从站实现以下遥测功能。

a．通信状态。

b．开关状态、补偿电容器投切状态。

c．电动机回路操作次数/运行时间。

d．连锁信息和 MCC 柜抽出式单元位置信号等。

⑥ 实时报警功能。为了使用户能在事故的初始阶段及时发现现场的故障，该工程设置了实时报警功能，可以实时地把发生故障的日期、时间、站点号、配电器件名称、报警类型等通过顶层窗口反映给用户，历史报警功能如图 15-10 所示。

⑦ 故障查询功能。为了解决目前配电系统所存在的问题，该软件特意设计故障查询功能。各种故障报警、操作记录能在屏幕上清楚地显示，减轻了工作人员的工作强度；同时对电能质量和设备故障及时检测、分析，使值班人员能在事故初始阶段及时处理，减少电网事故造成的损失。

故障查询功能是利用力控提供的外部通信接口，支持目前主流的数据通信、数据交换标准，包括 DDE、OPC、ODBC 等。在该系统中使用的是 ODBC 标准，和第三方 Microsoft SQL Server 进行数据交换存储。

历史报警查询

日期	时间	位号	描述	类型	界限值	优先级	事件
2009/06/05	06:58:32.0	TAGNAME00	DESCRIPTOR00	低低报	0.00		%0.00
2009/06/05	06:58:32.0	TAGNAME01	DESCRIPTOR01	低低报	0.00		%0.00
2009/06/05	06:58:32.0	TAGNAME02	DESCRIPTOR02	低低报	0.00		%0.00
2009/06/05	06:58:32.0	TAGNAME03	DESCRIPTOR03	低低报	0.00		%0.00
2009/06/05	06:58:32.0	TAGNAME04	DESCRIPTOR04	低低报	0.00		%0.00
2009/06/05	06:58:32.0	TAGNAME05	DESCRIPTOR05	低低报	0.00		%0.00
2009/06/05	06:58:32.0	TAGNAME06	DESCRIPTOR06	低低报	0.00		%0.00
2009/06/05	06:58:32.0	TAGNAME07	DESCRIPTOR07	低低报	0.00		%0.00
2009/06/05	06:58:32.0	TAGNAME08	DESCRIPTOR08	低低报	0.00		%0.00
2009/06/05	06:58:32.0	TAGNAME09	DESCRIPTOR09	低低报	0.00		%0.00
2009/06/05	06:58:32.0	TAGNAME10	DESCRIPTOR10	低低报	0.00		%0.00
2009/06/05	06:58:32.0	TAGNAME11	DESCRIPTOR11	低低报	0.00		%0.00
2009/06/05	06:58:32.0	TAGNAME12	DESCRIPTOR12	低低报	0.00		%0.00
2009/06/05	06:58:32.0	TAGNAME13	DESCRIPTOR13	低低报	0.00		%0.00
2009/06/05	06:58:32.0	TAGNAME14	DESCRIPTOR14	低低报	0.00		%0.00
2009/06/05	06:58:32.0	TAGNAME15	DESCRIPTOR15	低低报	0.00		%0.00
2009/06/05	06:58:32.0	TAGNAME16	DESCRIPTOR16	低低报	0.00		%0.00
2009/06/05	06:58:32.0	TAGNAME17	DESCRIPTOR17	低低报	0.00		%0.00
2009/06/05	06:58:32.0	TAGNAME18	DESCRIPTOR18	低低报	0.00		%0.00

前一页　　　　后一页

图 15-10　历史报警功能

15.2　保安系统的监控组态

本设计要求对组态软件有一定的了解，能利用组态软件进行一些作图等简单的实验，由于运用组态软件做出整个小区安全防范的所有系统过于复杂，所以本设计只做了一个关于小区周界入侵防范及周界视频监控的简单设计。

1.　新建组态项目

进入组态软件后，会出现图 15-11 所示的画面。

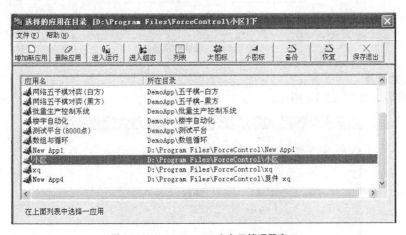

图 15-11　Forcecontrol 应用管理器窗口

窗口列出了已创建的 Forcecontrol 应用程序的名称和目录。创建了新的应用程序后，应用程序名称和目录就显示在窗口里。

2.　构筑图形

选择特殊功能里面的选择子图，然后选择所需要的器件，如图 15-12 所示。

在 Forcecontrol 中预置了近千个精美子图，但大多都是工业控制方面的，与安防系统关系不大，因此，可画出一些装置的示意图，如图 15-13 所示。

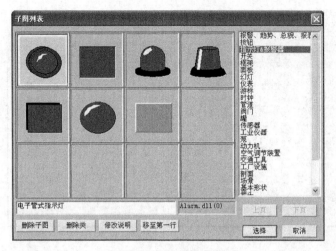

图 15-12 子图库

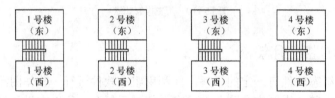

（a）小区住宅楼群

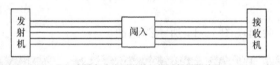

（b）布置在小区周界的红外对射报警装置

图 15-13 装置示意图

3. 定义数据库

定义数据库，如图 15-14 所示。

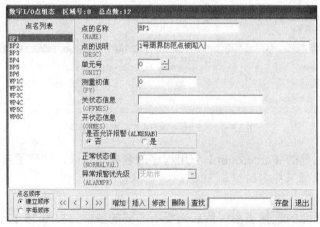

图 15-14 定义数据库

本设计中系统比较简单，只用了 12 个点，就是说系统中有 12 个变量。

4. 动画连接

进行动画连接,如图 15-15 所示。

| (a) 定义装置的动作条件 | (b) 动画连接形式 |

图 15-15 动画连接

复合动画连接,就可以提供复杂的尺寸、颜色、运动和位置的改变。Forcecontrol 提供了如下几类动画连接。

(1) 与鼠标动作相关的动作。

(2) 位置、尺寸变化与旋转。

(3) 与颜色变化相关的动作。

(4) 文字输入与输出。

本设计中用到的主要是颜色的变化。

5. 组态仿真

做好组态仿真图后,就可用进行仿真实验了。本设计实验图如图 15-16 所示。

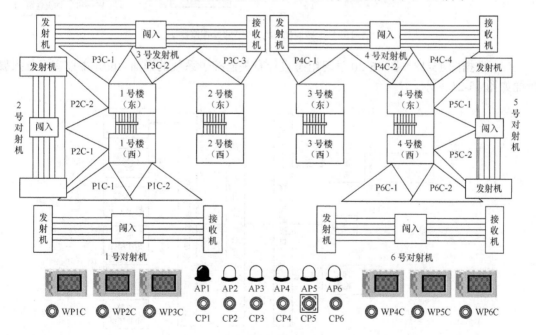

图 15-16 试验图

画面说明如下。

当 1 号对射机的红外线被阻断时，装置判断有入侵者闯入，报警，AP1 灯亮，并自动在监视器上显示 1 号对射机所防范位置的视频图像。

当 5 号对射机检测到入侵信号时，与上述 1 号机动作相同，这时保安人员前去 5 号机防范地点查看，排除险情后按 CP5 按钮，报警解除。

当无入侵时，保安人员也可以查看周界的视频信号，按 WP3C 按钮即可查看 3 号机所防范地点的视频图像，再按一下该按钮，图像关闭。

15.3　消防系统的监控组态

根据前面项目实训中掌握的组态设计方法，再创建一个楼宇消防系统的子工程，具体要求如下。

（1）组态设计一个楼宇的集中火灾报警控制监视图画面（参考图 15-17 所示的智能楼宇集中火灾报警控制监视图）。

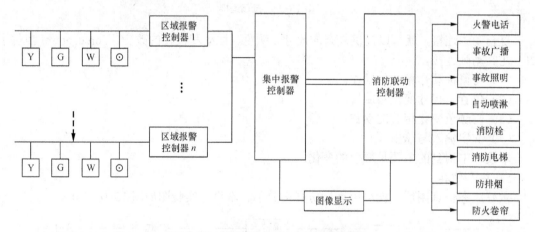

图 15-17　智能楼宇集中火灾报警控制监视

（2）根据图 15-18～图 15-20 学习组态设计有关监控子系统的画面。设计主控室运行报警画面如图 15-21 所示。

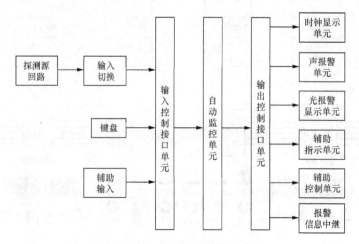

图 15-18　火灾报警顺序框图

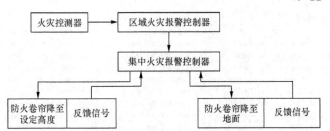

图 15-19 防火卷帘联动控制图

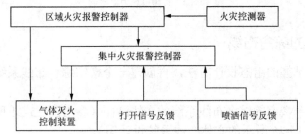

图 15-20 气体灭火系统联动控制图

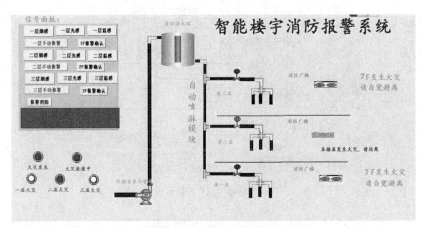

图 15-21 主控室运行报警画面

（3）设计各段需要监控的色彩条、显示数据及范围如图 15-22 所示。

所有区域 全部单元 全部子单元 上一页 下一页 前一天 后一天 全确认 确认 打印 消音 实时报警 播放声音

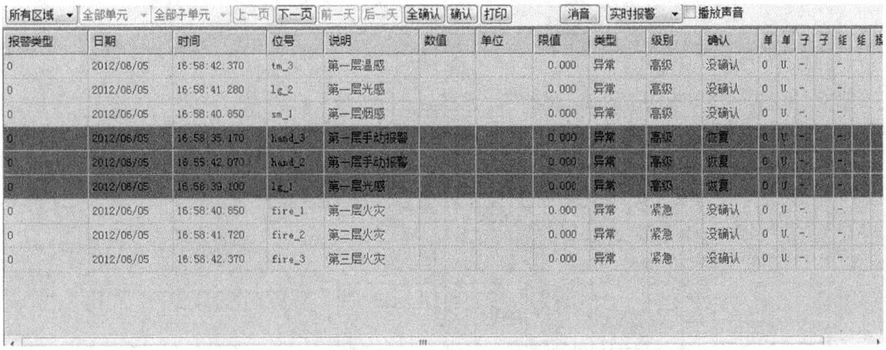

报警类型	日期	时间	位号	说明	数值	单位	限值	类型	级别	确认	单	单	子	子	组	组	报
0	2012/06/05	16:58:42.370	tm_3	第一层温感			0.000	异常	高级	没确认	0	U.	-.		-.		
0	2012/06/05	16:58:41.280	lg_2	第一层光感			0.000	异常	高级	没确认	0	U.	-.		-.		
0	2012/06/05	16:58:40.850	sm_1	第一层烟感			0.000	异常	高级	没确认	0	U.	-.		-.		
0	2012/06/05	16:58:35.170	hand_3	第一层手动报警			0.000	异常	高级	恢复	0	U.	-.		-.		
0	2012/06/05	16:55:42.070	hand_2	第一层手动报警			0.000	异常	高级	恢复	0	U.	-.		-.		
0	2012/06/05	16:58:39.100	lg_1	第一层光感			0.000	异常	高级	恢复	0	U.	-.		-.		
0	2012/06/05	16:58:40.850	fire_1	第一层火灾			0.000	异常	紧急	没确认	0	U.	-.		-.		
0	2012/06/05	16:58:41.720	fire_2	第二层火灾			0.000	异常	紧急	没确认	0	U.	-.		-.		
0	2012/06/05	16:58:42.370	fire_3	第三层火灾			0.000	异常	紧急	没确认	0	U.	-.		-.		

图 15-22 显示数据及范围画面

（4）设置计算机的仿真运行，观察色彩和数据变化的情况。

打印报警历史记录的设置如图 15-23 所示。

报警类型	日期	时间	位号	说明	数值	单位	限值	类型	级别	确认	单元号	单元说明	子单元号	子单元说明	组号	组说明	操作员
0	2012/06/05	16:58:42.370	tm_3	第一层温感			0.000	异常	高级	没确认	0	Unit000	-9999			-9999	
0	2012/06/05	16:58:41.280	lg_2	第一层光感			0.000	异常	高级	没确认	0	Unit000	-9999			-9999	
0	2012/06/05	16:58:40.850	sm_1	第一层烟感			0.000	异常	高级	没确认	0	Unit000	-9999			-9999	
0	2012/06/05	16:58:35.170	hand_3	第一层手动报警			0.000	异常	高级	恢复	0	Unit000	-9999			-9999	
0	2012/06/05	16:55:42.070	hand_2	第一层手动报警			0.000	异常	高级	恢复	0	Unit000	-9999			-9999	
0	2012/06/05	16:58:39.100	lg_1	第一层光感			0.000	异常	高级	恢复	0	Unit000	-9999			-9999	
0	2012/06/05	16:58:40.850	fire_1	第一层火灾			0.000	异常	紧急	没确认	0	Unit000	-9999			-9999	
0	2012/06/05	16:58:41.720	fire_2	第二层火灾			0.000	异常	紧急	没确认	0	Unit000	-9999			-9999	
0	2012/06/05	16:58:42.370	fire_3	第三层火灾			0.000	异常	紧急	没确认	0	Unit000	-9999			-9999	

图 15-23　打印报警历史记录

15.4　智能化楼宇的综合布线

　　根据前面实训中掌握的组态设计方法，再创建一个楼宇综合布线系统的子项目，具体要求如下。

　　（1）组态设计一个楼宇的综合布线系统的布线画面（参考图 15-24 所示的智能楼宇综合布线系统设计图和图 15-25 所示的立体布线系统设计图）。

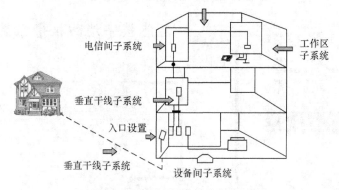

图 15-24　智能楼宇综合布线系统设计图

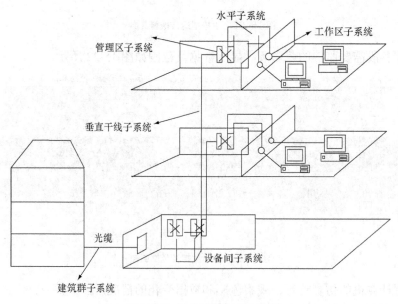

图 15-25　立体布线系统设计图

（2）设计各子系统接线端子的具体布置画面（如图 15-26 和图 15-27 所示）。

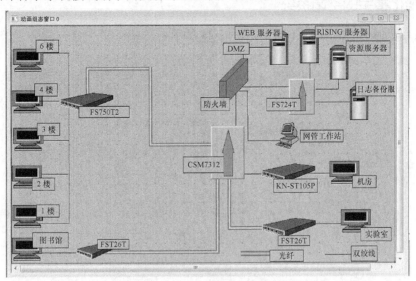

图 15-26 三层布线结构图

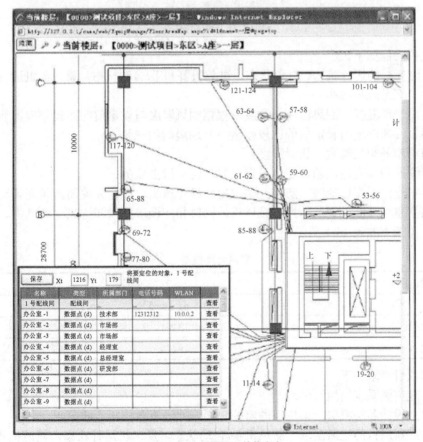

图 15-27 平面图上的信息点

（3）设置各段需要监控的色彩条、显示数据及范围。

（4）设置计算机的仿真运行、观察色彩和数据变化的情况。

15.5 智能化楼宇的空调系统

典型组合空调机组的监控原理图如图 15-28 所示。

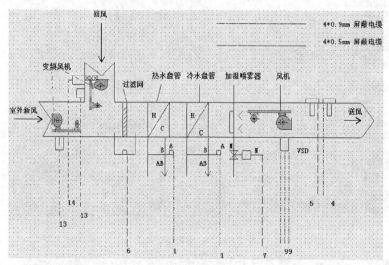

图 15-28 监控原理图

主要监控功能如下。

（1）监测风机的运行状态、气流状态、过载报警和手/自动状态，累计风机运行时间，控制风机启停，调节风机频率。

（2）监测送风温度、回风温度、湿度，根据回风温度与设定值的比较差值调节电动水阀的开度，根据回风湿度与设定值的比较差值控制加湿阀的开闭。

（3）监测室外空气温度、相对湿度。

（4）监测过滤器两侧压差，超出设定值时，请求清洗服务。

（5）当机组内温度过低时，防冻开关报警，停止风机运行，并关闭新风变频风机。

（6）根据室内外湿差调节新风变频风机，同时相应调节回风和排风变频风机。

变风量监控点如表 15-1 所示。

表 15-1 变风量监控点

D0（数字输出区）	7、9
D1（数字输入区）	6、9、5
A0（模拟输出区）	13、1、9
A1（模拟输入区）	14、4

本实训项目要求如下。

（1）创建空调系统监控文件名。

（2）组态设计各层机房空调机组的监控画面，并设置各控制点的参数。

监测点：新风机的送风温度、新风机手/自动状态、新风机运行状态、新风机故障报警、新风机初效过滤。

控制点：新风机启停控制、冷、热水电动阀控制，新风阀控制。

（3）组态设计新风送风系统的监控画面，并设置监控点的参数。如图 15-29 所示。

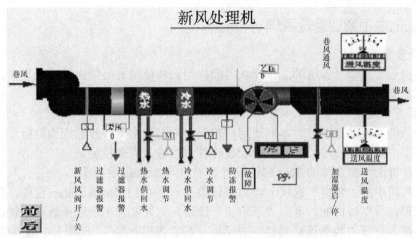

图 15-29　某楼三层 4#机房空调机组组态图

（4）试运用计算机的仿真运行调试监控点的数据变化。

水系统运行监控画面和风系统运行监控画面如图 15-30 和图 15-31 所示。

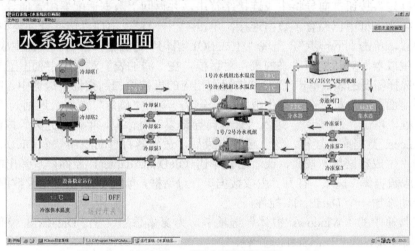

图 15-30　空调水系统运行画面

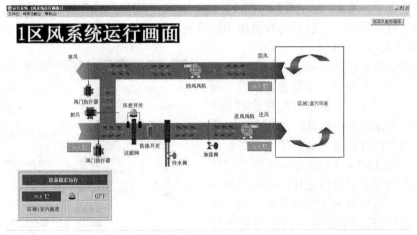

图 15-31　空调风系统运行画面

15.6 智能化楼宇物业管理系统

1. 设计登录系统

在进入物业管理信息系统的工作模块之间，用户和使用者必须进行系统登录，即身份认证，通过后才能进入系统工作模块。

2. 登录窗口设计

（1）登录的原理就是通过文本框让用户输入用户名和密码，然后查询数据库，判断用户是否为合法用户，此处使用了 ErrorProvider 控件进行输入有效性验证。

（2）设计界面。将窗体的 Text 属性设置为"访问 Access 数据库"。

选择工具箱中的"数据"选项卡，为窗体添加一个 OLEDataAdapter 控件，将出现"数据适配器配置向导"对话框，单击"下一步"按钮，向导要求用户选择数据连接，单击"新建连接"按钮，打开"数据连接属性"对话框，在"提供程序"选项卡中所列的 OLE DB 提供的程序中选择"Microsoft jet 4.0 OLE DB Provider"，单击"下一步"，转动连接选项卡，单击"选择或输入数据库名称"文本框右边的按钮，选择要连接的数据库，输入用户名和密码。单击"测试连接"按钮，若连接成功会出现"测试成功"对话框。

单击"确定"按钮，向导将生成连接字符串，并返回"数据适配器配置向导"对话框，此时数据连接文本框中已经有了数据连接，单击"下一步"，出现"选择查询类型"对话框，采用默认设置，单击"下一步"，出现"生成 SOL 语句"对话框，单击"查询生成器"按钮，打开"查询生成器"对话框和"添加表"对话框，在"添加表"对话框中列出了当前数据库中所有表，选择需要的表，单击"添加"按钮则相应的表被添加到查询生成器中，在表中选择要使用的列前面的复选框，会自动生成 SQL 语句，单击"确定"按钮，返回到"生成 SQL 语句"对话框，单击"下一步"，进入"查看向导结果"对话框，单击"完成"按钮，即创建了一个与 Access 数据库的连接，这一过程结束后，适配器将自动添加一个 OleDbConnection 控件，单击"生成数据集"按钮，或者右键单击 OleDataAdapter1 控件，从弹出的快捷菜单中选择"生成数据集"选项，打开"生成数据集"对话框，单击"确定"，完成数据集的添加，此时程序自动添加一个 DataSet11 控件。

选择工具箱中的"Windows 窗体"选项卡，为窗体添加 1 个 DataGrid 控件，控件的 Datasource 属性设置为"DataSet11.通讯录"。

（3）编写代码。

（4）运行程序。按 F5 键，或者选择"调试""启动"菜单，或者单击工具栏上的"启动"按钮，编译运行该程序。可以看到数据库中的数据已经被加载到 DataGrid 控件中显示。

3. 管理系统设计样例

物业管理信息系统的具体设计要看不同的智能楼宇（小区）的规模、主要管理项目方面的需要进行。如图 15-32 所示的收费管理窗体就是具体的收费录入窗口设计；如图 15-33 所示的水电收费管理界面就是具体的水电费录入窗口设计；如图 15-34 所示的车辆出库登记就是具体的车库管理登记窗口设计。在运用组态软件进行设计时可以参考上面的界面，同时经过物业管理的调研，进行创新的设计。图 15-35 所示为管理系统界面。

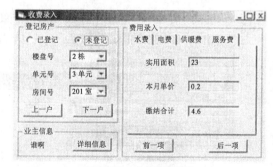

图 15-32 收费管理窗体

图 15-33 水电收费管理界面

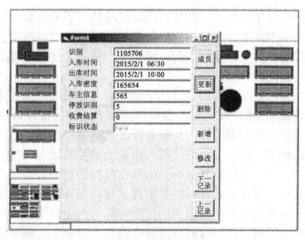

图 15-34 车辆出库登记

图 15-35 管理系统界面

15.7 智能楼宇的可视对讲系统

智能楼宇可视对讲系统可以实现以下具体功能。

（1）互联组网。系统采用标准总线结构，不同类型的住户分机和不同楼宇单元的管理机都可以通过总线互联组网。系统模块组合灵活，便于扩充，能满足住户不同需求。

（2）多路内部通信。系统能使住户与管理中心、住户与住户之间实现相互呼叫和通话。

附件（如中继器）的作用是将传输的音频和视频信号放大，减少信号的衰减和失真。隔离保护器的作用是当住户分机发生故障时，隔离保护器会自动将该住户分机与系统隔离，保证系统正常运行。另外，门口机与住户分机之间的可视对讲功能，管理机还能同时接收楼宇内所有住户的报警求助。

（3）保安防盗。系统中保安防盗可以采用两种方式：一种是住户分机自身具有多路防区的报警功能；另一种是专用的住户多路防区报警系统。它们都具有延时防区和 24h 紧急防区，可以外接门窗监控、火警监控、瓦斯监控以及安全报警等报警设施，也可向管理中心的计算机报警。管理中心的计算机能记录报警的地点、房号等。

（4）远程控制开锁。一般在楼门处安装有摄像头，每个住户室内配置一个可视对讲住户分机。当来访者在门口机上按下住户房号时，门口机即把该房号的编码送入信号控制线，并开启声讯连接，被选中的住户分机与声讯线接通产生呼叫信号，门口机接收到住户分机发出的回铃响应，门口机与该选中的住户分机之间即可进行双向通话，同时住户分机上的显示屏开启，住户通过住户分机的屏幕，可以看来访者的图像，通过图像决定是否开门。管理中心的管理机也具有远程控制开锁功能。

可以采用力控软件组态监控画面如图 15-36 所示。

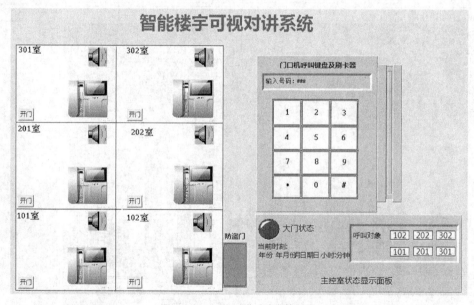

图 15-36　可视对讲系统监控画面

15.8　锅炉监控系统组态设计

15.8.1　设计要求

设计一个锅炉监控系统，通过控制锅炉系统中的三个主要参数，即锅炉水位、炉膛压力、锅炉内温度来实现对锅炉系统的实时监控。具体要求如下。

（1）当锅炉水位高于 85m 或低于 5m 时，进行声光报警并显示；

（2）当锅炉内温高于 850℃或低于 100℃时，进行声光报警并显示；

（3）当炉膛压力高于 850kPa 或低于 30kPa 时，进行声光报警并显示；

（4）创建锅炉水位、炉膛压力、锅炉内温度的趋势曲线。

15.8.2 设计步骤

1. 利用 Forcecontrol 7.0 组态软件新建工程项目

单击如图 15-37 所示的快捷图标，进入"工程管理器"界面，单击图 15-38 工具栏中的"新建"按钮，创建一个新的项目，命名为"锅炉监控系统"；再单击图 15-38 工具栏中的"开发"按钮，进入开发界面，如图 15-39 所示。

图 15-37 桌面快捷图标

图 15-38 "工程管理器"界面

图 15-39 进入开发界面

2. 主监控画面制作

单击图 15-39 中的"图库"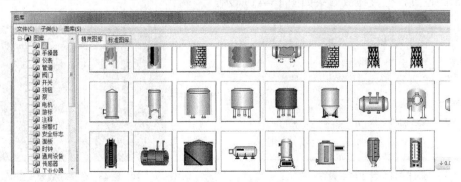按钮，打开"图库"面板，如图 15-40 所示，单击"罐"，找到符合求的"罐"。按照同样的方法向窗口中依次添加液位"罐"、压力"罐"、温度"罐"、存储"罐"、出口阀门、泵、报警灯等图库"精灵"，如图 15-41 所示。

图 15-40 图库界面

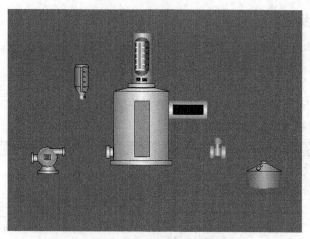

图 15-41 组合图库中需要的图

单击图 **15-39** 左下角工具箱面板中的"立体管道",如图 **15-42** 所示,待鼠标变为"十"字形时在界面中绘制立体管道。

图 15-42 工具箱面板

图 15-43 "对象属性"菜单

选中绘制好的管道并单击鼠标右键,在弹出的快捷菜单中单击"对象属性"菜单,如图 **15-43** 所示,对管道的颜色、宽度等进行设置,参数设定如图 **15-44** 所示。移动管道,并调整好各图形的位置,位置摆放效果如图 **15-45** 所示。

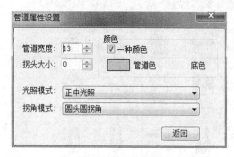

图 15-44 管道属性设置

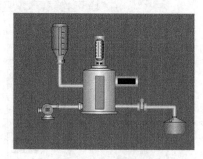

图 15-45 位置摆放效果图

单击图 15-39 "工具箱" 中的 "文本" 按钮，如图 15-46 所示。在界面适合的位置输入文本，并通过 "对象属性" 设置文本格式，如字体、大小、颜色等，如图 15-47 所示。

图 15-46　工具箱

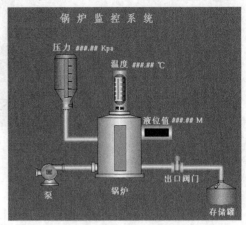

图 15-47　输入文本

单击图 15-39 "工具箱" 中的 "增强型按钮"，如图 15-48 所示。在界面适合的位置创建 "启动" "停止" "趋势曲线" "数据存储" 按钮，分别用于控制系统的启动和停止，以及在 "趋势曲线" "数据存储" 界面中切换，并设置各 "对象属性"，如图 15-49 所示。

图 15-48　增强型按钮

图 15-49　创建按钮

完成以上步骤后便完成了主监控画面的制作。

15.8.3　创建 I/O 设备驱动

双击图 15-39 界面左侧 "工程项目" 导航栏中的 "I/O 设备组态"，如图 15-50 所示，进入 "IOManager"。单击 "力控" → "仿真驱动" → "SIMULATOR（仿真）"，进行 "设备配置"，按照图 15-51 设置 "设备名称" 和 "设备地址"。

15.8.4　I/O 点配置

双击图 15-39 界面左侧 "工程项目" 导航栏中的 "数据库组态"，如图 15-52 所示，进入 "DBManager"。在图 15-53 表格空白处双击鼠标，进行点类型设置，选择 "模拟 I/O 点"，新增模拟 I/O 点。

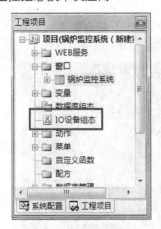

图 15-50 I/O 设备组态

图 15-51 设备配置

图 15-52 数据库组态

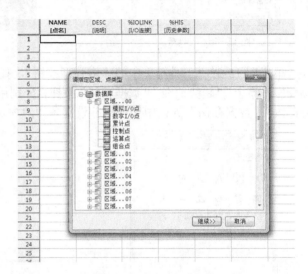

图 15-53 设定区域界面

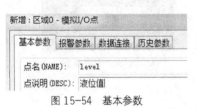

图 15-54 基本参数

在新增模拟 I/O 点的"基本参数"选项卡中设置"点名"和"点说明"如图 15-54 所示。

在图 15-54 的"数据连接"选项卡单击"增加"连接项，配置"仪表仿真驱动"，设置"寄存器地址"为"0"，设置"寄存器类型"为"增量寄存器"，如图 15-55 所示。

按此步骤，依次添加模拟 I/O 点 temperature（温度）和 pressure（压力）。注意"寄存器地址"不能重复设为 0，"寄存器类型"都选择"增量寄存器"。

在图 15-53 表格空白处双击鼠标，进行点类型设置。选择"数字 I/O 点"，新增数字 I/O 点。在"基本参数"选项卡中设置"点名"和"点说明"，如图 15-56 所示。

在图 15-56 的"数据连接"选项卡单击"增加"连接项，配置"仪表仿真驱动"，设置"寄存器地址"为"0"，设置"寄存器类型"为"状态控制"，如图 15-57 所示。

按此步骤，依次添加数字 I/O 点 in_valve（入口泵状态）、out_valve（出口泵状态）、level_alert（液位报警）、temper_alert（温度报警）、pressure_alert（压力报警）。注意"寄存器地址"不能重复设为 0，"寄存器类型"都选择"常量寄存器"。如图 15-58 所示。

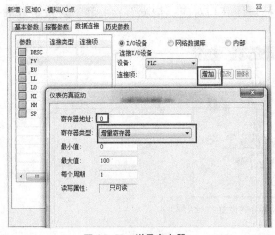

图 15-55　增量寄存器

图 15-56　基本参数

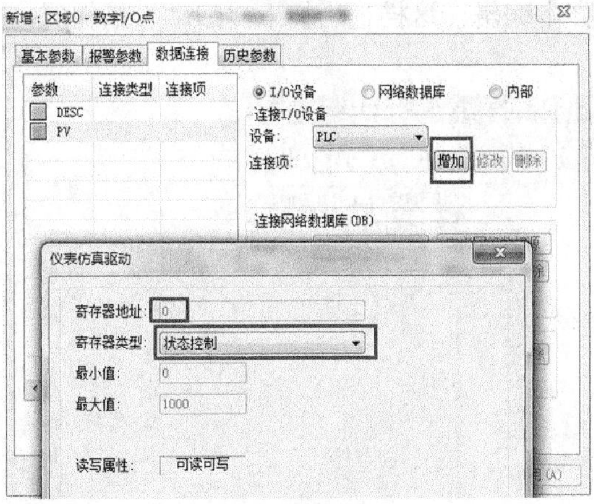

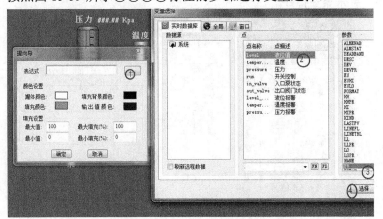

图 15-57　数据连接

	NAME [点名]	DESC [说明]	%IOLINK [I/O连接]	%HIS [历史参数]
1	level	液位值	PV=PLC:地址:0 增量寄存器	
2	temperature	温度	PV=PLC:地址:1 增量寄存器	
3	pressure	压力	PV=PLC:地址:2 增量寄存器	
4	run	开关控制	PV=PLC:地址:0 状态控制 器	
5	in_valve	入口泵状态	PV=PLC:地址:1 常量寄存器	
6	out_valve	出口阀门状态	PV=PLC:地址:2 常量寄存器	
7	level_alert	液位报警	PV=PLC:地址:3 常量寄存器	
8	temper_alert	温度报警	PV=PLC:地址:4 常量寄存器	
9	pressure_ale	压力报警	PV=PLC:地址:5 常量寄存器	
10				
11				
12				

图 15-58　常量寄存器

所有的 I/O 点创建完成后，保存并退出。

15.8.5　动画连接

首先将图 15-47 中的图库"精灵"和各 I/O 点关联起来；再双击界面当中的"锅炉"，进入"罐向导"，按照图 15-59 所示①②③④标注的步骤进行变量选择。

图 15-59　变量选择

按此步骤，依次为各个 I/O 点进行变量选择，使其与对应"精灵"相关联。对报警灯的设置可以参见图 15-60。

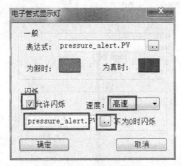

图 15-60 报警灯的设置

进行动作连接。双击图 15-39 界面中的"启动"按钮，弹出图 15-41 所示"动画连接"对话框，按图 15-61 所标注的①②③④步骤进行脚本编辑。这样，当按下"启动"按钮时，run.pv 赋值为 1，表示系统启动。

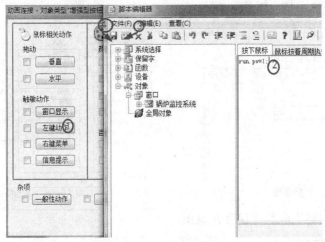

图 15-61 动画连接界面

对"停止"按钮的动作连接步骤见图 15-62 所标注的①②③④，当按下"停止"按钮时，run.pv 赋值为 0，表示系统停止。

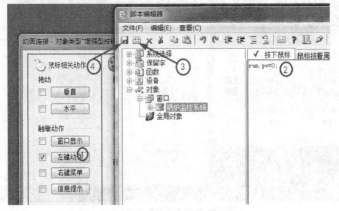

图 15-62 "停止"按钮的设置

对"液位值"变量进行关联，关联步骤如图 15-63 所示。

图 15-63　变量的关联

按照同样的步骤进行"温度"和"压力"变量的关联，如图 15-64 和图 15-65 所示。

图 15-64　变量选择"温度"

图 15-65　变量选择"压力"

下面要实现通过"启动"和"停止"两个按钮来使入口泵、出口阀门颜色变化，其逻辑关系为：当按下"启动"按钮或液位值小于 85m 时入口泵颜色为绿色，液位值大于 85m 时，入口泵颜色为红色；当按下"停止"按钮或液位值小于 85m 时，出口阀门为红色，液位值大于 85m 时，出口阀门颜色为绿色；同时，报警灯进行相应的声光报警。要实现此功能，需要加入相应的脚本程序，具体步骤为：单击图 15-39 界面左侧"工程项目"导航栏中的"动作"，双击"应用程序动作"，进入"脚本编辑器"，如图 15-66 所示；按图 15-66 所示①②③顺序，并按照逻辑关系，写出相应的程序语句，程序代码如下。

```
IF run.pv==1 THEN
in_valve.pv=1;
ENDIF
IF run.pv==1  THEN
IF level.pv<=5 THEN
in_valve.pv=1;
out_valve.pv=0;
ENDIF
ENDIF


IF level.pv<=5||level.pv>=85 THEN
level_alert.pv=1;
ELSE
level_alert.pv=0;
ENDIF


IF temperature.pv<100||temperature.pv>=850 THEN
```

```
temper_alert.pv=1;
ELSE
temper_alert.pv=0;
ENDIF


IF pressure.pv<30||pressure.pv>=850 THEN
pressure_alert.pv=1;
ELSE
pressure_alert.pv=0;
ENDIF


IF level.pv>=85 THEN
in_valve.pv=0;
out_valve.pv=1;
ENDIF


IF run.pv==0  THEN
in_valve.pv=0;
out_valve.pv=0;
ENDIF
```

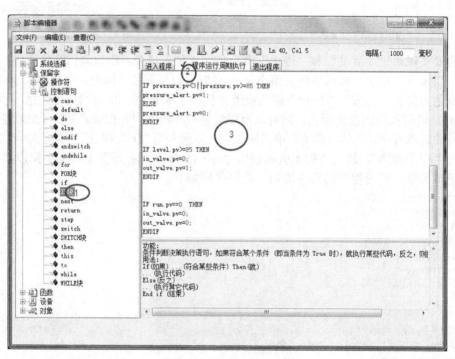

图 15-66　脚本编辑器界面

15.8.6　趋势曲线绘制

如图 15-67 所示，单击界面左侧"工程项目"导航栏中的"窗口"，单击鼠标右键，选择"新建窗口"，在弹出的"窗口属性"对话中，修改"窗口名字"和"说明"，并保存，如图 15-68 所示。

图 15-67 工程项目界面

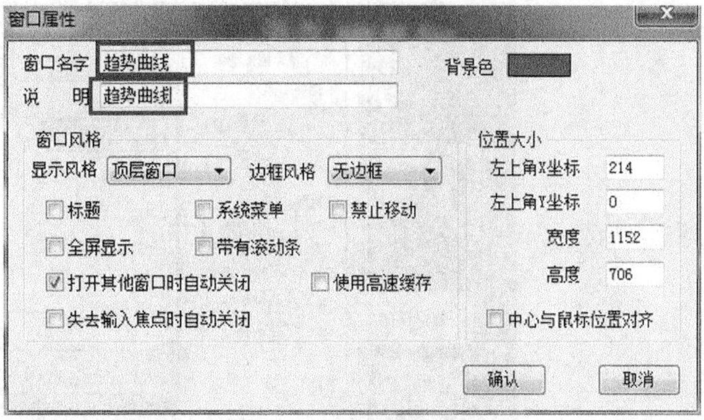

图 15-68 趋势曲线

单击图 15-39 工具栏中 ▣ 选择"精灵"按钮,在弹出的对话框中选取"趋势曲线",如图 15-68 所示,向窗口中添加"趋势曲线",如图 15-69 所示。

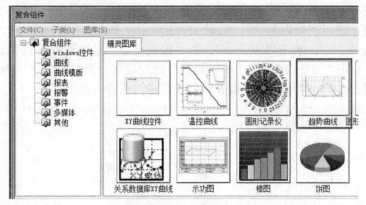

图 15-69 复合组件

双击图 15-69 界面中的"趋势曲线",打开"属性"对话框,将要显示的变量添加到曲线中。首先将变量"level"(液位值)添加到曲线当中,并修改"名称""颜色";按此步骤,依次添加变量"level(液位值)""temperature(温度)""pressure(压力)",如图 15-70 所示。

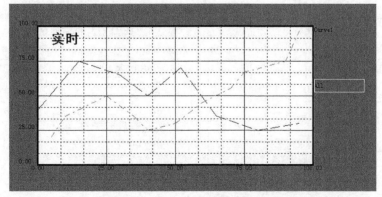

图 15-70 形成曲线

创建完"趋势曲线"后,需要添加两个按钮,用于在"数据存储"和"主界面"中进行切换。如图 15-71 所示,创建按钮,并制作动画连接(在"报警配置"中完成)。

图 15-71　创建按钮

15.8.7　专家报表绘制

新建一个窗口，命名为"数据存储"，向窗口中添加"专家报表"，如图 15-72 所示。双击弹出的空表格，进入"报表向导"，如图 15-73 所示。单击"下一步"，对"表页外观"进行设置。设置完毕之后，单击"下一步"，对"报表类型"及"取值类型"进行设置，如图 15-74 所示。再单击"下一步"，对"时间格式"进行设置。再单击"下一步"，选择"数据源和变量"，如图 15-75 所示。"专家报表"创建完成，保存并退出。

图 15-72　添加"专家报表"

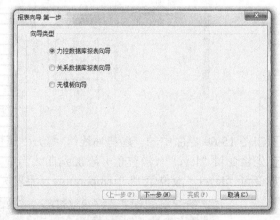

图 15-73　报表向导

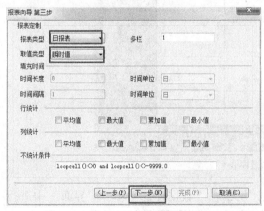

图 15-74　报表向导

图 15-75　报表完成

创建完"专家报表"后，再添加两个按钮，用于在"趋势曲线"和"主界面"中进行切换。如图 15-76 所示，创建按钮，并制作动画连接（在"报警配置"中完成，报警配置见图 15-77）。

图 15-76 添加按钮

图 15-77 报警配置

15.8.8 报警配置

如图 15-78 所示，单击图 15-39 主界面左侧"系统配置"导航栏中的"报警配置"，选择"报警设置"，在弹出的"报警设置"对话中，勾选"标准报警声音"复选框，单击"确定"。

然后打开对应变量的报警开关，进入"数据库"组态，打开"报警开关"，如图 15-79 所示。

图 15-78 报警设置

图 15-79 报警开关

另外，Forcecontrol 7.0 还带有"多功能报警"，如图 15-80 所示，可配置"多功能报警"功能。

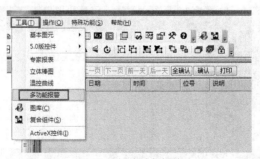

图 15-80 多功能报警

下面对界面切换按钮进行动画连接，以"主界面"按钮为例，如图 15-81 所示。按此方法，对各个界面中的界面切换按钮进行动画连接。

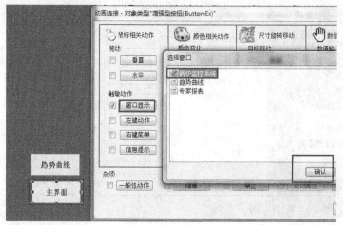

图 15-81　动画连接

至此，一个锅炉监控系统基本完成。

15.8.9　运行测试

下面运行测试监控效果。主监控界面如图 15-82 所示，趋势曲线界面如图 15-83 所示，专家报表界面如图 15-84 所示。

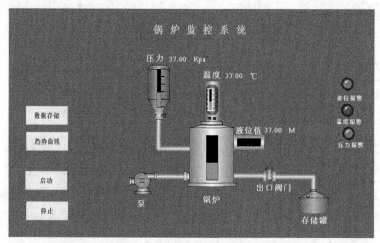

图 15-82　主监控界面

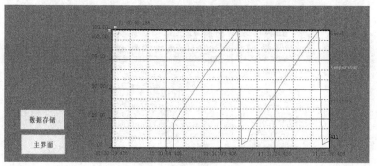

图 15-83　趋势曲线界面

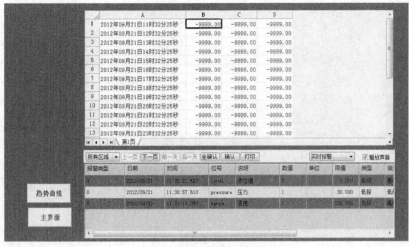

图 15-84　专家报表界面

本 章 小 结

1．学习力控组态软件的安装方法，了解并记录各安装界面的各项条款的作用，最终根据安装微机的配置，设定安装要求。同时明确所安装计算机的组态范围和具体能够达到的组态功能。

2．简单学习怎样进入力控组态软件开发环境，创建新画面、创建图形对象、定义 I/O 设备、创建实时数据库、创建数据库点、数据连接、制作和建立动画连接，最后实现仿真运行。

3．力控组态软件经过组态监控画面后，最终要通过计算机连接到现场总线，与传感器、数据采集装置、控制器和执行器相联系，现场控制各种自动控制系统。最后结合控制室键盘、鼠标和触摸屏的操作，监控和管理工程。

思 考 题

1．力控组态软件的安装需要经过哪些步骤？

2．力控组态软件安装中有演示、开发和正式条款分别表示什么？

3．力控组态软件的典型应用包括哪几个方面的内容？

4．力控组态软件的开发环境中的图形库有哪些图形？

5．力控组态软件由哪 5 部分组成？主要技术指标有哪些？

6．力控组态软件定义的 I/O 设备有哪些类型？